旺旺浮标

COOL TIME

春夏清凉百搭休闲包

FATION

促销价

¥162

原价:190元

水果专卖

抢"鲜"看

新鲜果汇

、享受新鲜!

图片公告栏

四百年前的第一块手工皂 以72%冷压特级橄榄油制成

修护 柔软 滋润

感受真正的美神皂

店铺浮标

秋冬典范

秋冬新品5折起> 敬请关注

8:00PM New Arrvial

震撼上市 10.16

Early

卡哇伊风格的玩偶店铺

制作店招图片

主图的场景化

甜美主义女装 2

琳琅满目美食店 1

护肤彩妆联盟

诚信家居店 1

爱上生活 爱上你

——赛维家居

SILLVI

绿野萍棕户外旗舰店

甜美主义女装 1

家纺生活馆 2

家纺生活馆 1

琳琅满目美食店 2

母婴用品关爱之家

谷物稚芽系列产品介绍

该类产品蕴含了大自然丰富氨基酸的谷物稚芽，结合阳光、雨露、养分汇聚而成。纯净温和，更富含了植物质酸以及多种维生素的营养成分，能有效地满足新生儿日常的护理要求。

Flows
蜂品
优乐
源于大自然的一份纯净
100%自养蜂蜜，享受最天然的爱
专注洗护十五年，婴幼儿护理品牌的领导者
veeno Baby
Soothing Relief
Creamy Wash
Daily Moisture Lotion

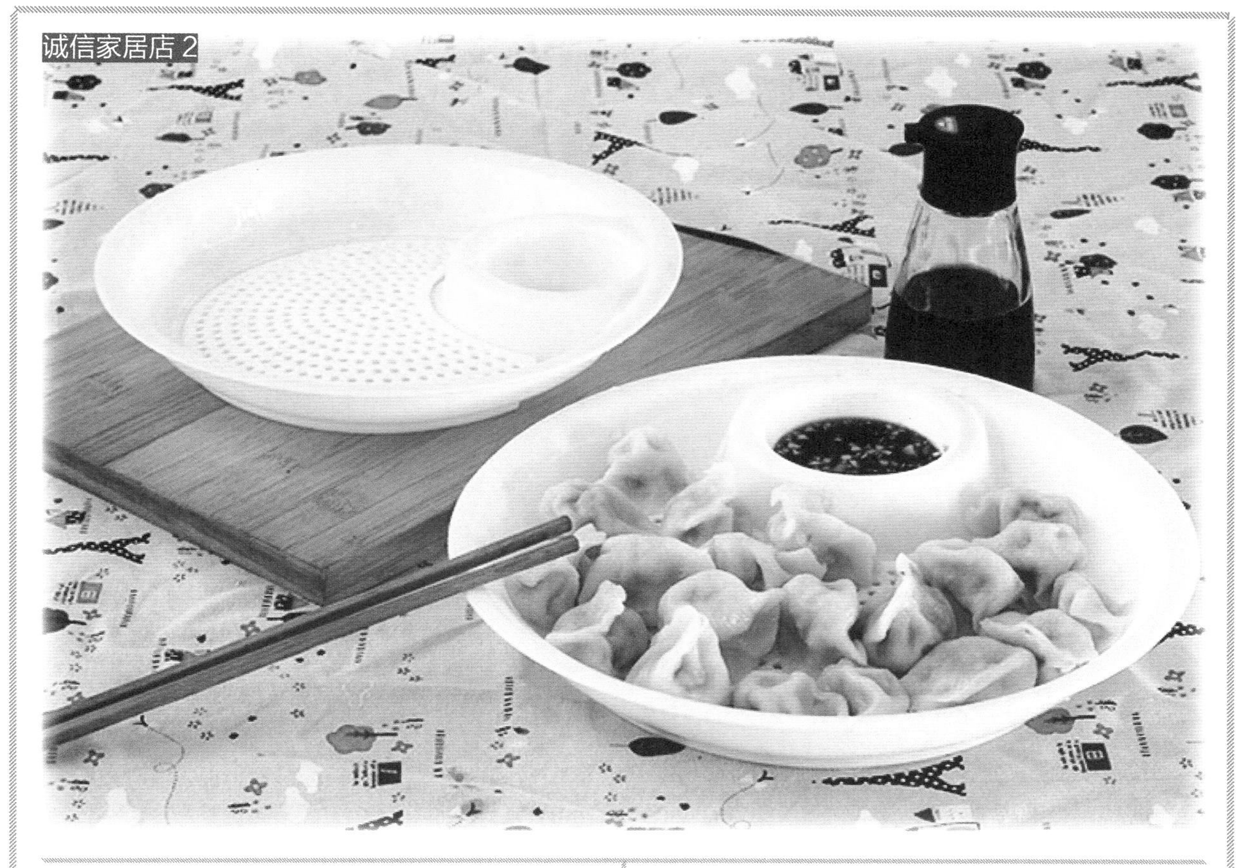
诚信家居店 2

时尚饰品店 1

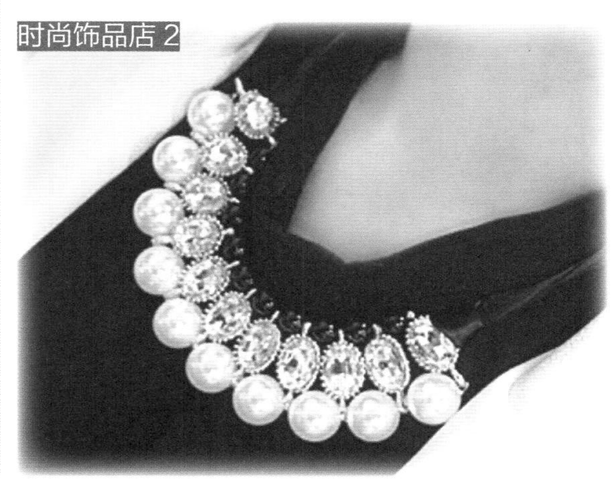
时尚饰品店 2

创意星空投影仪

不得不选的7大理由
物理宽屏
超高亮度
超强解码
高对比度
双核智能
WIFI有线上网
非球精密镜头

制作最炫首焦图

迎新春 更优惠

200减100

买200减100

包邮

省钱大作战

BIG SALE

春

活动内容：商城三周年庆

活动时间：4月6号—4月15号

收藏有礼

暖花开 暖到人

真情回馈消费者

包邮详情

咨询旺旺客服 省到手软

淘宝美工视觉打造爆款

iPhoto设计中心　编著

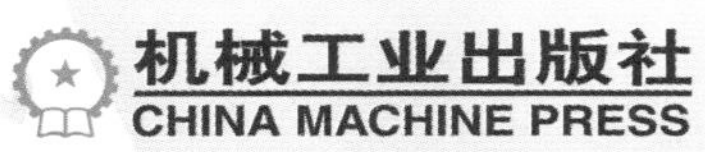

机械工业出版社
CHINA MACHINE PRESS

本书包括淘宝宝贝拍摄技法、店铺页面配色方案、店铺装修的基础模块、店铺装修的营销设计、网店页面创意和风格、店铺综合装修等6章。

全书以案例为主导，核心内容包括店铺装修的基础模块和店铺综合装修等知识，案例制作简单、快捷。同时，案例都是根据读者的学习习惯进行优化的，力求给读者带来最佳的学习体验。这些案例均以淘宝店铺装修中的基础操作为出发点，对需要达到的效果进行美工制作。在制作过程中，选择最为方便的途径，争取以最少的时间和精力制作出最精美的案例效果。

随书配有DVD教学光盘，其中包含全部实例所用到的素材文件、最终效果，以及教学视频，读者可以结合本书与光盘中的内容进行互动学习。

图书在版编目（CIP）数据

淘宝美工：视觉打造爆款/iPhoto设计中心编著．—北京：机械工业出版社，2015.10

ISBN 978-7-111-51804-4

Ⅰ．①淘…　Ⅱ．①i…　Ⅲ．①电子商务—网页制作工具　Ⅳ．①F713.36 ②TP393.092

中国版本图书馆CIP数据核字（2015）第243109号

机械工业出版社（北京市百万庄大街22号　邮政编码100037）

策划编辑：丁　伦　　责任校对：张艳霞

责任编辑：丁　伦　　责任印制：李　洋

北京汇林印务有限公司印刷

2016年2月第1版·第1次印刷

185mm×206mm·15.2印张·362千字

0001—3500册

标准书号：ISBN 978-7-111-51804-4

ISBN 978-7-89405-926-0　（光盘）

定价：59.90元（附赠1DVD，内含教学视频）

前　言

本书根据淘宝美工所需的专业知识，以及读者学习的思维习惯共6章。

第1章主要是对淘宝宝贝（即商品）的拍摄技法进行简单介绍，让读者了解一些基本知识，比如好照片如何布光、构图的运用、恰到好处的背景等，可以使读者在学习中明确方向、把握重点。

第2章主要是对店铺页面的配色方案进行讲解，通过表里如一的网店风格、页面整体布局与创意分析、网店配色误区案例解析等内容的讲解使读者更加了解相关知识，再以图文并茂的方式帮助读者对相关内容进行加深和巩固。

第3章主要讲的是店铺装修的基础模块，对店铺收藏、宝贝分类、公告栏、浮标、直通车、海报、店标、产品主图、拼接图、宝贝描述、图片轮播、店招等内容分别进行了详细讲解，使读者在实际的操作中应用得更加灵活。

第4~5章主要讲解店铺装修的营销设计和网店页面创意和风格，用精美案例向读者展示淘宝店铺装修、活动设置等相关内容。

第6章是本书的综合案例部分，在制作案例的时候选择适合的方法进行快速制作，争取使用最简单的方法制作出最精彩的案例效果。

为了更好地帮助读者学习，随书配有DVD教学光盘，包含全部实例所用到的素材图像、最终效果，以及教学视频，读者可以结合本书和光盘中的内容来进行互动学习。

iPHOTO设计中心由多位一线视觉设计专家、修图师、美工师、网店装修师，以及后期处理技术人员组成。参与本书内容编写和案例测试的人员有肖亭、关敬、王巧转、卢晓春、刘波、张志敏、闫武涛、张婷、杜婷、马晓彤、惠颖、韩登锋、钱政娟、李斌、刘正旭、朱立银、黄剑、田龙过等人。
由于时间仓促，作者水平有限，书中难免出现不足和疏漏之处，还望广大读者朋友批评指正。

目录

第1章 淘宝宝贝拍摄技法

第2章 店铺页面配色方案

第3章 店铺装修的基础模块

第4章

店铺装修的营销设计

第5章

网店页面创意和风格

第 6 章

店铺综合装修

爱上生活 爱上你
——赛维家居
SILLVI

veen Baby
Baby special
珍妮宝贝
给宝贝最贴心的呵护
洗护节
美国原装 | 专业配方 | 官方授权
Baby powder

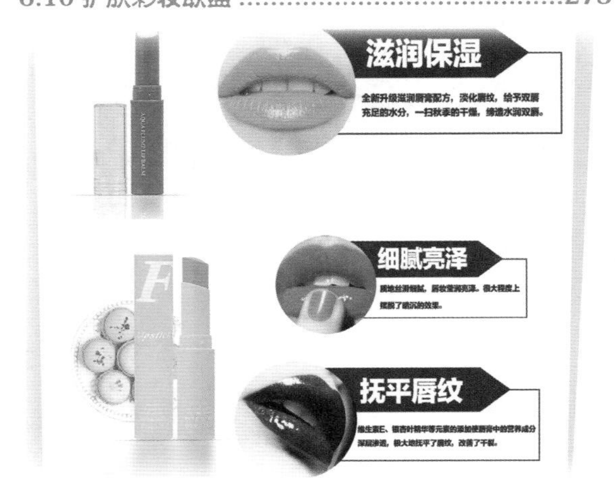

滋润保湿
细腻亮泽
抚平唇纹

第1章 淘宝宝贝拍摄技法

怎样把宝贝真实、清晰地呈现在买家面前，是卖家必须掌握的一项基本技能。虽然不需要过分追求照片的艺术价值和审美品位，但是精彩的宝贝照片无疑会为商品增色不少。

1.1 好照片如何布光

关于淘宝宝贝拍摄，布光的选择技巧是一门大学问。到底哪种布光方式最好？怎样既能省钱又能达到想要的拍摄效果？本节将介绍拍摄淘宝宝贝时的布光技巧。

1.1.1 拍摄吸光体

吸光体产品包括：毛皮、衣服、布料、食品、水果、粗陶、橡胶、亚光塑料等。它们的表面通常是不光滑的（相对反光体和透明体而言）。因此对光的反射比较稳定，即物体固有色比较稳定统一，而且这些产品通常其本身的视觉层次比较丰富。为了再现吸光体表面的层次质感，布光的灯位要以侧光、顺光、侧顺光为主，而且光比较小，这样可以使其层次和色彩表现得都更加丰富。

比如，布料是吸光体，侧面方向的硬光较能表现布料的质感。

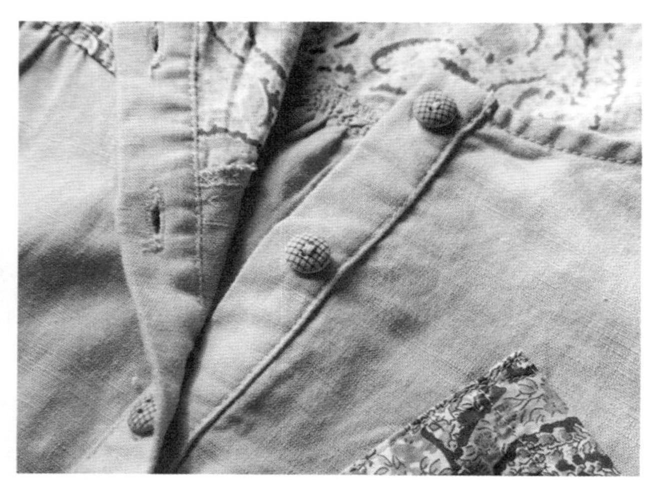

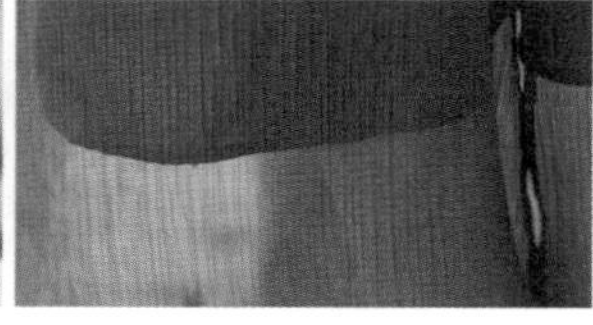

布料褶皱的粗细，可以让人感受到布料的软硬度。

衣服算是较大的被摄物，在摆放上除了要顾虑褶皱的呈现，还要通过画面系统地表现“这是一件衣服”，千万不要让人觉得那是“一团布”。

若以穿着方式表现衣服，当然要将表现重点安排在衣服上，找出最能表现衣服样式及质感的采光方式与拍摄角度。

食品是比较典型的吸光体。食品的质感表现总是和它的色、香、味等各种感觉联系起来的，要让人们感受到食品的新鲜、口感、富于营养等特征，从而唤起人们的食欲。

右图在蔓越莓饼干的上方和右侧加了两盏柔光灯，所以画面中食物的质感表现得非常细腻，而且表面的层次也很丰富。

右图在番石榴正前方打了一盏柔光灯，这种顺光的表现使表面颜色更加鲜亮，对番石榴表面细微的皱感的肌理表现得非常到位。

1.1.2　拍摄反光体

反光体表面非常光滑，对光的反射能力比较强，犹如一面镜子，所以塑造反光体一般都是让其出现“黑白分明”的反差视觉效果。

反光体是一些表面光滑的金属或是没有花纹的瓷器。要表现它们表面的光滑，就不能使一个立体面中出现多个不统一的光斑或黑斑，因此最好的方法就是采用大面积照射的光或利用反光板照明，光源的面积越大越好。

在很多情况下，反射在反光物体上的白色线条可能是不均匀的，但必须是渐变保持统一性的，这样才显得真实，如果表面光亮的反光体上出现高光，则可以通过很弱的直射光源获得。

右图中，为了使不锈钢餐具朝上方的一面受光均匀，保证刀叉上没有耀斑和黑斑，使用两层硫酸纸制作了柔光箱罩在主体物上，并且用大面积柔光光源（八角灯罩的闪光）打在柔光箱的上方，使其色调更加丰富，从而表现出相应的质感。

如果直接裸露闪光灯光源，并且不用柔光箱，那么直射光就会显得很硬，而硬光方向性非常强，所以光的形状、大小就会直接反射在刀叉上，形成明显的光斑，那么物体的质感也就失去了。硬光虽然也可以表现反光体本身的特性，但较难控制，常常使反光比较琐碎。

如果不是为了特殊的反光效果，拍摄反光体时通常选择柔光，柔光可以更好地表现反光体的质感。还要注意的是灯是有光源点的，所以必须尽量隐藏明显的光源点在反光体上的表现。一般通过加灯罩并在灯罩里加柔光布的方式来隐藏光源点。

由于反光体的反射特性，我们还要注意相机和摄影师的倒影，否则就会出现黑斑。一般会选择一个没有反射到自己的角度取景；当然还有其他方法，比如可以在使用硫酸纸制作的柔光箱上挖出一个洞，将镜头伸进去拍摄，目的就是尽量将摄影师和相机隐藏起来。

为拍摄反光体布光最关键的就是反光效果的处理，所以在实际拍摄中，一般使用黑色或白色卡纸来反光，特别是对柱状体或球体等立体面不明显的反光体。

为了表现画面的视觉效果，不仅仅可以用黑色、白色卡纸，还可利用不同反光率的灰色卡纸来反射，这样既可以把握反光体的本质特性，又可以控制不同的反光层次，增强作品的美感。

1.1.3 拍摄透明体

透明体，顾名思义是具有通透质感的物体，而且表面非常光滑。由于光线能穿透透明体本身，所以一般选择逆光、侧逆光等。光质偏硬，使其产生玲珑剔透的艺术效果，体现质感。透明体大多是酒、水等液体或者是玻璃制品。

拍摄透明体很重要的是体现主体的通透程度。在布光时一般采用透射光照明，常用逆光位，光源可以穿透透明体，在不同质感的物体上形成不同的亮度，有时为了加强透明体形体造型，并使其与高亮逆光的背景剥离，可以在透明体左侧、右侧和上方加黑色卡纸来勾勒造型线条。

在表现黑色背景下的透明体时，要将被摄体与背景分离，可在两侧采用柔光灯，不但可以将主体与背景分离，也可以使其质感更加丰富。如在顶部加一个灯箱，就能表现出物体上半部分的轮廓，透明体在黑色背景里显得格外精致剔透。

下图就是采用逆光形成了明亮的背景，此处用黑卡纸修饰玻璃体的轮廓线，并用不同明暗的线条和块面来增强表现玻璃体的造型和质感。使用逆光时应该注意，不能使光源出现，一般选择柔光纸来遮住光源。

1.2 构图的运用

拍照要有一定的格式和规律，就像作诗要把握好韵律一样，掌握好基本构图的运用后，才可以破格和创新，但是在打破陈规之前，必须先要了解陈规，才有可能在此基础上真正做到突破和创新。

1.2.1 黄金分割法

黄金分割法构图画面的长宽比例通常为1:0.7，按此比例设计的造型十分美丽，因此被称为黄金分割，该比例也叫黄金比例。

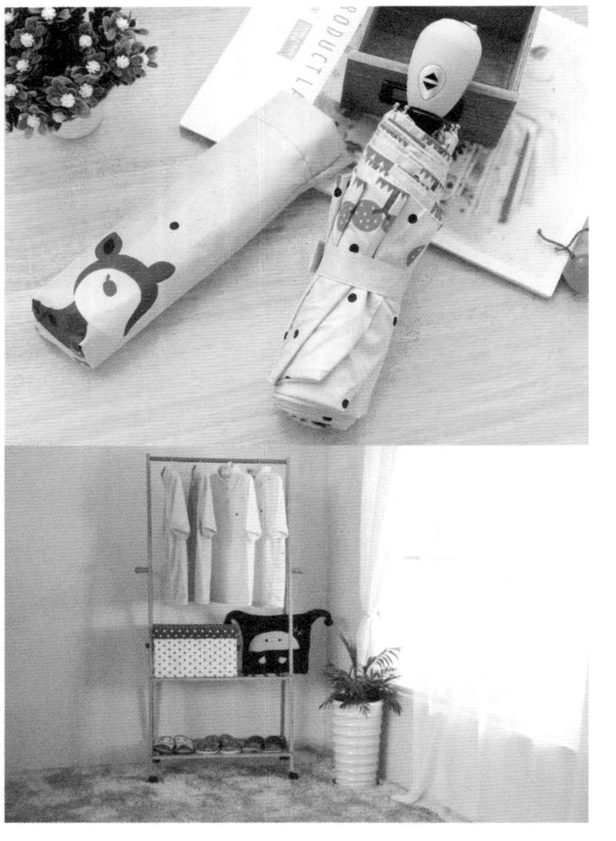

日常生活中有很多东西都采用这个比例，如：电影和电视屏幕、书报、杂志、箱子、盒子等。

我们把黄金分割法的概念引伸一下，0.7 所在之处是放置拍摄主体最佳的位置，以此形成视觉的重心。

图中所示的3张照片，主体都占据了画面的0.7左右，但是左边两张图的黄金分割线是竖向的，因此画面为左右结构；上边一张图的黄金分割线是横向的，因此画面为上下结构。

1.2.2　三分法

所谓的三分法其实就是从黄金分割中引伸出来的，用两横、两竖的线条把画面均分为 9 等份，也叫“九宫格”，中间 4 个交点成为视线的重点，也是构图时放置主体的最佳位置。

这种构图方式并非要我们必须占据画面的 4 个视线交点，在这种 1∶2的画面比例中，主体占据 1 ~ 4 个交点都可以，但是画面的疏密会有所不同。

右侧示例中展示的的服装图片，上身占据了左边的两个交点，前臂和大腿占据了右边的两个交点，是典型的 4 点全占的三分法构图方式，其下方展示的洗漱套装的图片也一样属于这种构图方式。

下方展示的餐具图片只占据了右边的两个交点，然而店主在物体摆放时聪明地运用了对角线，因此我们并不觉得画面偏移或重心不稳，因为这是符合形式美法则的构图方式。

1.2.3 均分法

为了在视觉上突出主体，我们常常将其放在画面的中间，左右基本对称，因为很多人喜欢把视平线放在中间，上下空间的比例大体均分。

如下面图例所示，这 3 张图片都使用的是均分法构图，主体都在画面的正中，但是，为了防止画面显得过于呆板，我们往往在对称之中略有偏移。

比如：女装照片里模特的脸部被店主裁掉了一半，这样在比例上就更加突出了腿部的长度，但是我们视觉的重点依然在模特裙子的花纹上。

羽绒背心的照片中翻起来的棉帽子占据了衣服长度的 1/3，这种比例在视觉上加强了稳定性，因此也能取得较好的视觉效果。

及膝女靴的照片在构图时，模特两腿呈倒 V 字造型，肤色与黑色的靴子在颜色上形成深浅对比，保障了稳定性和视觉重点。

1.2.4 疏密相间法

当我们需要在一个画面中摆放多个物体进行拍摄时，取景的时候最好是让它们错落有致，疏密相间。

如本小节所展示的 4 张图片（见下一页），多件物体的前后左右布局就比一字排开自然和美观得多。其中，有些被拍摄物体适当地相连或交错，往往会让画面显得更加紧凑，主次分明。

众所周知，在篆刻中，有“疏可走马，密不透风”的经典布局方法，借用到淘宝商品的拍摄中也非常容易出效果。

1.2.5　远近结合、明暗相间法

拍摄商品图片有时候需要区分远景和近景，隐隐约约保留一点颜色比较淡的远景，可以增强立体感，表现出丰富的拍摄层次。

如本小节所示的图片，画面色彩的变换和明暗的跳跃，可以使照片不会因单调、呆板而显得过于平淡，但这样的远近和明暗层次也要使用得当，否则反而显得不协调。

右侧所示图例中的喜糖包装和玫瑰花、可爱的小兔和粉粉嫩嫩的环境、近景的巧克力和远景的白色杯碟，都在营造一种意境，而这种意境往往最容易感染顾客，留下了足够的想象空间。

1.3 恰到好处的背景

所有商品都需要背景来衬托，老没有变化则显得太单一，但稍有变化又怕效果不好。淘宝拍摄背景有很多种，也经常让摄影师感到纠结，不知道选什么样的好，本节将介绍一些有代表性的例子。

1.3.1 纯色背景

所谓纯色背景，就是指单一颜色的背景。大致可分为白、灰、暖黄、彩色系列。

（1）白色系列

白色是淘宝上用得最普遍的背景颜色，一卷白纸或是一幕白墙，便可以操作。白色背景适合各种颜色的服装演绎，根据打光亮度和打光方向的不同，还能形成多种风格和效果。需要注意的是衣服的质感展现和色差问题。

①全白无影。

光是从背后侧边底下打过来的，所以看不见影子，页面显得干净、利落、清爽。这种背景对于后期的调色要求比较高，需要与产品实物对比进行调色。去年的爆款、潮流服饰，用的也是全白无影背景。

②全白有影，模糊人像。

光从侧面打来，形成一个模糊人像，有立体感。适合近距离的白色画纸，如果用弧度白墙，也需靠近墙根，模特尽量不要有靠墙的动作为宜。原创舒适类的衣服采用这种方式拍摄较多，尽显衣服的天然无公害质地。

③全白有影，清晰人像。

这种方式需要较高的亮度，模特必须紧靠墙壁，且越近越好，适合夏装等能体现身形轮廓的衣服。

④全白有影，双重人像。

如此拍摄，背影一深一浅，非常灵动。模特动作幅度应较大，跟活泼新潮的春夏装很登对。这种拍摄有一定难度，拍好了，事半功倍，拍不好，事倍功半。

（2）灰色系列

灰色也是拍摄常用的背景色之一。灰色能够营造比较好的空间感和立体感，对衣服面料质感的表现很有帮助。同样，不同的光影可以塑造不同的效果。

①浅灰空间。

看起来的浅灰色，其实是利用弧度白墙的空间感形成的，模特站在离墙体约 5 米远的地方进行拍摄，自然白由于光感形成自然灰。

②银灰斜影。

淡灰色的背景纸或是白墙利用不同光感形成的灰色，前方或侧方再加一盏灯，模特离背景近，从而出现不同风格的影子。

③立体中灰。

这是中高端服装用得最多的背景色，能非常好地展现衣服质感，有利于高价卖出。

④质感深灰。

适合色彩浓厚、气场强大、高级定制面料的衣服，拍摄搭配，以及打灯位置，需要前期做好的非常充分的准备。

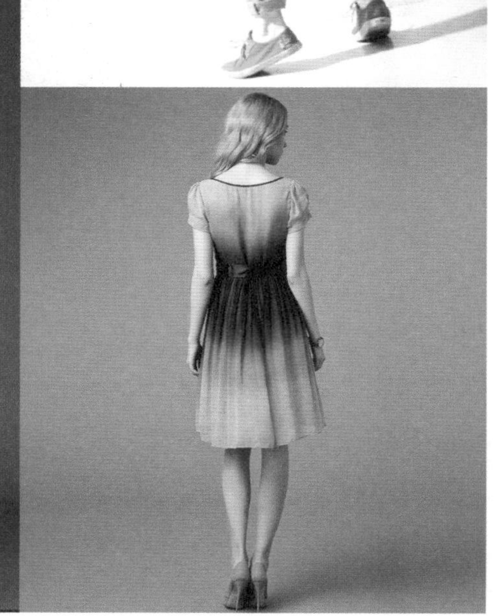

（3）暖黄系列

黄色能占去拍摄冬季产品背景的半壁江山，因为寒冷的季节，暖色调能赋予人温暖的感觉。

暖黄色背景根据光照和色彩深浅的不同，也能变化出多种风格，不变的是那种熏香般的柔和与温润人心。年长的人避开了尘世的锋芒，不喜夺目刺眼，爱好恬淡的生活，具有平和的心境，所以中老年女装和女裤类目，几乎都会用米黄色的背景。其次是以英伦风、小香风为主的衣服，暖黄也是具有代表性的背景色，甚至能让人联想到宫殿和城堡。

①晨光黄。

有如晨昏微亮的天光，带点灰色，带点米色，带点昏亮。

②香橙黄。

适合非常具有个性和值得玩味的品牌，年轻人的服装，配上香橙黄的背景，活力十足。

③欧米黄。

米黄色的背景最具欧洲风范，应用广泛，同时也能很好地衬出衣服。

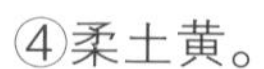
④柔土黄。

很少见，也很需要大胆才会去尝试的黄色背景，当然效果也是意想不到的。

⑤深土黄。

和深灰背景一样，高价款的常用背景之一，与灰色相比，土黄不容易把衣服融掉，而且更容易把控。

（4）彩色系列

彩色背景多种多样，主要看店铺的风格和拍摄团队的创造力。只要你的创意够独特，那么什么稀奇古怪的颜色都可以一试，绝对惊艳。

下面列举部分个性的例子。

①孔雀绿。

五彩斑斓，背景鲜艳，有可识别性。需要注意的是，鲜艳的颜色要格外注重色彩搭配，不仅要做好服装与服装、服装与配饰的搭配，还要看服装颜色与背景色是否协调。配色方案此处不赘述，简单来讲，就是肉眼看着要舒服，能做到这样的效果就可以了。

②酒红色。

酒红色的背景，适宜搭配浓郁艳丽的衣服，不适合棉麻类的和小清新风格的服装。

③墨绿色。

大胆前卫的背景，感觉非同一般，也能够展现给大家非同凡响的视觉效果。

其他还有很多颜色，大家可以展开想象。

1.3.2 墙体背景

墙体效果是指看起来像真的墙，如各种墙纸纹理、花色效果，当然也包括真的墙。

（1）砖墙真墙

砖墙有青砖和红砖，水泥砖暂且归为不太雅观一类，就不做介绍了。

①青砖墙。古镇青砖石板路，非常适合民族风服装。

②红砖墙。比较多见，圣诞系列里总会出现，加点雪，加点礼物，再加一棵圣诞树，气氛不错。

（2）室内装潢墙体

室内装潢墙体能够打造出别样的浮雕质感。

（3）墙纸

世界上有多少种墙纸，就有多少种背景。注意，跟纯背景纸的彩色系列相似，一定要注重配色和服饰搭配。

（4）布面

朴素的布面背景，配上模特意犹未尽的神情动作，更衬自然棉麻的材质，风格醒目。

1.3.3 小场景背景

通常为了使室内背景不显得那么单调，会用到小场景，如精致家具的点缀、花饰的布置等。小场景用得好，可以让海报和页面更加充满吸引力，实景效果令人垂涎。

（1）精致家具点缀

拍摄高端材质宝贝的店铺，场景自然应该富丽堂皇、奢华雍容，才衬得出衣服的超高价位。

（2）花饰的布置

白色圆桌与陶瓶花朵，更显女人的高贵优雅；花样的柔美芬芳，也彰显了一种生活情调与品质，是对衣服极好的衬托。

第2章 店铺页面配色方案

制定配色方案主要有两种方式，一是通过色彩的色相、明度、纯度的对比来控制视觉刺激，达到配色的效果；另一种是通过心理层面感观传达，间接性地改变颜色，从而达到配色的效果。

2.1 表里如一的网店风格

网店风格是指网店界面给访客的直观感受，通俗地说就是个性。就像一个人，喜欢什么样的发型、装扮，喜欢穿什么款式的衣服，都在向别人传递着复杂的信息，这些信息会给人留下或好或坏的印象。

2.1.1 统一的外观

对于淘宝页面的视觉效果，不少人以为页面越花哨就越好看，这其实是一个误区，过于花哨的页面只会让访客觉得过于混乱。所以，网店整体颜色，一定要给人统一协调的感觉。

当然，统一的外观，并不是说只能用一种颜色，而是指主色调只有一种，在此基础上搭配一些其他颜色。

如右侧图例中的网店所示，主色调是绿色，物品图片及一些文字搭配其他颜色，点缀其间，使得整个页面看起来既统一又不会太过古板。

另外，统一的外观不仅仅指某一个页面，而是包括整个网店的所有页面。否则如果每个页面风格差异太大的话，顾客从一个页面进入另一个页面时，很容易产生进入了不同网店的错觉。

当然，除了色彩的统一，其他元素，如店招、导航菜单等，也应统一。

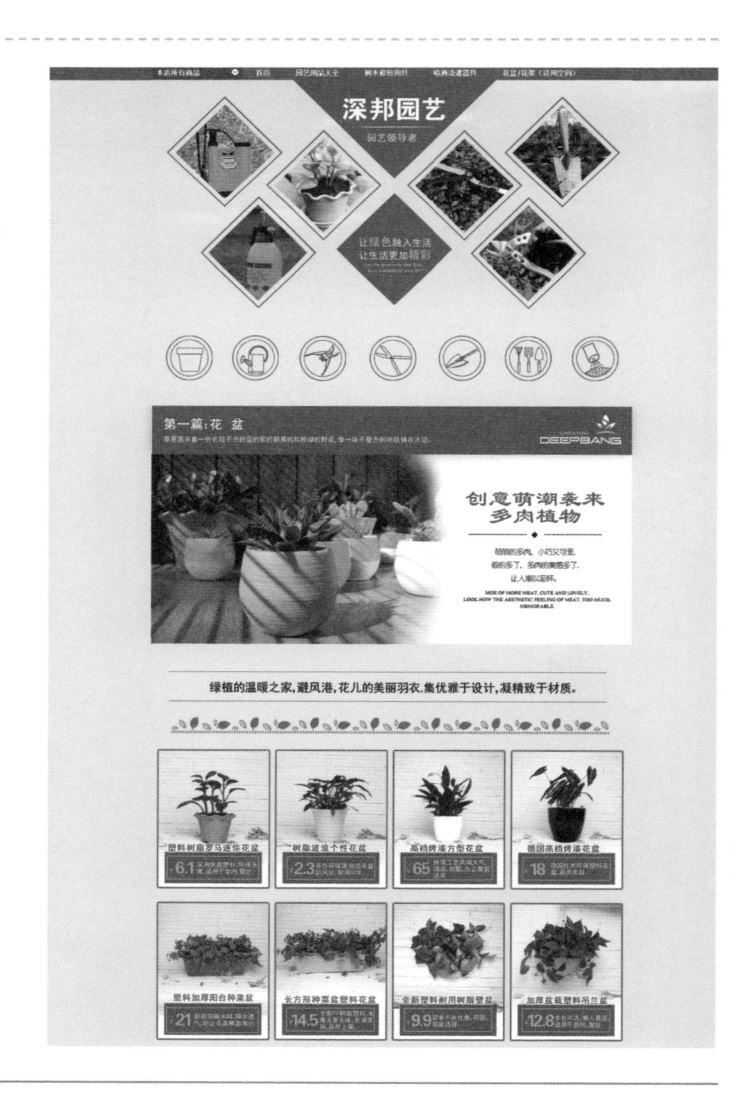

2.1.2　统一色彩搭配的具体方法

明白了统一外观的重要性，那么色彩统一具体要怎么做呢？色彩总的应用原则应该是“总体协调，局部对比”，即页面的整体色彩效果应该是和谐的，只有局部的、小范围的地方可以有一些强烈色彩的对比。

下面介绍一些常用方法。

（1）单一色彩页面

选择单一色彩，并不表示毫无变化，可以通过调整透明度或者饱和度，使得单一色彩也能深浅有别。

如右侧的这个网店，主色调（即在页面中占据面积最大具有主导作用的色彩）是紫色，边框及物品图片上则应用了浅紫色、深紫色等，使得整个页面看起来色彩统一又有层次感。下方图例也有类似效果。

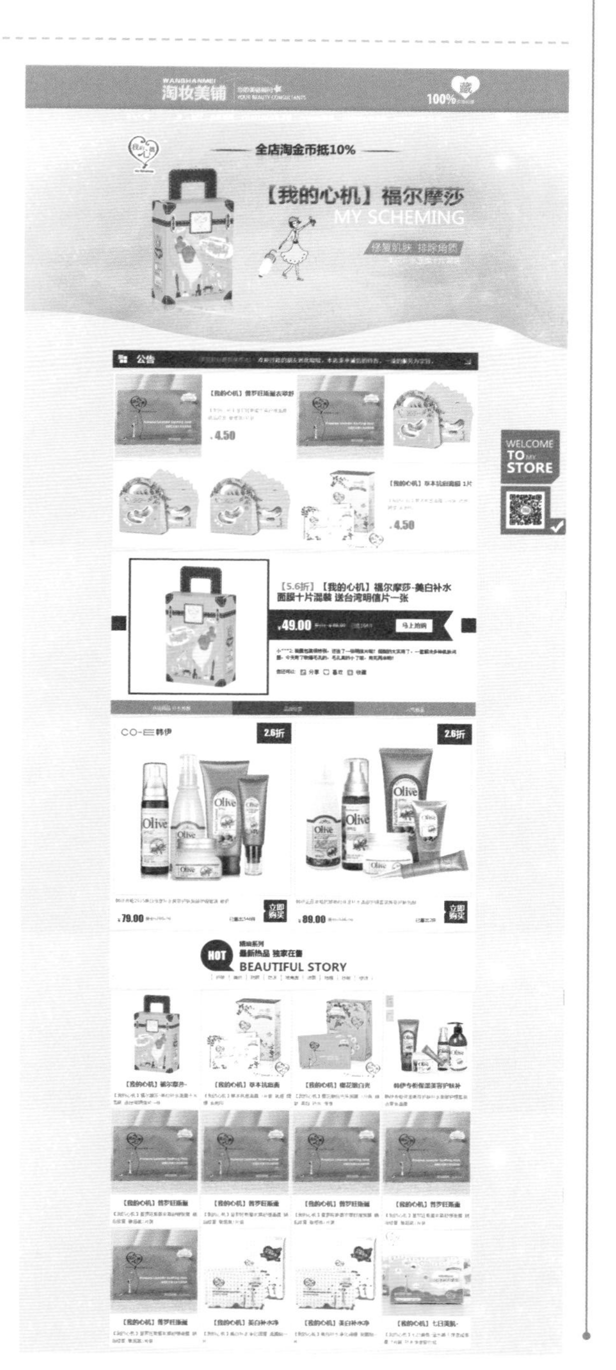

（2）两种色彩对比

先选定一种色彩，然后选择它的对比色，这个对比色就是第二种颜色。一般来说，色彩的对比强，看起来就有诱惑力，能够起到集中视线的作用。

右侧的这个网店页面，采用了红色、黄色和绿色，属于最强烈的色相对比，令人感受到一种极强烈的色彩冲突，使人深刻印象。

如何才能找到对比最强列的颜色呢？可用色相环辅助完成。在色相环中，180° 方向上对立的两种色彩，对比是最强烈的，在这个角度范围内，角度越大的两种颜色，对比越强，反之就越弱。

还有一种方法就是使用邻近色彩搭配。邻近色彩既不属于同一色彩但是又非常接近，在色相环上是角度较小的一系列色彩，它的效果与单一色彩相似，但是要丰富得多。

总之，在配色过程中，无论用几种颜色来组合，首先要考虑用什么颜色作为主色调，如果各种颜色面积平均分配，色彩之间互相排斥，就会显得凌乱。

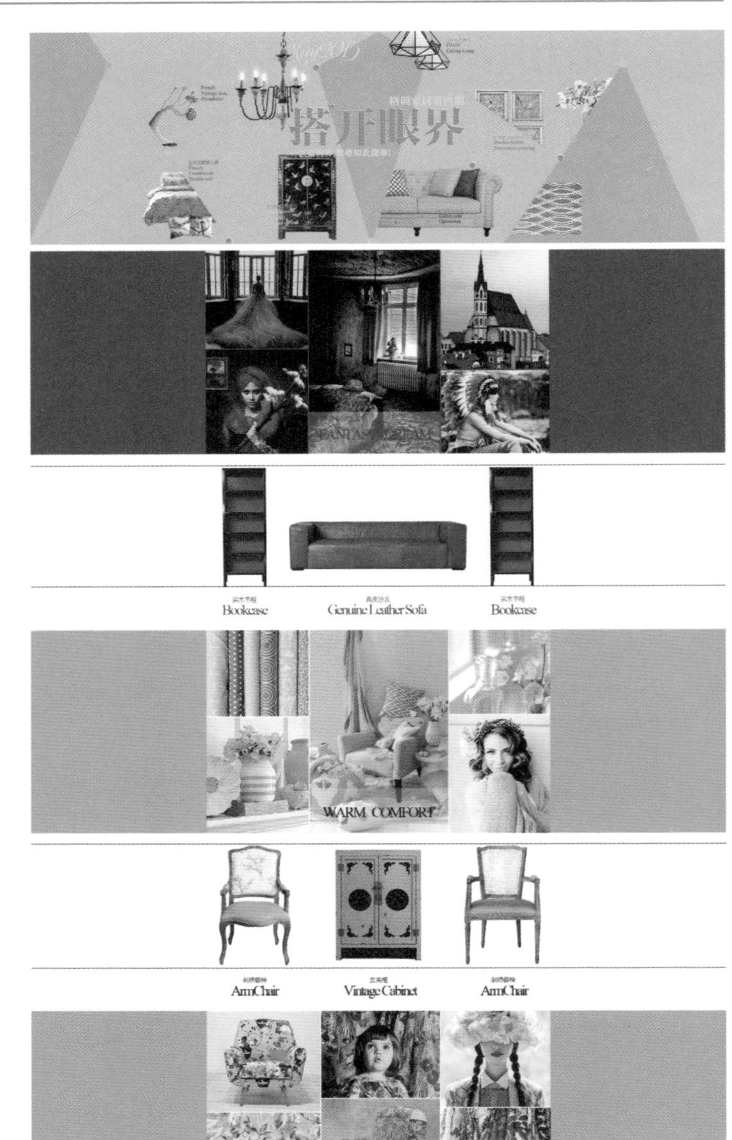

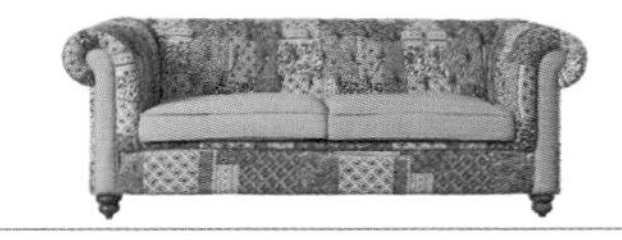

2.2 页面整体布局与创意分析

如何确定出网店的整体布局和主色调？如何设计配色？这些需要根据所卖产品的客户群体来定，也可以根据产品特点来定。

2.2.1　包包网店

（1）网店首页上部

我们看看右侧图例中这家销售包包的店铺，它的装修风格唯美精致。

由于店铺首页内容比较丰富，截图特别长，因此分为两张截图。

这里先对店铺首页的上半部分进行分析，这部分是店铺非常重要的部分，主要有店铺导航、客服中心、本店搜索、宝贝推荐、商品分类栏目、旺旺联系方式等板块。

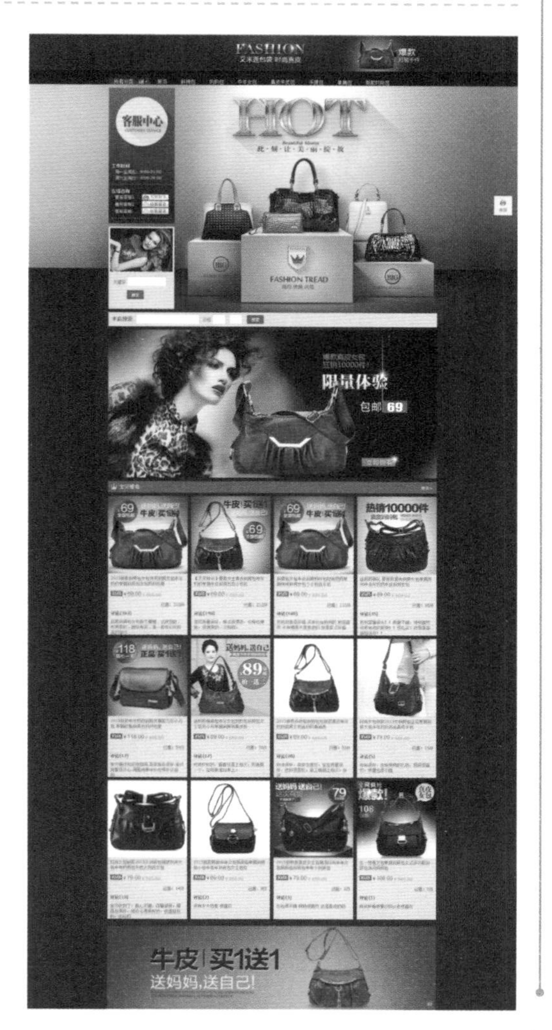

（2）网店首页下部

店铺首页的下半部分，显示了推广的商品、宝贝排行榜、宝贝分类，大量标识了价格的图片展示排列井然有序，让买家一目了然，有想单击打开了解详情的欲望，大大提高了商品的交易量如右图所示。

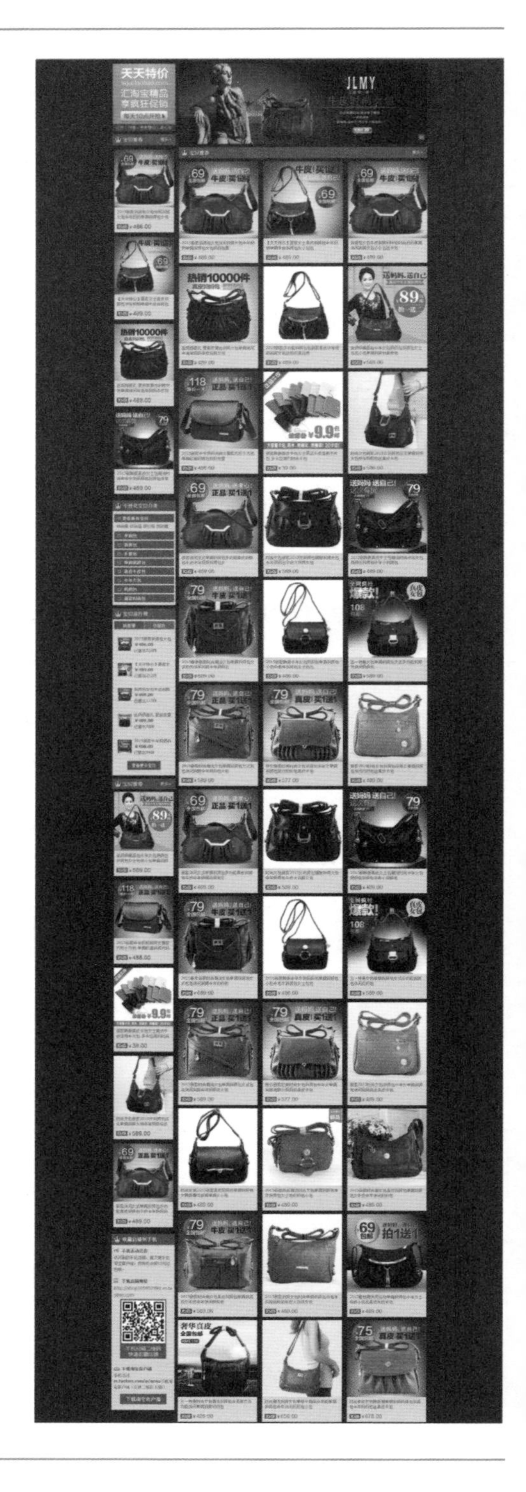

很多优秀的店铺导航除了左侧的店铺导航外，在店铺首页的下部还放置了其他的店铺导航图。当买家通过上面的三屏都没有单击进去的话，只能说他对这几款产品和你的活动都不感兴趣了，那么下面他就要选择自己喜欢的板块了，这时候放置导航，是最好不过的了，可以有效分流。

制作导航注意事项：①分类要清楚明确，还要以价格分类，如 30~60 元、60~90 元、90~120 元、120 元以上，因为每位买家的消费水平都不同，这样他们的选择更明确、更方便。②和店铺主题要统一协调。

设计店铺首页的核心是：站在买家的角度，思考如何使买家感觉更好的视觉效果，能在本店停留更长的时间，从而喜欢上宝贝。停留时间越长，表示成交越容易成功，你的设计就达到效果了！

在店铺实力一定的情况下，不要轻易去模仿那些大卖家，以及客服团队之类的，还有一些夸大的风格，那些并不适合所有店铺，做好力所能及的展示就可以了。

做淘宝生意是一个持久的过程，不要羡慕大卖家们，只要不断学习深造，就会有进步，就能成功，而且也可以和他们一样，做自己风格的店铺。

（3）翻转图片推荐商品

整个店铺的划分比较有条理，在店铺的推荐商品展示中，采用翻转显示图片的方法，可以展示多个推荐商品，节省空间。

（4）浮动分类菜单

在下图中，页面左侧有分类菜单，当单击某一类文字导航时，将显示出该类别下的商品分类，便于浏览者一进入页面就可以找到相关的商品类别，当不需要时也可以关闭弹出菜单，这样既便于买家随时查找商品类别，又节约了空间。

2.2.2 黄色系的配色方案

黄色是在页面配色中使用最为广泛的颜色之一，黄色和其他颜色配合能给人温暖感，具有快乐、希望、智慧和轻快的个性。因此给人留下明亮、辉煌、灿烂、愉快、高贵、柔和的印象。

在黄色中加入少量的蓝，会使其转化为一种鲜嫩的绿色。其高傲的性格也随之消失，趋于一种平和、潮润的感觉。

在黄色中加入少量的红，则具有明显的橙色感觉，其性格也会从冷漠、高傲，转化为一种有分寸感的热情、温暖。

在黄色中加入少量的黑，其色感变化最大，成为一种具有明显橄榄绿的复色印象。其色性也变得成熟、随和。

在黄色中加入少量的白，其色感变得柔和，性格中的冷漠、高傲被淡化，趋于含蓄，易于接近。

如果包包是面向女性的，网店设计时要显示出女性美丽、柔美、时尚的特点，配色风格要体现高雅、妖媚的格调，营造这种氛围以高明度、低纯度的色彩最为合适，如橙黄色、粉色、淡绿色、米黄色、红色等。

2.3 网店配色误区案例解析

网店的装修对一个店的帮助非常大，越来越多的卖家也认识到了这点。在装修的时候千万注意颜色的运用及色彩搭配，特别要注意不合理的搭配反而会造成负面的影响。

2.3.1 背景和文字内容对比不强烈

人眼识别色彩的能力有一定的限度，由于颜色的同化作用，颜色与颜色之间对比强者易分辨，弱者难分辨。

背景与文字内容对比不强烈，则文字内容没法突出；且灰暗的背景令人沮丧；花纹繁复的图案作背景更容易让人眼花缭乱。

如右侧的网店页面，背景和文字颜色对比不强烈，容易让人看不清，使产品的辨识度降低。

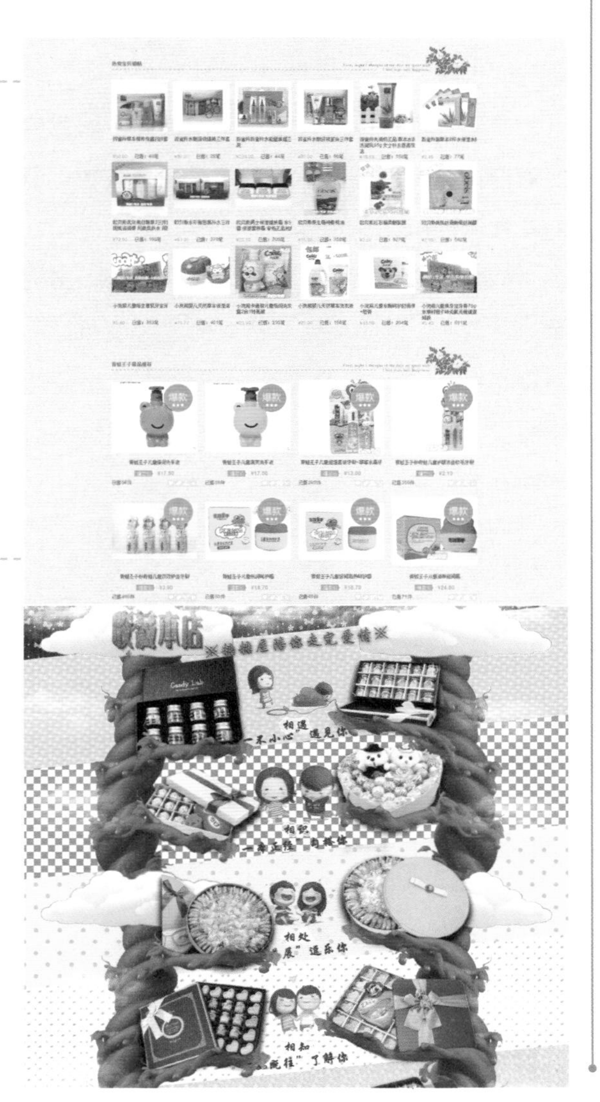

2.3.2 色彩过多

合理地使用色彩，会使页面变得鲜艳生动、富有活力。但色彩数量的增加并不能与页面的表现力成正比。

比如右图中这个网店的页面，把尽可能多的色彩搬上来，同一个页面上色彩众多，一个标题使用一种颜色，每个框、线的颜色都不同。多种色彩的同时使用令人眼花缭乱，造成了版面复杂混乱的视觉效果，对买家理解和获取信息毫无帮助，反而可能带来负作用。

要有一种主色贯穿其中，主色不一定完全是面积最大的颜色，也可以是最重要、最能揭示和反映主题的颜色。不要将所有颜色都用到，尽量控制在 3~5 种色彩。

2.3.3 过分强调色彩的刺激度

在生活中我们看颜色时会感觉到某些颜色很刺眼，时间长了让人感觉疲惫。买家上网绝不希望对自己的视力有损害。因此，页面用色要尽量少用容易引起视疲劳的色调。

一般来说，高明度、高纯度的颜色刺激度高，疲劳度也高。

在无彩色系中，白色的明度最高，黑色的明度最低；在有彩色系中，最明亮的是黄色，最暗的是紫色。

刺激强度高的色彩不宜大面积使用，出现频率也不宜高。低明度色彩造成的疲劳度虽然小，但往往使人产生压抑感，也不赞成页面设计过于暗淡。比较理想的方法是多用柔和明快的浅调暖色。

第3章
店铺装修的基础模块

普通店铺装修通常包括店标、分类、签名、公告、描述模板等5部分。可以根据自己的需要选择对应的模块类型，也可以购买整店成品套装。下面就一起来学习店铺装修的基础模块。

3.1 店铺收藏

制作一个“收藏本店”店招，方便游客、客户收藏，对于淘宝店铺来说是必不可少的。很多店铺上面都有漂亮的图片，然后单击一下就可以收藏该店铺，这是如何做到的呢？过程很简单，一看就会。

3.1.1 制作简单的店铺收藏图片

（1）准备收藏链接

①打开“我的淘宝”，进入“我的店铺”首页，在这个板块可以看到掌柜的相关信息，最下面有“收藏店铺”按钮。

②右击“收藏店铺”按钮。

③单击后出现如右图所示的快捷菜单，选择“属性”命令，会弹出一个对话框。

④对话框如下左图所示，把“地址”复制到文本文档里面以备待用。

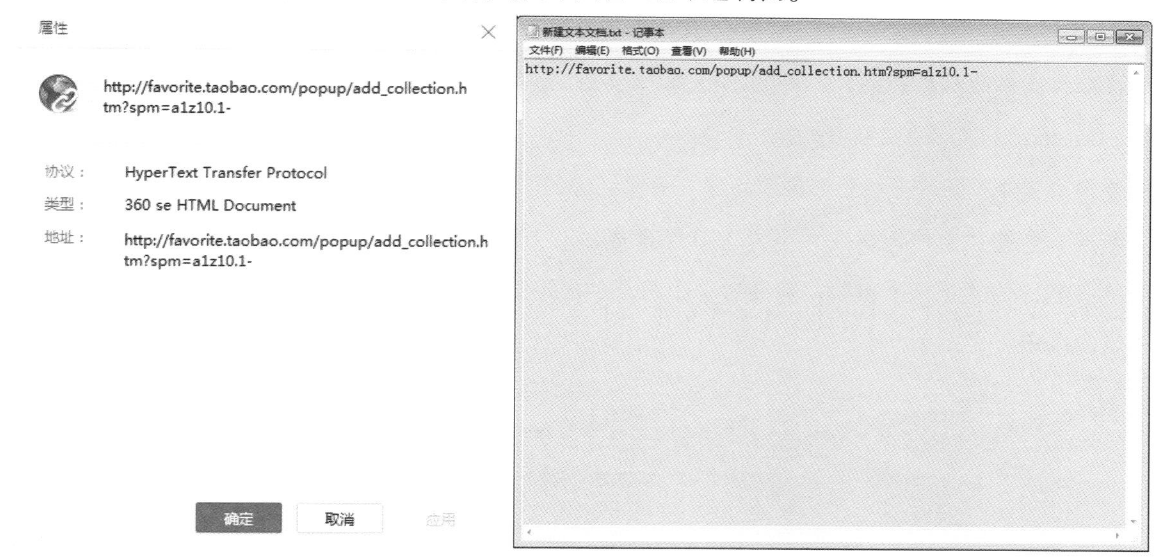

（2）准备图片

准备一个自己喜欢的“收藏本店”图片，宽度不要超过 200，上传到图片空间，复制空间图片地址到文本文档以备待用。准备工作完成之后，放入代码就可以了：“<A href=" 链接地址 " target=_blank><img alt="" src=" 图片地址 "></A>”，把刚刚准备的链接地址及图片地址，替换以上文字位置即可。

在“我的淘宝”中单击“装修店铺”按钮，在左侧栏添加一个“自定义内容区”并单击“保存”按钮。

编辑“自定义内容区”，打开编辑页面之后，选中“编辑源代码”复选框，在编辑页面左下方，复制粘贴刚才的代码，单击“立即保存”按钮即可完成操作。

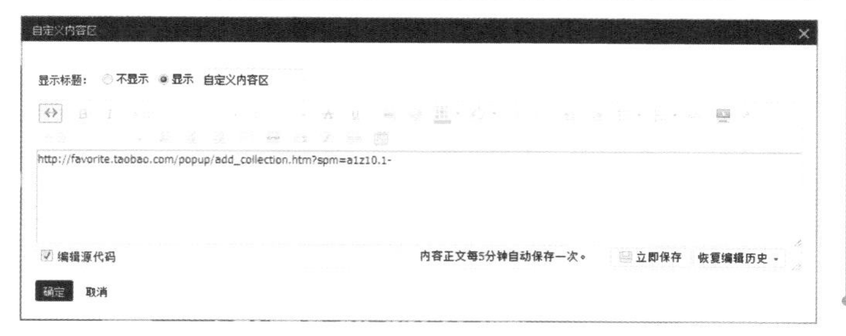

3.1.2 制作动态店铺收藏图片

怎样制作店铺收藏动态图片？即使不精通 Photoshop 都没关系，只要计算机上装了这个软件就可以。这里用 Photoshop CC 来介绍制作方法。

①单击“文件”菜单，然后选择“新建”命令，弹出“新建”对话框，如下左图所示。

②新建一个图片文档，设置大小为 190 像素宽、90 像素高，分辨率为 72，透明图层。假设店铺名称或者是品牌名称为“花天半亩”，需要做一个跳动的心形关注图标。如下右图所示设定好相关参数后，单击“确定”按钮。

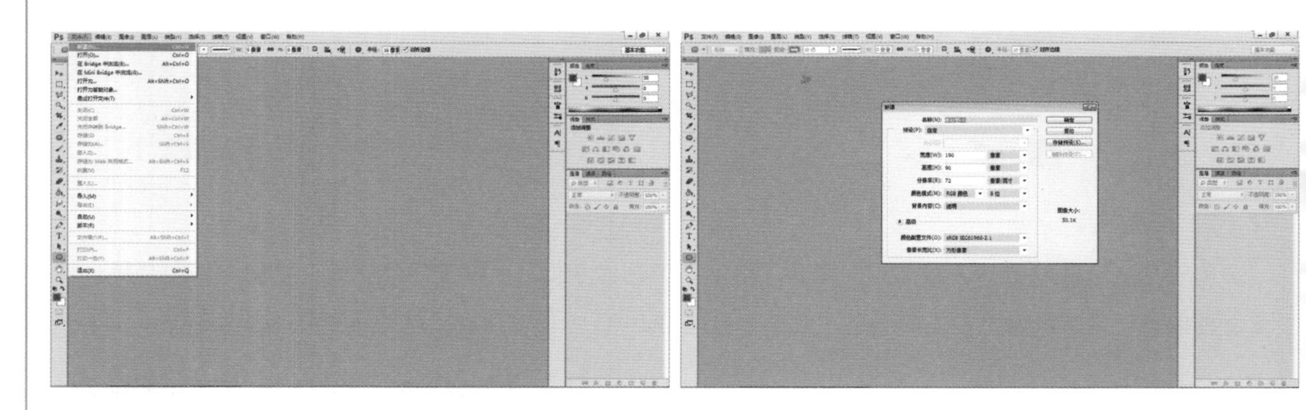

③此时会出现一个透明的图片，给这个透明的图片填充好颜色。按下〈Shift+F5〉组合键会弹出“填充”对话框，选择填充颜色，本例填充为白底图片，如下左图所示。

④填充白色以后，选择左侧工具箱中的文字工具，在白底图片上输入“花天半亩”4 个字，如下右图所示。

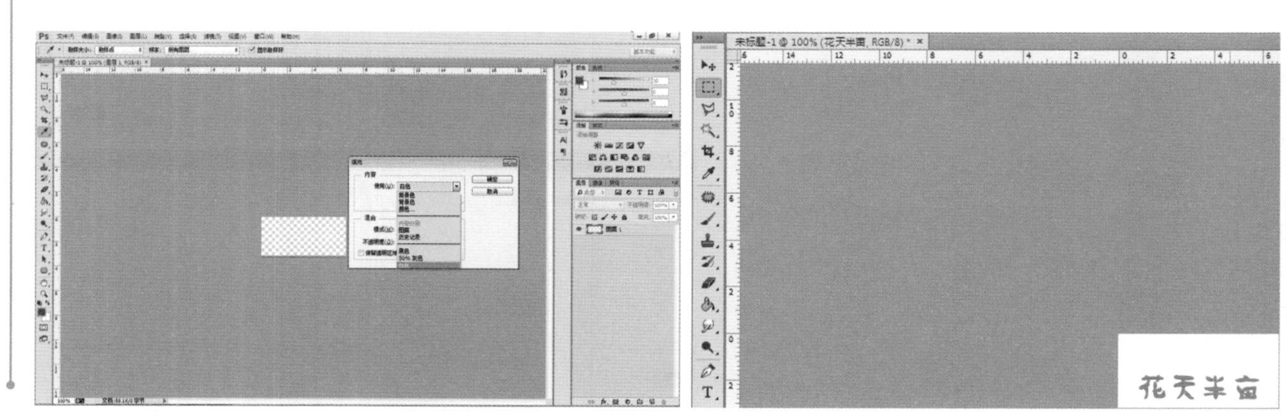

⑤店铺名称输入完成以后，新建一个“图层 2”，如右图所示。

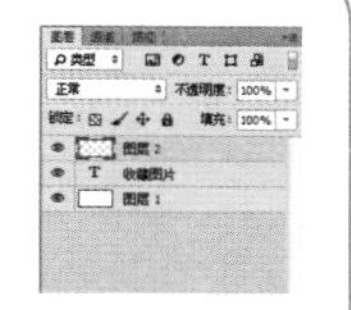

⑥在新的“图层 2”上面，绘制一个圆角矩形，作为关注图标，如下左图所示。

⑦在左侧工具栏，单击文字工具按钮，在图标上输入文字“点此收藏”，如下右图所示。

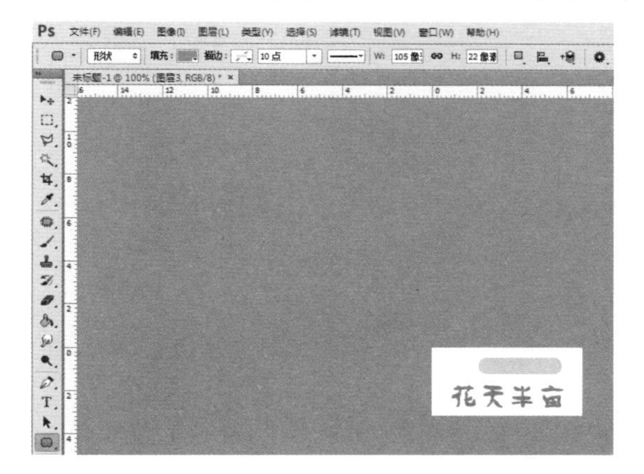

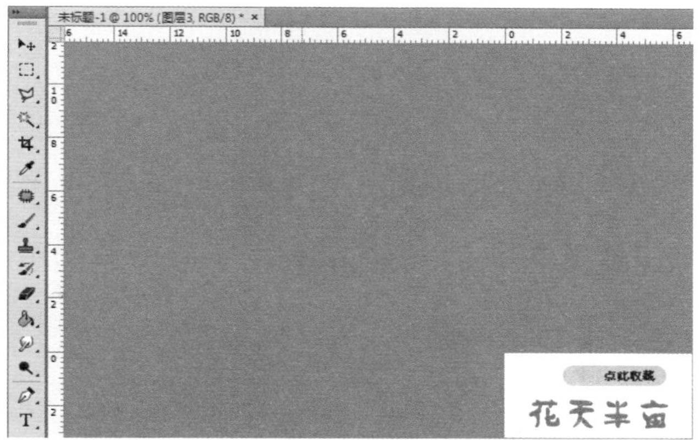

⑧再新建一个“图层 3”。在新图层上绘制一个红色心形的关注图标，如右图所示。

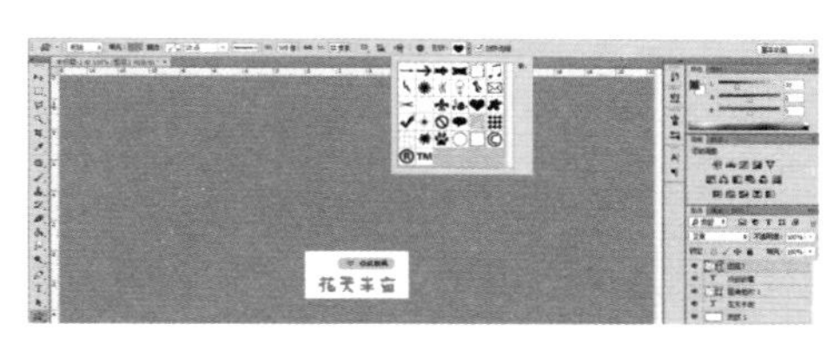

⑨将图片存储为 PNG 格式，名称为“图片 1”，如右图所示。

⑩把“图层 3”中的红色心形图标变小一点，再重新存储为“图片 2”，存储格式为 PNG 格式。

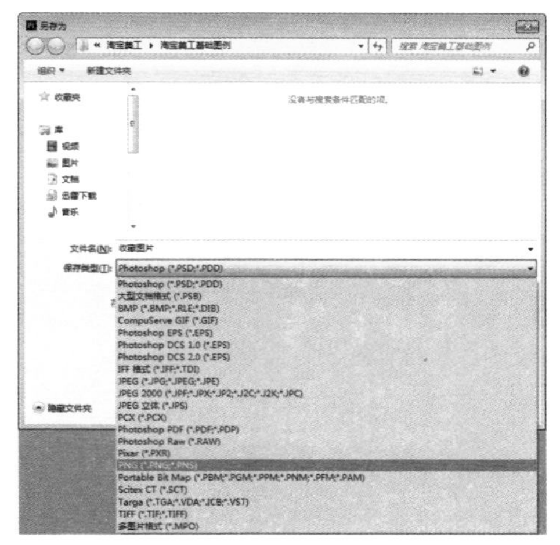

⑪最后，在网页搜索栏中输入“GIF 动画制作”，任意选取一个在线制作 GIF 动画的工具，上传刚刚制作的两张图片，就会自动合成一个动画图标，如右图所示。

3.1.3 小饰品店铺

本案例中除了页面的设计之外着重讲解了“文字工具”的使用及图层样式的添加。在制作的过程中着重体现了产品本身的质感及页面设计的创意。

- **实例位置：** DVD\ 实例文件 \ 第 3 章 \3.1.3
- **素材位置：** DVD\ 实例文件 \ 第 3 章 \3.1.3
- **视频位置：** DVD\ 视频文件 \ 第 3 章 \3.1.3

01 执行“文件 > 新建”命令，新建一个文档。

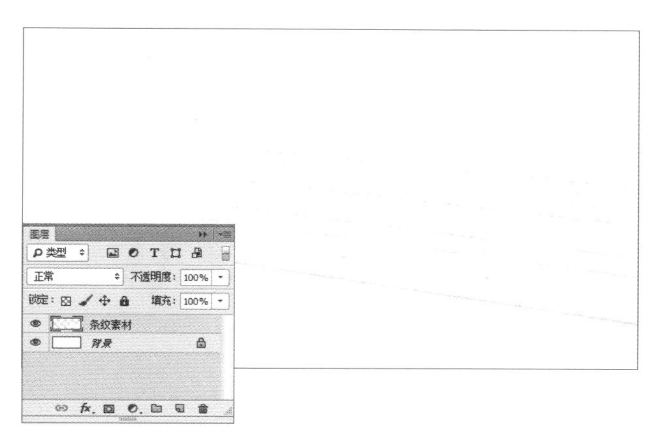

02 执行“文件 > 打开”命令，在弹出的“打开”对话框中选择“条纹素材 .png”文件，将其拖到页面之上并调整其位置。效果如图所示。

03 执行“文件 > 打开”命令，在弹出的“打开”对话框中选择“心形素材 .png”文件，将其拖到页面之上并调整其位置。效果如图所示。

04 执行“文件 > 打开”命令，在弹出的“打开”对话框中选择“文字素材 .png”文件，将其拖到页面之上并调整其位置。效果如图所示。

05 执行“文件 > 打开”命令，在弹出的“打开”对话框中选择“人像素材 .png”文件，将其拖到页面之上并调整其位置。效果如图所示。

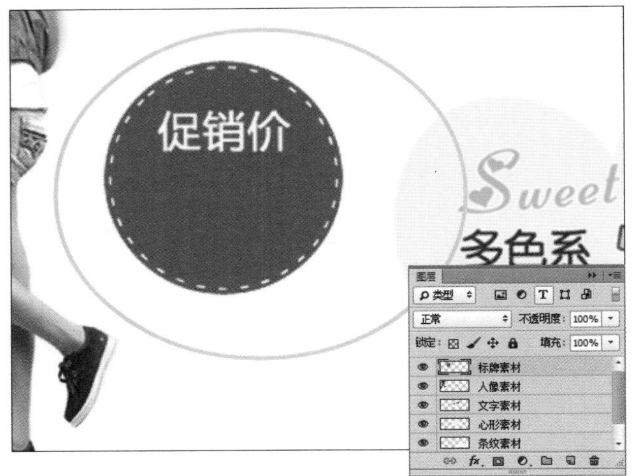

06 执行“文件 > 打开”命令，在弹出的“打开”对话框中选择“标牌素材 .png”文件，将其拖到页面之上并调整其位置。效果如图所示。

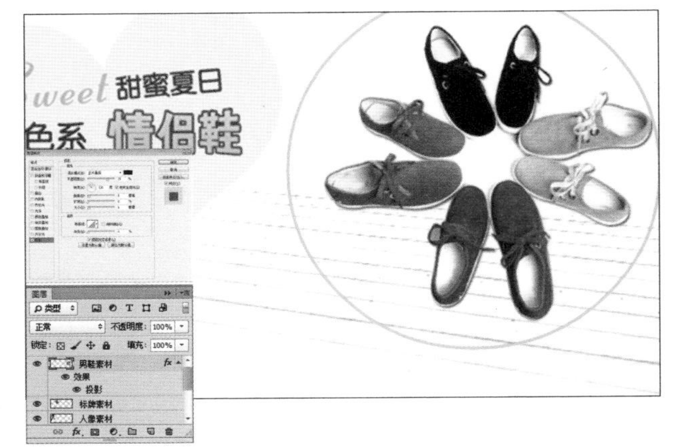

07 执行“文件 > 打开”命令，在弹出的“打开”对话框中选择“男鞋素材 .png”文件，将其拖到页面之上并调整其位置。在“图层”面板中，单击“添加图层样式” 按钮，在弹出的下拉列表中选择“投影”选项，在弹出的“图层样式”对话框中对其参数进行设置后单击“确定”按钮。效果如图所示。

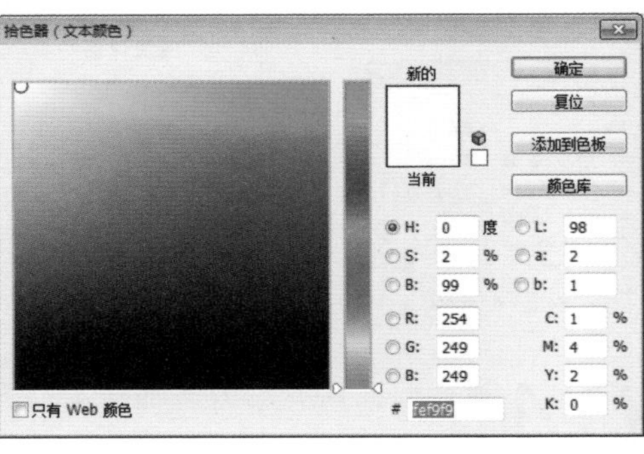

08 单击工具箱中的文字工具按钮，在页面中绘制文本框输入对应的文字。执行“窗口 > 字符”命令，在弹出的“字符”面板中对其参数进行设置，并设置文本颜色在文本框中输入相应的文字。效果如图所示。

09 单击工具箱中的文字工具按钮，在页面中绘制文本框输入对应的文字。执行“窗口 > 字符”命令，在弹出的“字符”面板中对其参数进行设置，在文本框中输入相应的文字。效果如图所示。

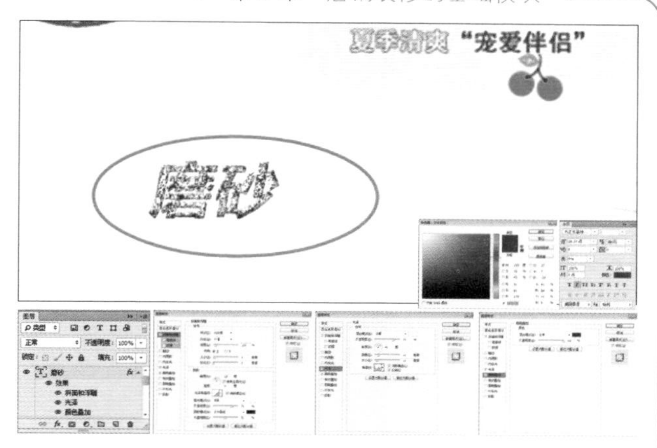

10 按照上述的方式在页面上添加文字素材。在“图层”面板中，单击“添加图层样式”按钮，在弹出的下拉列表中选择“斜面和浮雕”“光泽”等选项，在弹出的“图层样式”对话框中对其参数进行设置后单击“确定”按钮。效果如图所示。

11 单击工具箱中的文字工具按钮，在页面中绘制文本框输入对应的文字。执行“窗口 > 字符”命令，在弹出的“字符”面板中对其参数进行设置，在文本框中输入相应的文字。最终效果如图所示。

3.2 宝贝分类

在淘宝店铺中，可以创建多个商品分类，并且每个分类下还可以嵌套多个子类别。例如，开一家女装服饰店铺，既可以进行品牌分类、也可以进行用途分类（外套、裙、裤子）等。

3.2.1 制作宝贝分类

（1）在“店铺管理”栏目下，单击“宝贝分类管理”超链接，如右图所示。

⊟ 店铺管理
- 查看淘宝店铺
- 店铺装修
- 图片空间
- 宝贝分类管理
- 店铺基本设置
- 手机淘宝店铺
- 域名设置
- 掌柜推荐
- 媒体中心
- 淘宝贷款
- 子账号管理
- 特种经营许可证
- 账房
- 商家保障

卖家服务态度	>=4.774	4.856	√
发货速度	>=4.741	4.856	√
纠纷率	<=0.003%	0.000%	√
自然年内一般违规处罚	<12.0分	2.4分	√
自然年内严重违规处罚	无	符合	√
售假处罚(含去年未清零)	无(且无0分处罚)	符合	√
二手商品订单数占比	<=5.00%	0.00%	√
在线虚拟宝贝	无	符合	√
经营资质（酒类、宠物、图书）	-	-	
买家喜爱度	>=80分	达标	√
2014年处罚记录	无	符合	√

您已是金牌卖家，若想退出，请点击 退出

（2）进入装修管理页面，单击左上方的“商品管理”选项，选择下方的“分类管理”超链接，如右图所示。

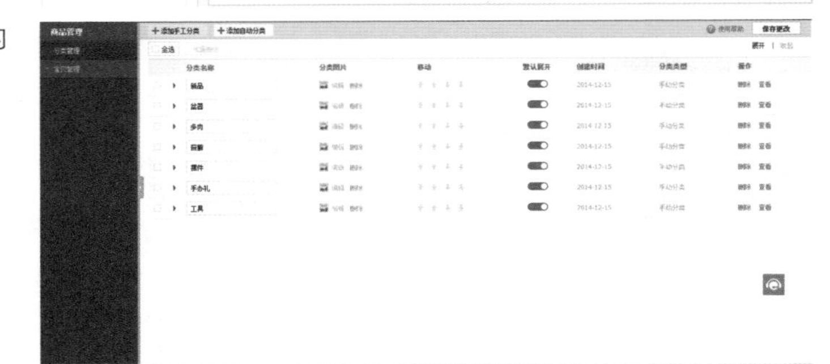

（3）打开分类列表，在这里单击“添加手工分类”按钮，在下方为添加的分类进行命名，如右图所示。

提示：这里最好进行手工分类，自动分类可能出现一些类目混淆的情况。

（4）单击右侧的“添加图片”按钮，然后输入图片地址，单击“确定”按钮，即可为当前分类添加小图标，如右图所示。

（5）按照上面的方法，分别添加多个分类，完成后在右侧单击“保存”按钮即可。

提示：这里的图片可以是自己做的，也可以是网上下载的，然后上传到淘宝图片空间里，在获取地址后插入到这里即可。当然，直接插入图片也是可行的。

3.2.2　淘宝宝贝的分类管理

（1）单击“宝贝管理”选项，选择下方的宝贝分类超链接，如右图所示。

（2）选择需要进行分类的商品宝贝，然后在右侧单击“添加分类”按钮，将它们手动添加到需要分类到的宝贝分类目录里面即可。

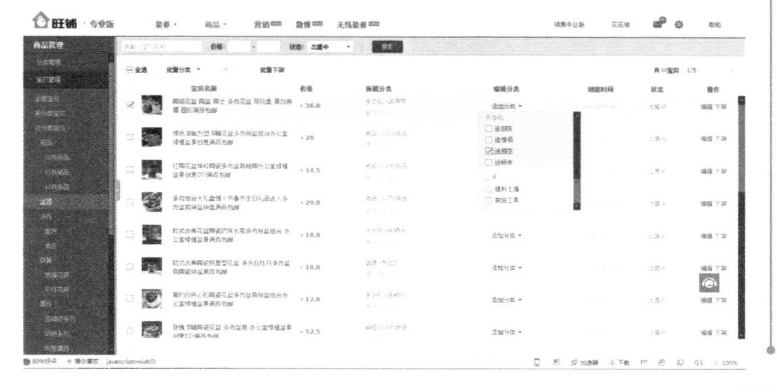

3.2.3 水果专卖

本案例通过条纹素材及苹果素材等的添加，使整体页面在颜色上的搭配更加明快。与此同时，文字工具及变形工具的应用使文字素材在页面中的表现形式更加丰富多样。

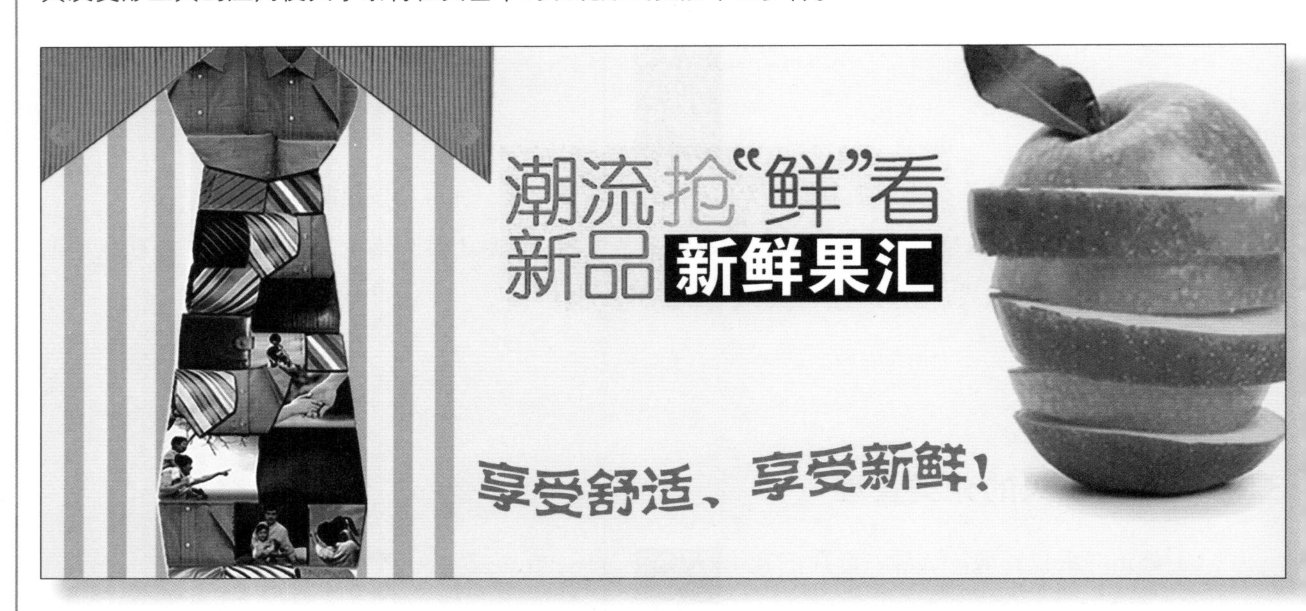

● **实例位置：** DVD\ 实例文件 \ 第 3 章 \3.2.3

● **素材位置：** DVD\ 实例文件 \ 第 3 章 \3.2.3

● **视频位置：** DVD\ 视频文件 \ 第 3 章 \3.2.3

01 执行“文件 > 新建”命令，新建一个文档。

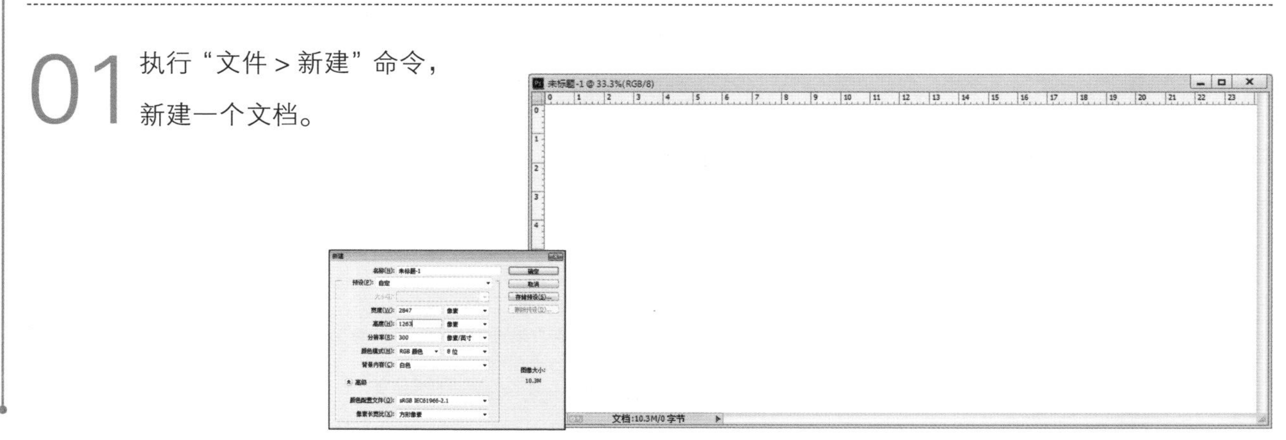

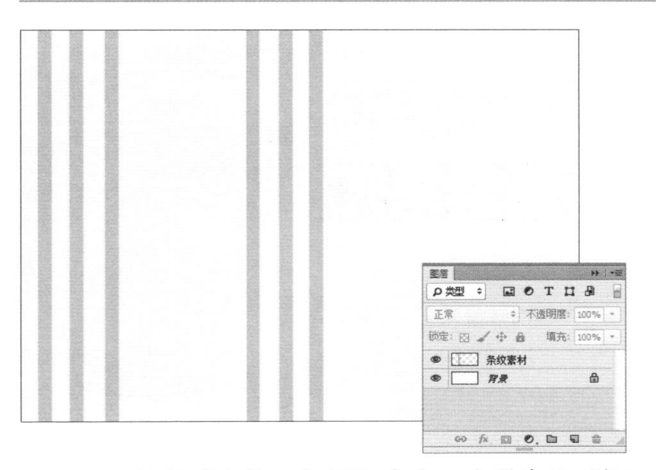

02 执行“文件 > 打开”命令，在弹出的“打开”对话框中选择“条纹素材 .png”文件，将其拖到页面之上并调整其位置。效果如图所示。

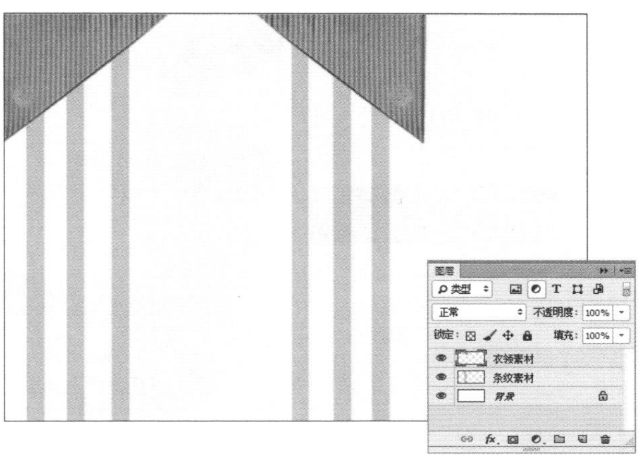

03 执行“文件 > 打开”命令，在弹出的“打开”对话框中选择“衣领素材 .png”文件，将其拖到页面之上并调整其位置。效果如图所示。

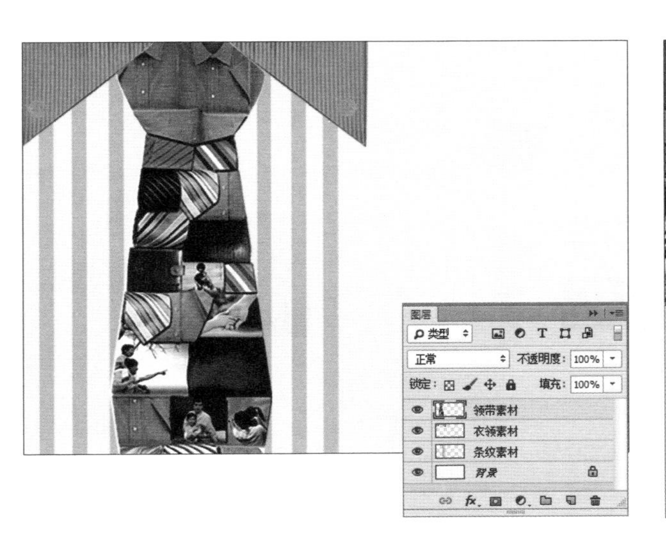

04 执行“文件 > 打开”命令，在弹出的“打开”对话框中选择“条纹素材 .png”文件，将其拖到页面之上并调整其位置。效果如图所示。

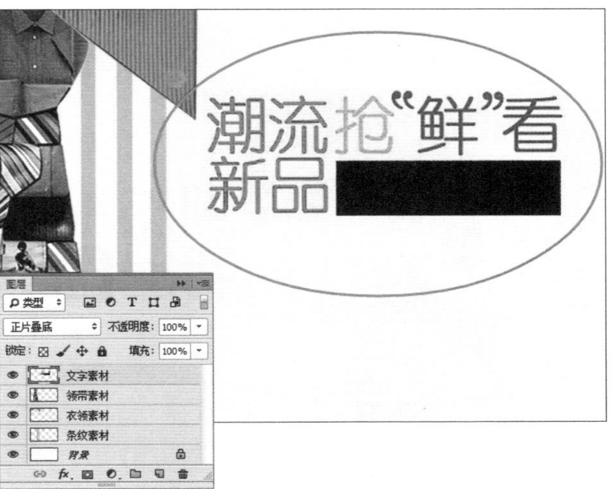

05 执行“文件 > 打开”命令，在弹出的“打开”对话框中选择“文字素材 .png”文件，将其拖到页面之上并调整其位置。效果如图所示。

06 执行“文件 > 打开”命令，在弹出的“打开”对话框中选择“苹果素材 .png”文件，将其拖到页面之上并调整其位置。效果如图所示。

07 单击工具箱中的文字工具，在页面中绘制文本框输入对应的文字。执行“窗口 > 字符”命令，在弹出的“字符”面板中对其参数进行设置，在文本框中输入相应的文字。效果如图所示。

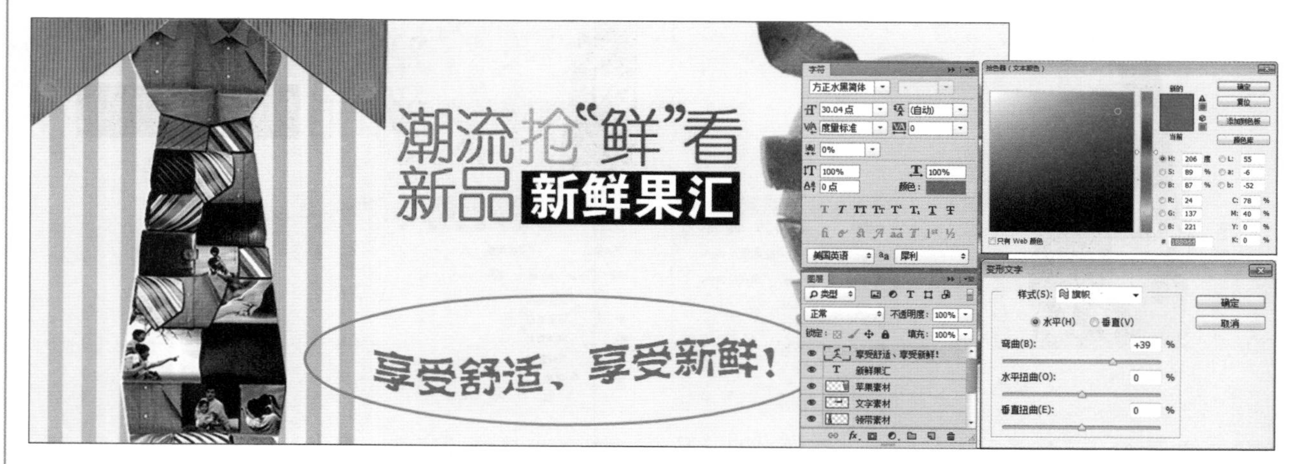

08 单击工具箱中的文字工具，在页面中绘制文本框输入对应的文字。执行“窗口 > 字符”命令，在弹出的“字符”面板中对其参数进行设置，在文本框中输入相应的文字。并通过菜单栏中的命令调出“变形文字”对话框，对其参数进行设置后单击“确定”按钮。最终效果如图所示。

3.3 打造精美公告栏

公告栏位于普通店铺首页的右上角，店主可以在这里随时发布滚动的文字信息，也可以通过网页代码发布图文配合的公告信息，让公告栏更清晰、美观，并且可以加入动画使效果更醒目。

3.3.1 公告栏制作的注意事项

公告栏的设计可说是多种多样，有纯文字的，有文字和图片相结合的，有的文字会滚动，图片带有超链接，还有干脆不用公告的。在“页面管理”中，单击“添加模块”按钮，选择“自定义内容区”（如下图所示），这个区域就可以用来放置公告。把这个区域移动到要放置公告的位置，一般是最上方。

公告栏类型中最复杂的一种就是文字和图片都会滚动的。

纯文字的公告栏直接把需要的文字写上去就可以了，如果想突出内容的中心意思，还可以把需要的文字改成不同的颜色、不同的字体和字号。

文字和图片相结合的公告栏，就需要用到 Photoshop 这个软件来制作，公告栏的背景一样要选择与店招及店铺主色相呼应的色彩和图案。最简便的一种方法就是同一张图，上半张用做店招背景，下半张用做公告栏背景。如果不想用同一张图的话，最安全的办法就是用白色作为背景，加上一个用主体颜色填充的边框。然后在边框中加入文字后保存成一张图片。

公告栏中还可以加入一些商品或分类的图片超链接，公告栏中插入的图片也要先把图片上传到网上的图片空间里，然后再获取图片的地址。

3.3.2 文字公告栏

本案例中制作了以“双 11”为主题的文字公告栏，需要注意的是页面的尺寸应符合淘宝装修的相关要求。除此之外，在文字在样式上应尽可能地做到多样化、创新化。

- **实例位置：** DVD\ 实例文件 \ 第 3 章 \3.3.2
- **素材位置：** DVD\ 实例文件 \ 第 3 章 \3.3.2
- **视频位置：** DVD\ 视频文件 \ 第 3 章 \3.3.2

01 执行“文件 > 新建”命令（快捷键〈Ctrl+N〉），在弹出的“新建”对话框中对其参数进行设置后单击“确定”按钮。效果如图所示。

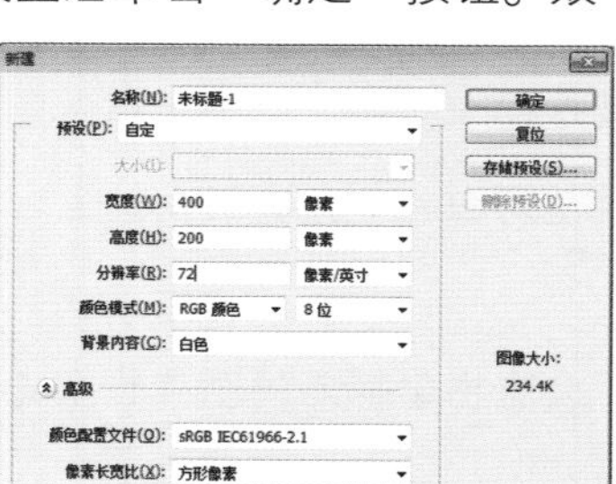

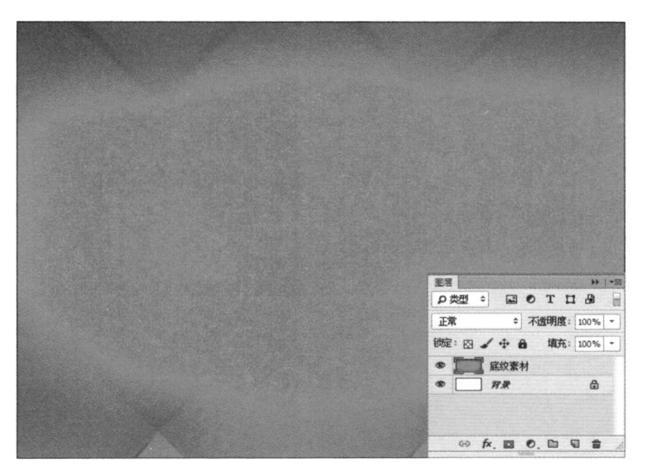

02 执行“文件 > 打开”命令，在弹出的“打开”对话框中选择“底纹素材 .jpg”文件，将其拖到页面之上并调整其位置。效果如图所示。

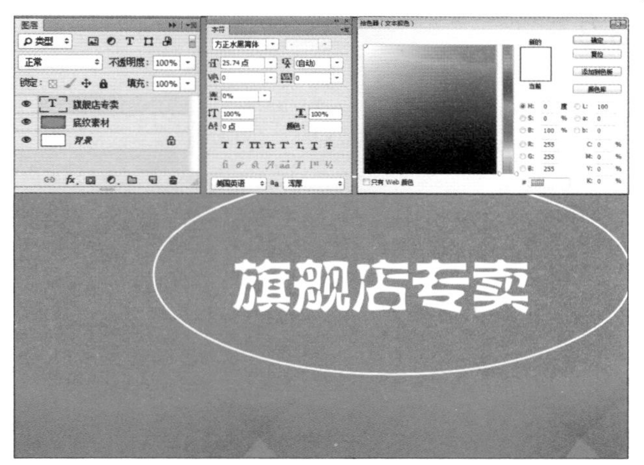

03 单击工具箱中的文字工具，在页面中绘制文本框输入对应的文字。执行“窗口 > 字符”命令，在弹出的“字符”面板中对其参数进行设置，在文本框中输入相应的文字。

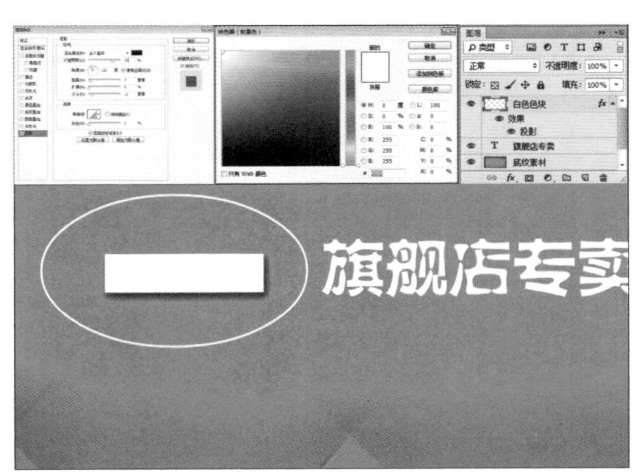

04 新建图层并命名为“白色色块”，在页面上绘制矩形选区后填充为白色。在“图层”面板中，单击“添加图层样式”按钮，在弹出的下拉列表中选择“投影”选项，在弹出的“图层样式”对话框中对其参数进行设置后单击“确定”按钮。

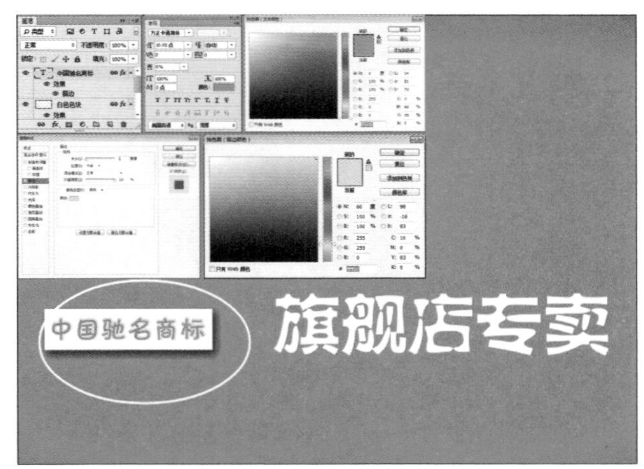

05 制作文字素材后，在“图层”面板中，单击“添加图层样式”按钮，在弹出的下拉列表中选择“描边”选项，在弹出的“图层样式”对话框中对其参数进行设置后单击“确定”按钮。效果如图所示。

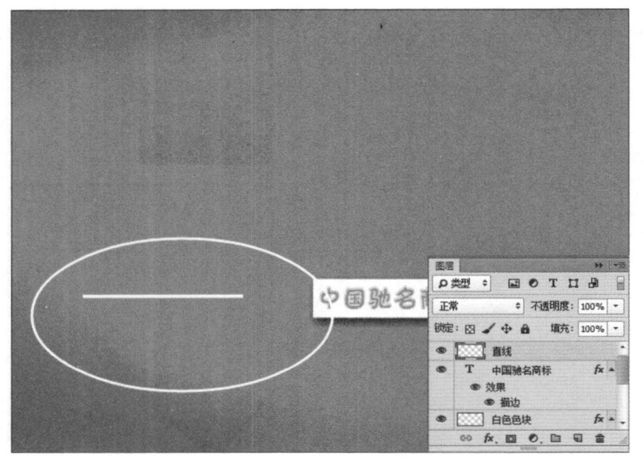

06 新建图层并命名为“直线”，在页面上绘制矩形选区后将“前景色”设置为白色，按下快捷键〈Alt+Delete〉进行填充。效果如图所示。

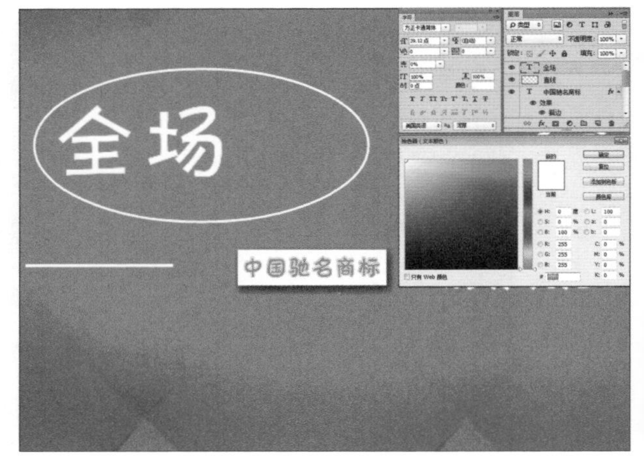

07 单击工具箱中的文字工具，在页面中绘制文本框输入对应的文字。执行“窗口 > 字符”命令，在弹出的“字符”面板中对其参数进行设置，在文本框中输入相应的文字。

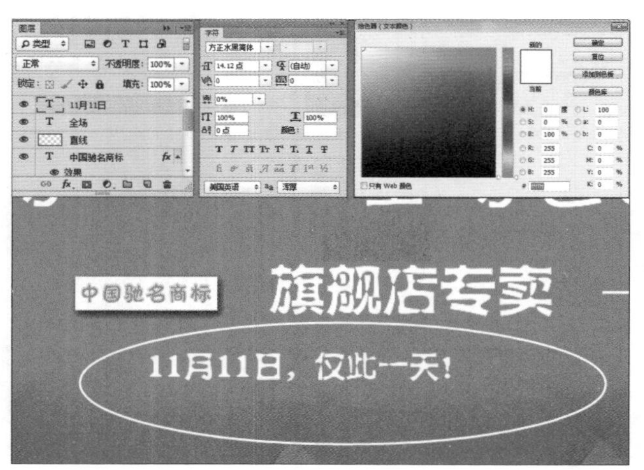

08 单击工具箱中的文字工具，在页面中绘制文本框输入对应的文字。执行“窗口 > 字符”命令，在弹出的“字符”面板中对其参数进行设置，在文本框中输入相应的文字。

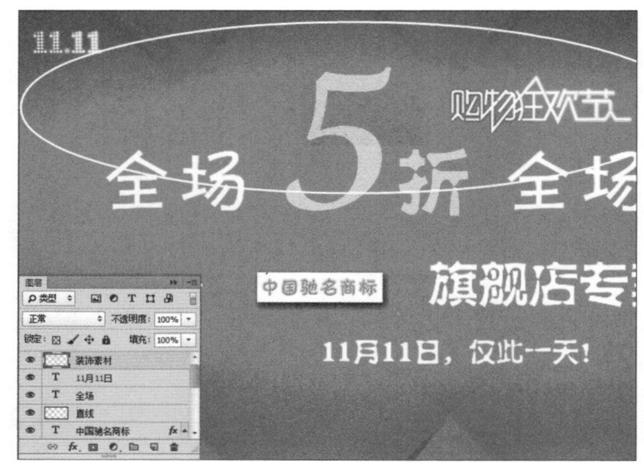

09 执行“文件 > 打开”命令，在弹出的“打开”对话框中选择“底纹素材 .jpg”文件，将其拖到页面之上并调整其位置。最终效果如图所示。

3.3.3　图片公告栏

本案例中主要向读者展示了图片公告栏的制作方法，除了要符合淘宝所要求的相关尺寸外，在设计的过程中应该注意色调的搭配及创意的新颖，只有这样才能使产品更具吸引力。

● **实例位置：** DVD\ 实例文件 \ 第 3 章 \3.3.3

● **素材位置：** DVD\ 实例文件 \ 第 3 章 \3.3.3

● **视频位置：** DVD\ 视频文件 \ 第 3 章 \3.3.3

01 执行“文件 > 新建”命令（快捷键〈Ctrl+N〉），在弹出的“新建”对话框中对其参数进行设置后单击“确定”按钮。效果如图所示。

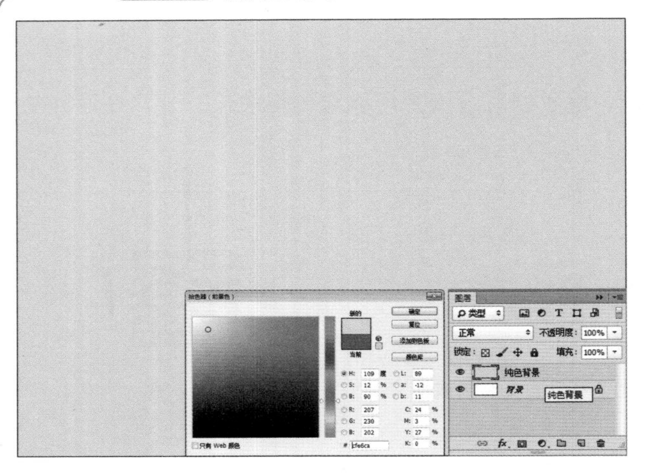

02 执行“文件 > 打开”命令，在弹出的“打开”对话框中选择“纯色背景 .jpg”文件，将其拖到页面之上并调整其位置。效果如图所示。

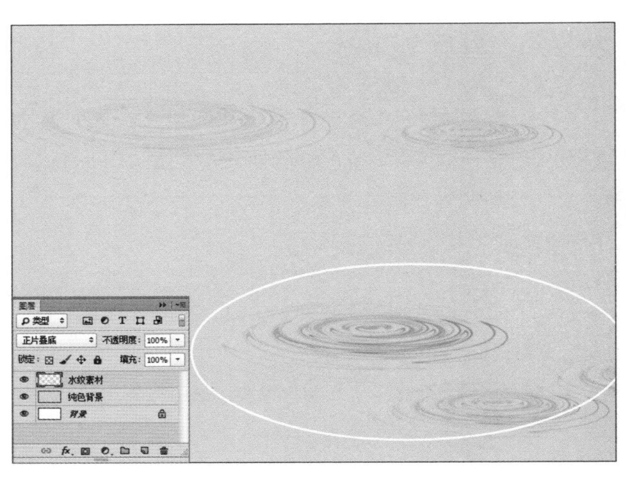

03 执行“文件 > 打开”命令，在弹出的“打开”对话框中选择“水纹素材 .png”文件，将其拖到页面之上并调整其位置。效果如图所示。

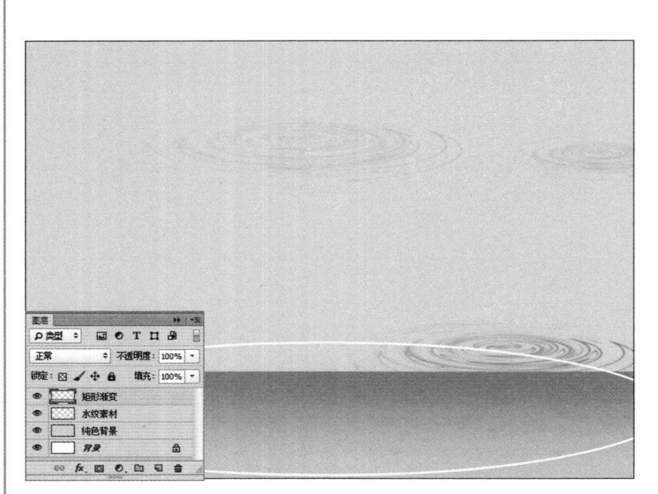

04 执行“文件 > 打开”命令，在弹出的“打开”对话框中选择“矩形渐变 .png”文件，将其拖到页面之上并调整其位置。效果如图所示。

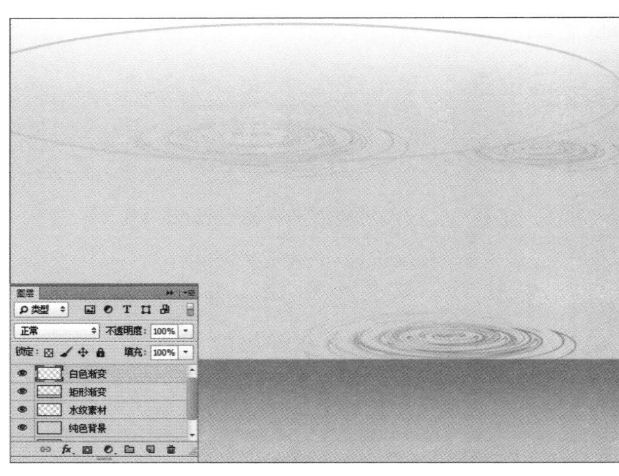

05 执行“文件 > 打开”命令，在弹出的“打开”对话框中选择“白色渐变 .png”文件，将其拖到页面之上并调整其位置。效果如图所示。

06 执行“文件 > 打开”命令，在弹出的“打开”对话框中选择“橄榄 .png”文件，将其拖到页面之上并调整其位置。效果如图所示。

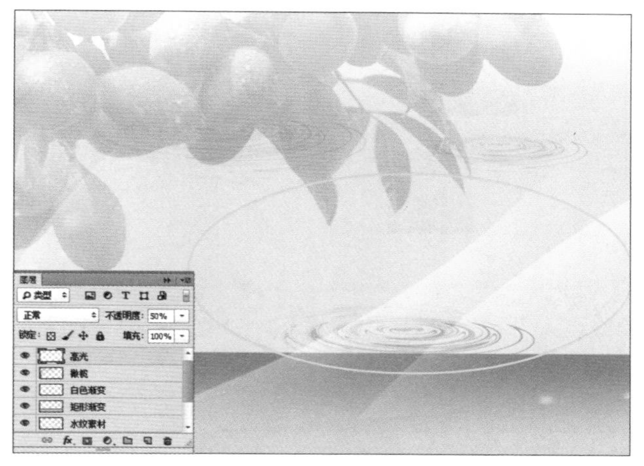

07 执行“文件 > 打开”命令，在弹出的“打开”对话框中选择“高光 .png”文件，将其拖到页面之上并调整其位置。在“图层”面板中将该图层的“不透明度”调整为 50%。效果如图所示。

08 执行“文件 > 打开”命令，在弹出的“打开”对话框中选择“香皂 .png”文件，将其拖到页面之上并调整其位置。效果如图所示。

09 执行“文件 > 打开”命令，在弹出的“打开”对话框中选择“蝴蝶 .png”文件，将其拖到页面之上并调整其位置。效果如图所示。

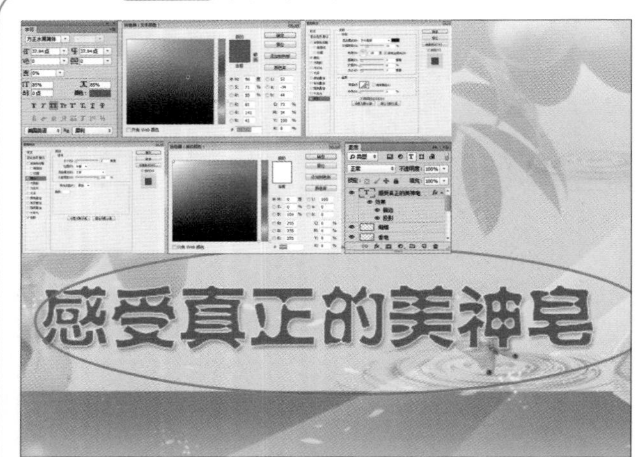

10 制作文字素材后，在“图层”面板中，单击“添加图层样式” 按钮，在弹出的下拉列表中分别选择“描边”和“投影”选项，在弹出的“图层样式”对话框中对其参数进行设置后单击“确定”按钮。

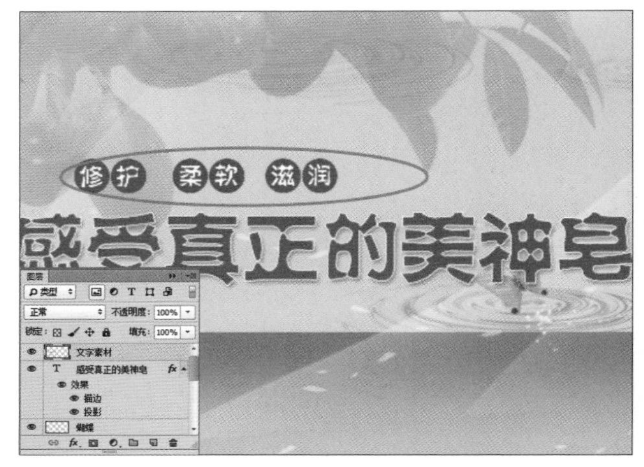

11 执行“文件 > 打开”命令，在弹出的“打开”对话框中选择“文字素材 .png”文件，将其拖到页面之上并调整其位置。效果如图所示。

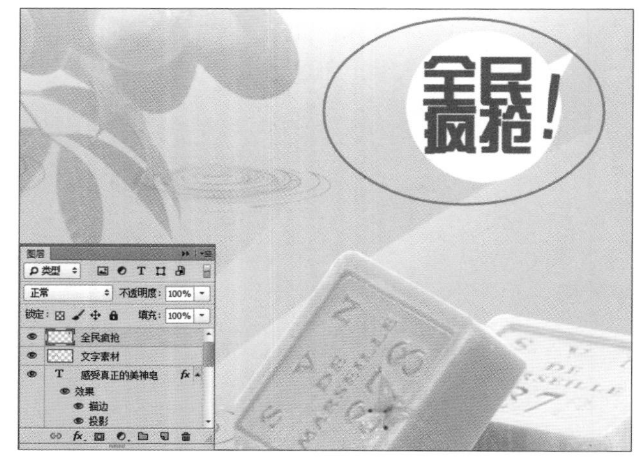

12 执行“文件 > 打开”命令，在弹出的“打开”对话框中选择“全民疯抢 .png”文件，将其拖到页面之上并调整其位置。效果如图所示。

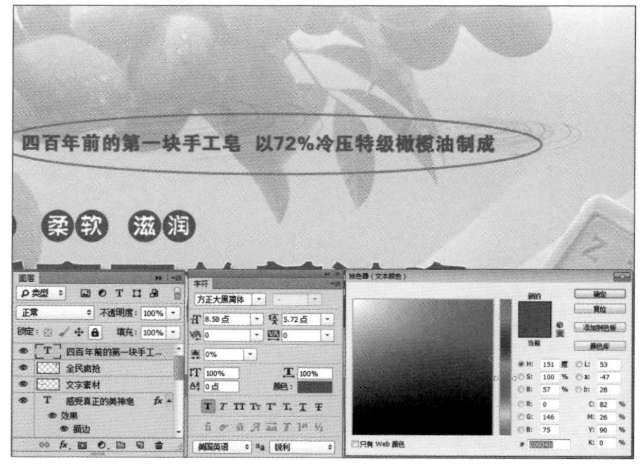

13 单击工具箱中的文字工具，在页面中绘制文本框输入对应的文字。执行“窗口 > 字符”命令，在弹出的“字符”面板中对其参数进行设置，在文本框中输入相应的文字。

3.3.4　动态公告栏

本案例是一幅动态公告栏的设计，通过多种多样素材文件的添加，以及图层样式的变换，最终使画面呈现出了极强的吸引力。除此之外，高光素材的点缀也起到了画龙点睛的作用。

- **实例位置：** DVD\ 实例文件 \ 第 3 章 \3.3.4
- **素材位置：** DVD\ 实例文件 \ 第 3 章 \3.3.4
- **视频位置：** DVD\ 视频文件 \ 第 3 章 \3.3.4

01 执行“文件 > 新建”命令，新建一个文档。

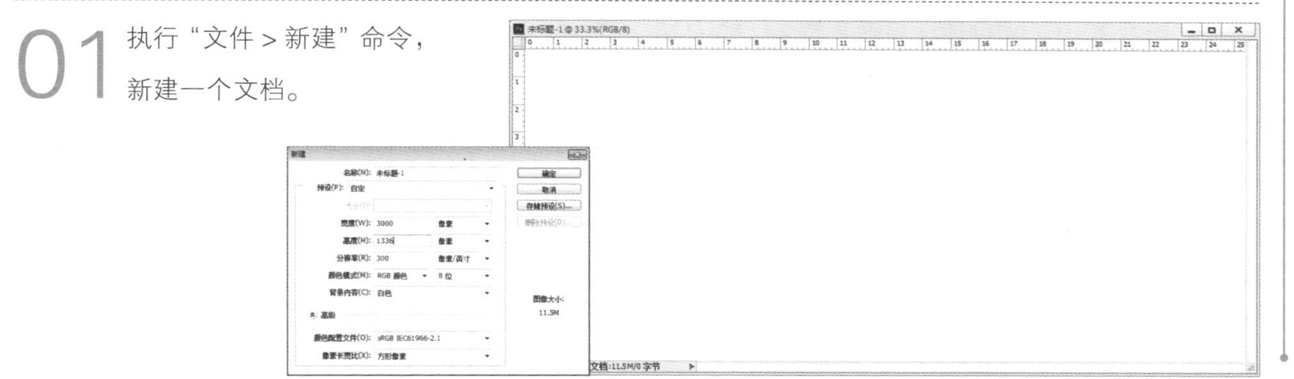

02 执行“文件＞打开”命令，在弹出的“打开”对话框中选择“背景素材.jpg”文件，将其拖到页面之上并调整其位置。效果如图所示。

03 执行“文件＞打开”命令，在弹出的“打开”对话框中选择“双11来了.png”文件，将其拖到页面之上并调整其位置。效果如图所示。

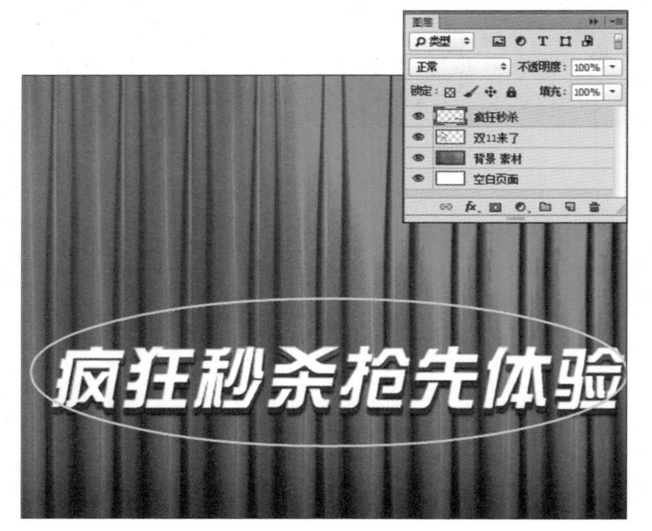

04 执行“文件＞打开”命令，在弹出的“打开”对话框中选择“癫狂秒杀.png”文件，将其拖到页面之上并调整其位置。效果如图所示。

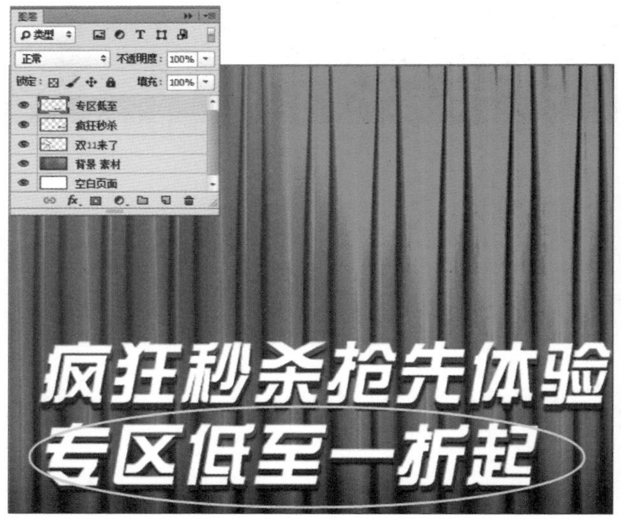

05 执行“文件＞打开”命令，在弹出的“打开”对话框中选择“专区低至.png”文件，将其拖到页面之上并调整其位置。效果如图所示。

06 执行“文件 > 打开”命令，在弹出的“打开”对话框中选择“感叹号 .png”文件，将其拖到页面之上并调整其位置。效果如图所示。

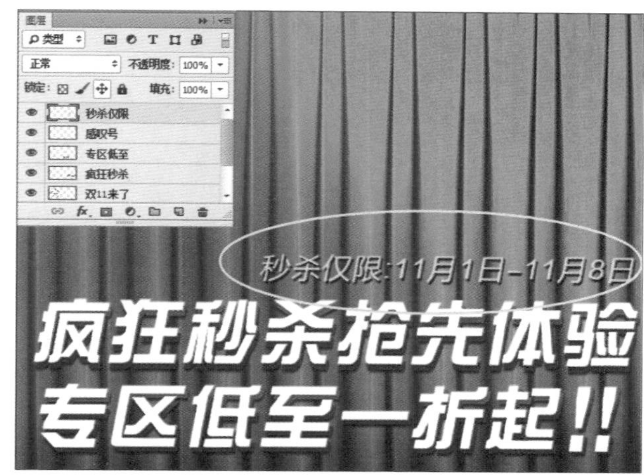

07 执行“文件 > 打开”命令，在弹出的“打开”对话框中选择“秒杀权限 .png”文件，将其拖到页面之上并调整其位置。效果如图所示。

08 执行“文件 > 打开”命令，在弹出的“打开”对话框中选择“Double.png”文件，将其拖到页面之上并调整其位置。效果如图所示。

09 执行“文件 > 打开”命令，在弹出的“打开”对话框中选择“11.11.png”文件，将其拖到页面之上并调整其位置。效果如图所示。

10 执行“文件 > 打开”命令，在弹出的“打开”对话框中选择“黄色色块.png”文件，将其拖到页面之上并调整其位置。效果如图所示。

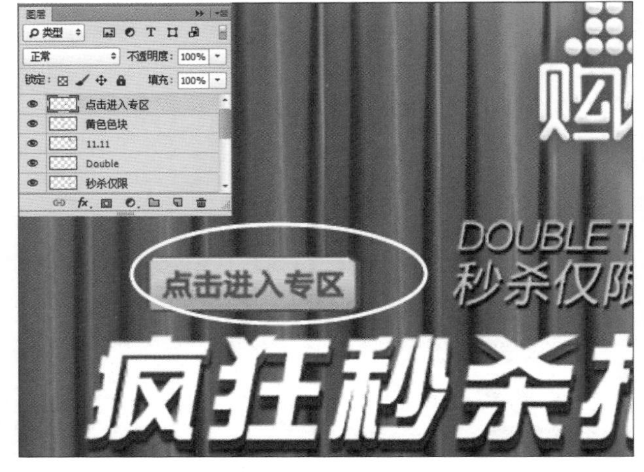

11 执行“文件 > 打开”命令，在弹出的“打开”对话框中选择“点击进入专区.png”文件，将其拖到页面之上并调整其位置。效果如图所示。

12 执行“文件 > 打开”命令，在弹出的“打开”对话框中选择“鼠标手.png”文件，将其拖到页面之上并调整其位置。效果如图所示。

13 执行“文件 > 打开”命令，在弹出的“打开”对话框中选择“黄色箭头.png”文件，将其拖到页面之上并调整其位置。效果如图所示。

14 在“图层”面板中，单击“添加图层样式”按钮，在弹出的下拉列表中选择“投影”选项，在弹出的“图层样式”对话框中对其参数进行设置，然后单击“确定”按钮。效果如图所示。

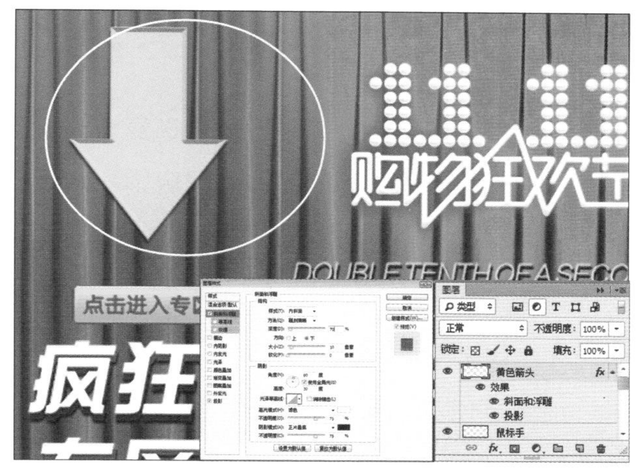

15 在“图层”面板中，单击“添加图层样式”按钮，在弹出的下拉列表中选择“斜面和浮雕”选项，在弹出的“图层样式”对话框中对其参数进行设置，然后单击“确定”按钮。效果如图所示。

16 执行“文件 > 打开”命令，在弹出的“打开”对话框中选择“省.png”文件，将其拖到页面之上并调整其位置。效果如图所示。

17 执行“文件 > 打开”命令，在弹出的“打开”对话框中选择“高光素材.png”文件，将其拖到页面之上并调整其位置。效果如图所示。

3.4 游动浮标

游动浮标是买家快速联系及咨询卖家的重要沟通途径，可以方便地用来下单、了解宝贝、了解店铺、沟通交流。淘宝官方提供的游动浮标，可以出现在店铺首页、列表页、自定义页面。

3.4.1 旺旺浮标

本案例制作了以女士休闲包为主题的旺旺浮标，在设计上通过蓝、黄两色的强烈对比衬托出了整体画面的清爽与时尚。在文字素材方面通过中英文素材的结合使用，加之字体的不断变换，使整个页面更加生动。

- **实例位置：** DVD\实例文件\第3章\3.4.1
- **素材位置：** DVD\实例文件\第3章\3.4.1
- **视频位置：** DVD\视频文件\第3章\3.4.1

01 执行“文件 > 新建”命令（快捷键〈Ctrl+N〉），在弹出的“新建”对话框中对其参数进行设置，然后单击“确定”按钮。效果如图所示。

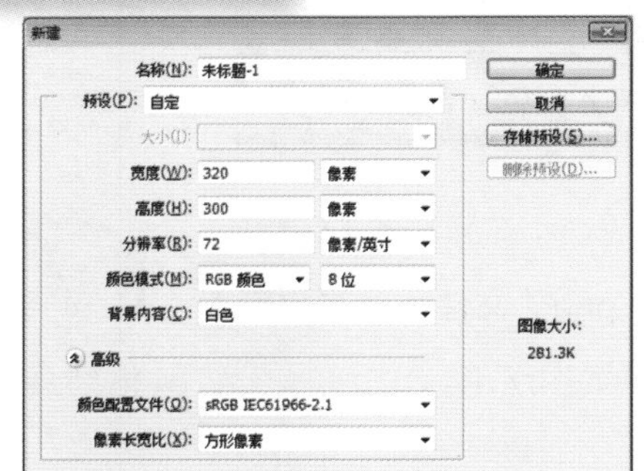

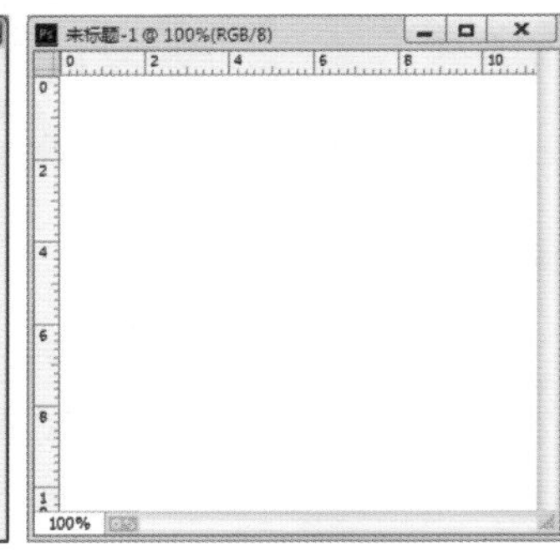

02 执行“文件 > 打开”命令，在弹出的“打开”对话框中选择“渐变背景 .jpg”文件，将其拖到页面之上并调整其位置。效果如图所示。

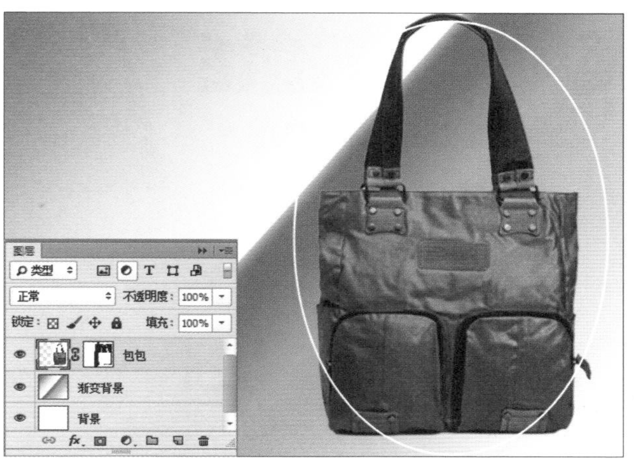

03 在页面上添加“包包”素材后，通过添加图层蒙版并结合“画笔工具”的使用，擦除包包以外不需要显示的部分。效果如图所示。

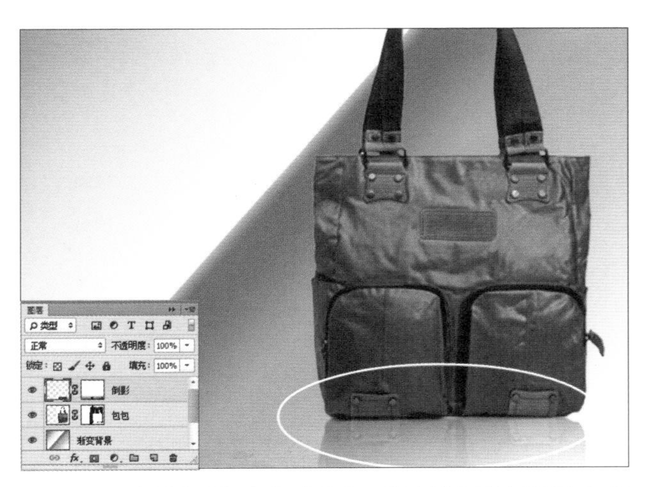

04 复制“包包”图层，将复制后的图层命名为“倒影”图层，并对该图层进行垂直翻转。通过添加图层蒙版并结合“渐变工具”的使用，来制作出逼真的倒影效果。效果如图所示。

05 单击工具箱中的文字工具，在页面中绘制文本框输入对应的文字。执行“窗口 > 字符”命令，在弹出的“字符”面板中对其参数进行设置，在文本框中输入相应的文字。

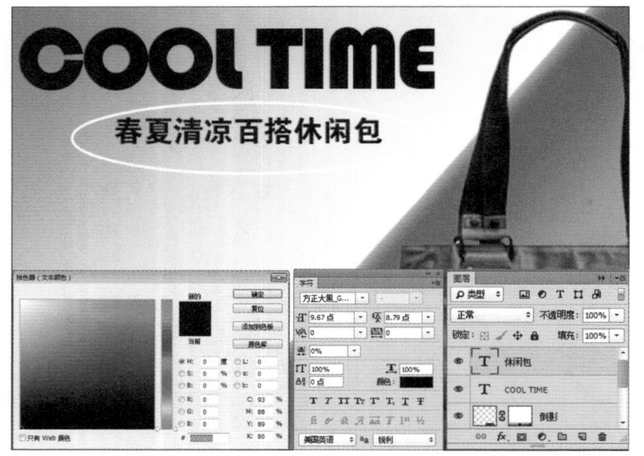

06 单击工具箱中的文字工具，在页面中绘制文本框输入对应的文字。执行“窗口 > 字符”命令，在弹出的“字符”面板中对其参数进行设置，在文本框中输入相应的文字。

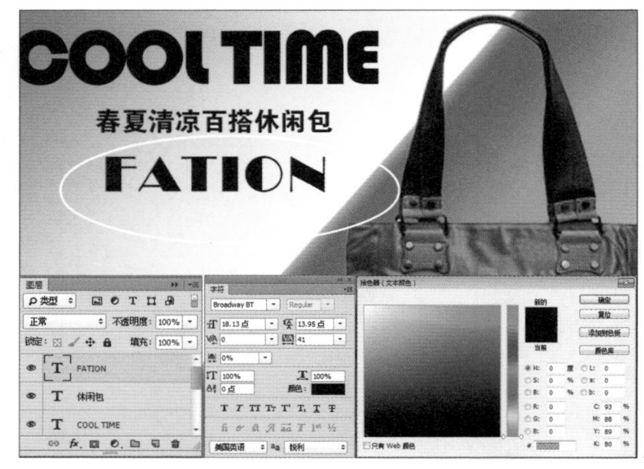

07 按照上述方式制作文字素材。效果如图所示。

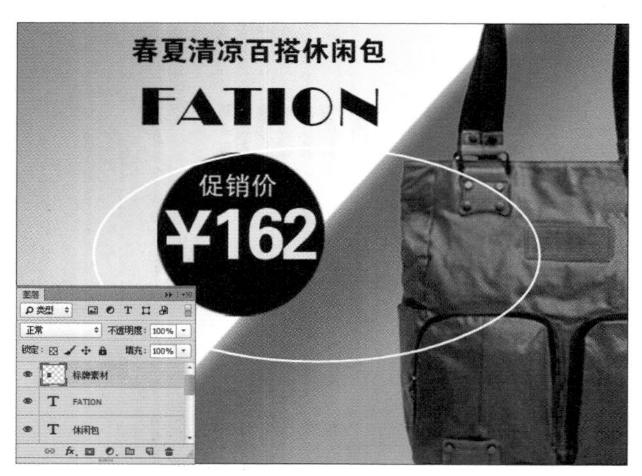

08 执行“文件 > 打开”命令，在弹出的“打开”对话框中选择“标牌素材 .jpg”文件，将其拖到页面之上并调整其位置。效果如图所示。

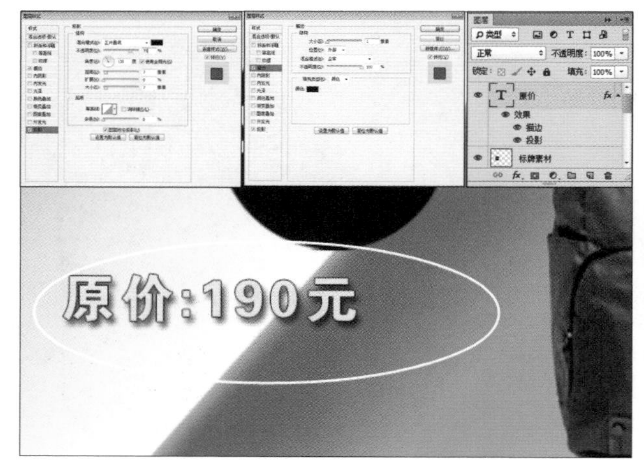

09 制作文字素材后，在“图层”面板中，单击“添加图层样式” 按钮，在弹出的下拉列表中分别选择“描边”和“投影”选项，在弹出的“图层样式”对话框中对其参数进行设置，然后单击“确定”按钮。

3.4.2　店铺浮标

本案例制作了以女鞋为主题的店铺浮标，在制作的过程中应该注意整体色调的统一与协调。另外，还应该使整体画面看起来更加新颖与独特。

- **实例位置：** DVD\ 实例文件 \ 第 3 章 \3.4.2
- **素材位置：** DVD\ 实例文件 \ 第 3 章 \3.4.2
- **视频位置：** DVD\ 视频文件 \ 第 3 章 \3.4.2

01 执行“文件 > 新建”命令（快捷键〈Ctrl+N〉），在弹出的“新建”对话框中对其参数进行设置，然后单击“确定”按钮。效果如图所示。

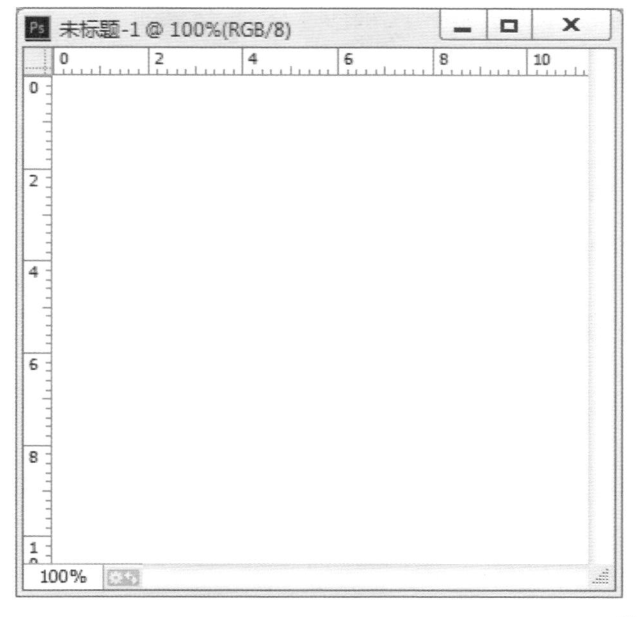

02 执行“文件 > 打开”命令，在弹出的“打开”对话框中选择“背景 素材.jpg”文件，将其拖到页面之上并调整其位置。效果如图所示。

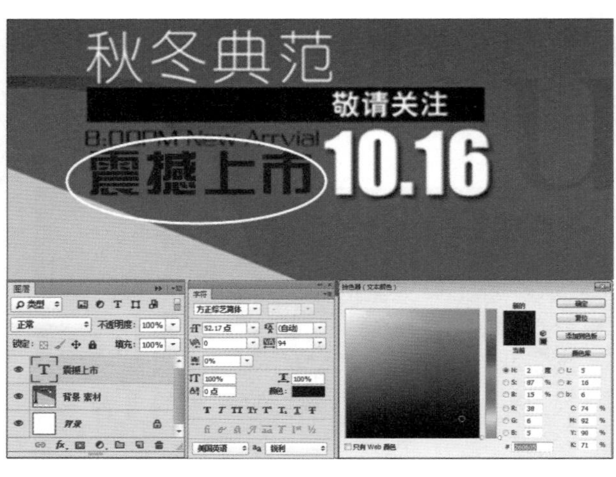

03 单击工具箱中的文字工具，在页面中绘制的文本框输入对应的文字。执行“窗口 > 字符”命令，在弹出的“字符”面板中对其参数进行设置，在文本框中输入相应的文字。

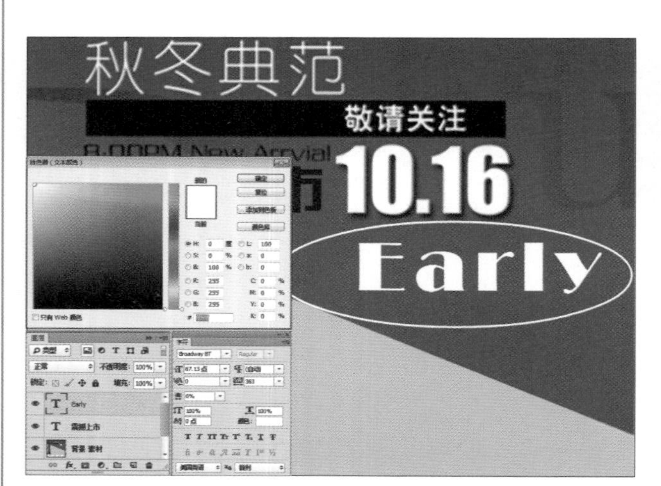

04 按照上述的方式制作英文文字素材。效果如图所示。

05 按照上述的方式制作中文文字素材。效果如图所示。

06 执行“文件 > 打开”命令，在弹出的“打开”对话框中选择“女鞋 素材 .jpg”文件，将其拖到页面之上并调整其位置。效果如图所示。

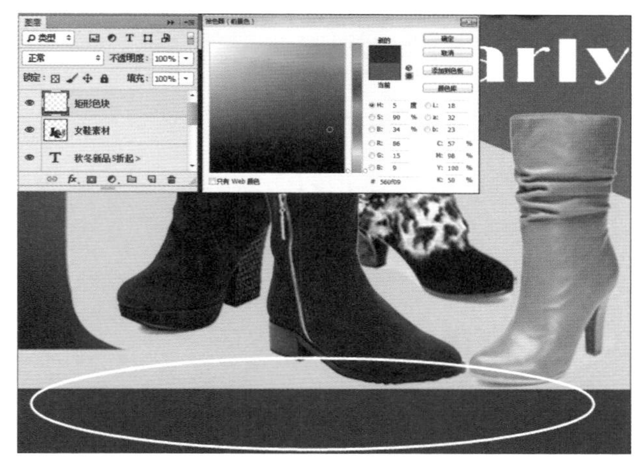

07 新建图层，并将其命名为“矩形色块”，用“矩形选框工具”在页面上绘制出矩形选区。将“前景色”设置为红色后按下快捷键〈Alt+Delete〉进行填充，效果如图所示。

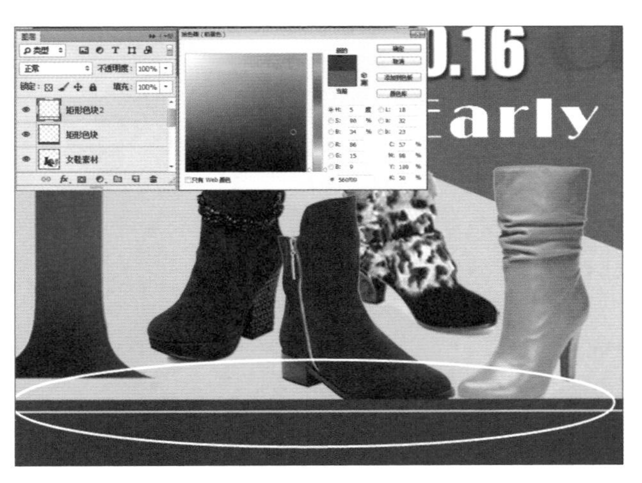

08 按照上述的方式制作出矩形的色块。效果如图所示。

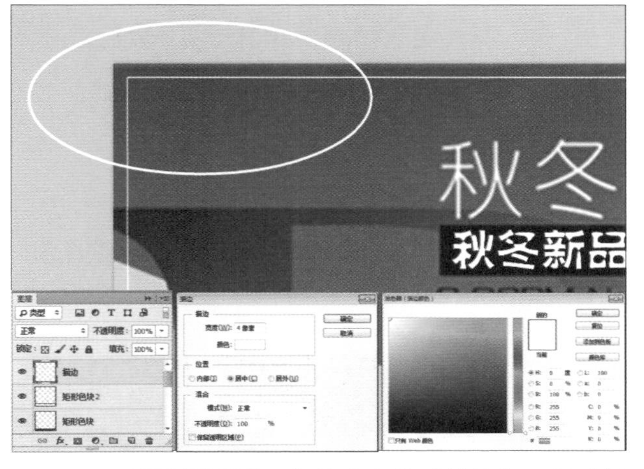

09 新建图层后，将其命名为“描边”。用“矩形选框工具”在页面中绘制出矩形选区，执行“编辑 > 描边”命令，在弹出的“描边”对话框中对其参数进行设置，然后单击“确定”按钮。效果如图所示。

3.5 淘宝直通车

直通车是为淘宝卖家量身定做的一款精准推广工具，卖家可以通过类目推广、活动推广、计划推广实现宝贝的精准展现，从而为网店引入精准的流量。

3.5.1 直通车的运用技巧

对于中小型卖家来说，开车与否要看自己的经济实力和营销技巧。

直通车可以作为一种推广方式，但是不能成为主要的推广方式。在引流的同时还要做好转化的细节工作，让直通车不单单是一款引流工具，更要让它成为真正的提高转化率和销量的工具。

其一，确定推广的宝贝数量，刚做直通车时，大部分人要么不舍得花钱，一次推广一两个，要么就是不太懂得花钱，认为数量多就流量多，于是拼命地推广宝贝，其实不然。

那么我们加入直通车到底要推广多少宝贝呢？建议每次推广 2~3 个足够。为什么呢？试想一下，即使每次推广 2~3 个产品，但把这几个商品推出去后，这几个商品通过直通车推出了流量和人气，我们就可以放弃这几个商品，不再用直通车推广。因为淘宝搜索时基本上是按流量和信用人气来排名的，搜索时这几个商品已经排在前面了，已经有了一个很好的广告位置，为什么还花钱去推广呢？所以，在推广数量上，有针对性地推广 2~3 个，然后等推广到一定人气后，马上换另外的商品继续推广，这样省钱又有效果，何乐而不为？

掌柜热卖

其二，针对性。用直通车推广不需要太大量，我们选择有针对性的产品推广即可。通过对皇冠网店的观察，可以发现并不需要满店推广，那太浪费钱了。一定要清楚自己店里的宝贝哪些是比较好卖的，哪些是货量多的，哪些是最容易让客人看一眼就要淘腰包的。要做到精而不多，针对性地做几个推广，总比泛滥的满目推广好。

其三，关键字。当你推广某商品时，比如说卖帆布包包，肯定不能在关键字上写“真皮包包”“手机”之类的，为什么呢？因为买家在买东西时，进行搜索都是有针对性地去搜索，一般搜索的词语都是与自己非常想购买的东西相关或者相近的。下图中宝贝图片下方的文字描述中红色字体均为关键字。

掌柜热卖　帆布包女　帆布包手提　帆布包大　帆布包斜挎包　斜跨帆布包　帆布包拉链　韩版帆布包　帆布包包邮　时尚帆布包　我也要出现在这里

¥268.00 ¥588.00
2014新款女包手提斜挎包帆布包水桶包小包包
linuxshow　销量：300

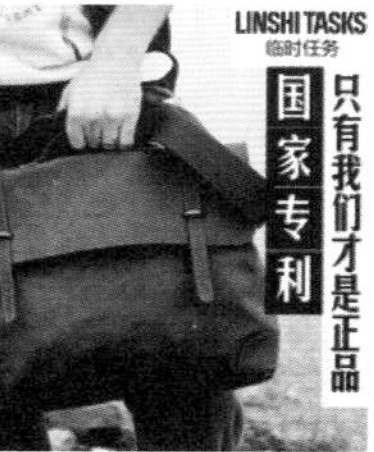

¥198.00 ¥396.00
热卖81700件!原创设计个性单肩潮包帆布男包
linshitasks旗舰店　销量：2177

¥27.99　包邮
原创定森女帆布包环保袋单肩女包 爆款包邮
暖央萤　销量：495

¥5.50 ¥11.00
空白手绘包DIY包纯白白板包帆布包批发定制
小调手绘　销量：521
掌柜热卖

¥99.00 ¥148.00　包邮
HAPPY LANE帆布包条纹女包单肩2015春夏新款
happylane旗舰店　销量：1267

更多热卖

既然是有需求才去搜索商品的，那我们自然要把关键字写好，卖包就把关键字写成自己家的什么包包，卖衣服就把自家的什么衣服写清楚，关键字不准确，即使把你排到第一页，也没什么作用。所以，在关键字上，一定要写清楚，尽量贴近自家宝贝实质，这样基本上有心的买家一点进去，购买的几率也会大许多。

其四，选择关键商品。什么是关键商品？热销的？特价的？是的，这些都可以算是关键商品，还有一点别忘记，有销售记录的商品更是关键商品，因为不管是热销还是特价，那只是部分人的眼光，我们要面对的是广大人民群众，有销售记录才能更有力地证明，大众的眼光是雪亮的，所以在选择商品时，还要注意，务必选择有销售记录的宝贝。

卡通花盆迷你花盆卡通花盆陶瓷花盆多肉花盆
添朵园艺　销量：252
掌柜热卖

花盆陶瓷大号带托盘个性批发多肉盆欧式简约
夏寒笑萍　销量：7142

三件套19元陶瓷花盆大号多肉花盆批发带托盘
陶爱福康商城　销量：1661
掌柜热卖

迷你小花盆 卡通陶瓷创意花盆多肉花盆 包邮
xiaoxianky　销量：78
掌柜热卖

6款 多肉植物花盆白瓷 有孔带托盘小动物
cfeikjj123　销量：20

其五，所推商品。选好需要推广的商品，并确定好了关键字，也选择了有销售记录的宝贝，我们还有一个步骤要做，那就是广告。怎么做广告呢？比如推广 A 宝贝，除了放 A 宝贝的所有资料，能不能放一些其他宣传广告呢？答案是肯定的。

不妨参考一下那些皇冠级别的店，你会发现他们这点用得非常好，在他们的每一个商品下面，还有其他特价或热销商品的广告或图片超链接。我们可以照搬过来用，更何况还花了钱做直通车，更得理直气壮地这么做了。所以，我们合理利用空间和金钱，在直通车所推广的那几个宝贝下面，可以适当地放一些店里其他特价或者热销商品的图片或文字超链接。

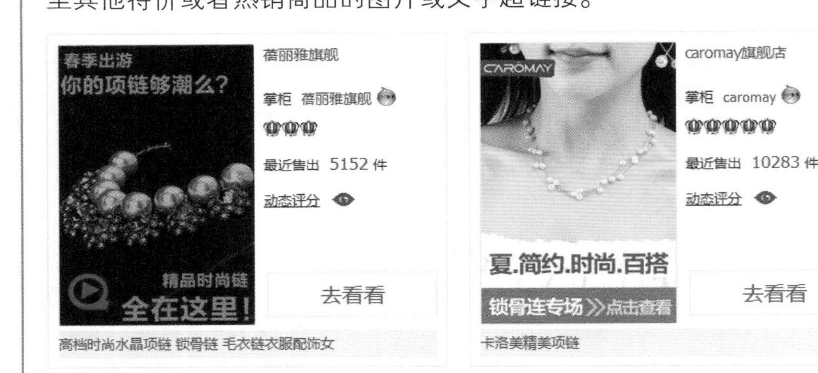

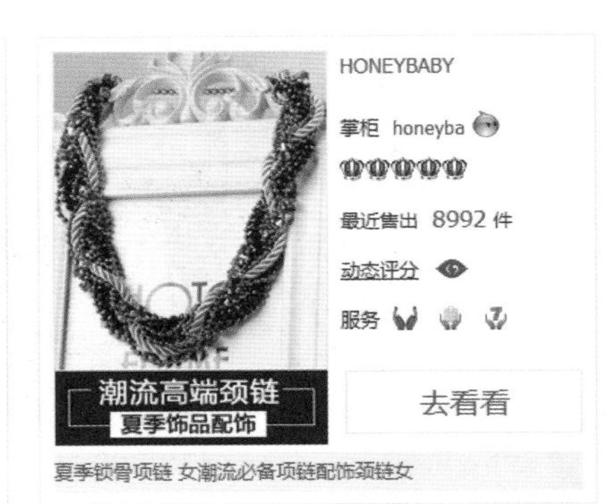

其六，合理地选择直通车关键字。面对直通车关键字时，我们可能会随着大众选择淘宝推荐的关键字，这些都没错，但是这些是很耗钱的，所以在选择直通车的关键字时，也要有针对性地去选，比如卖帆布包，那就选择一个宝贝，主推“帆布包”“布包”等几个关键字，然后大量地选择其他的关键字。当然，那些其他的关键字是用来碰运气的，所以每个直通车推广的宝贝中，主推 2~3 个关键字。

其七，别和自己竞争。比如你卖 A 包也是选“帆布包”的关键字，B 包也是“帆布包”的关键字，那就等于和自己竞争，多浪费。怎么办呢？可以这样做，比如选了 A 包，A 包的主推关键字是“帆布包”“布包”，那么如果选了比较有女性味道的 B 包做直通车，那么 B 包的关键字就可以选择“时尚女包”“女士包包”做为主推，这样既可以推广到宝贝，又可以省下银子。切忌让自家商品关键字碰头。

其八，直通车排名。很多人认为排到第一页效果是最好的，可事实却未必如此。一般来说，买东西时前三页是必须看的，除非第一页就有自己想要的宝贝，所以不必非要在第一页显示，非要排名在第一，当然，在第一效果肯定是好的。而从经济实惠方面考虑，排名竞价在第 12~16 位已经很好了，再往前也没什么必要，毕竟排在最前可不是一般人受得了的，既然效果差不多，何必非要在第一？

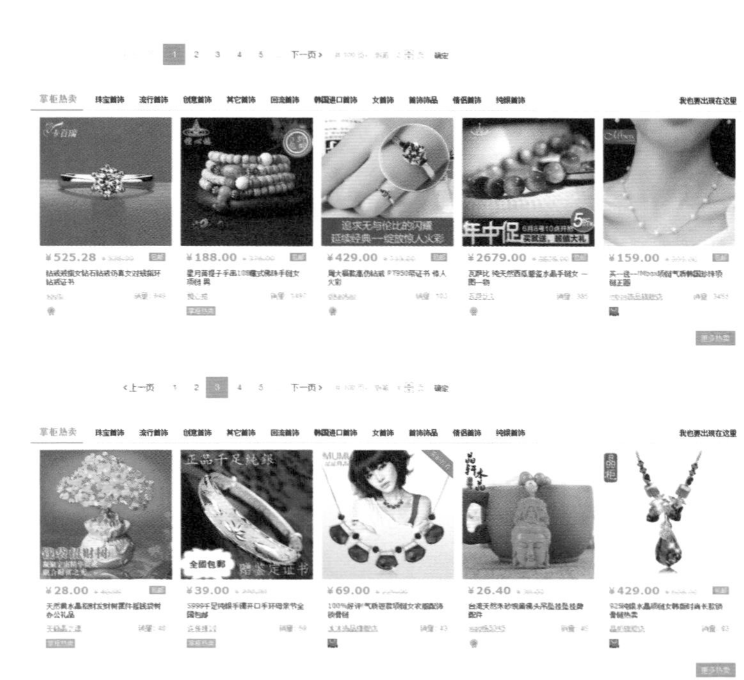

综上所述，直通车是个好宝贝，大家好好地去利用，一定会有效果的。但在应用直通车时，还是不要盲目操作，而要理性地有针对性地去做，因为直通车确实是花费比较多的，对于大客户来说可能没什么，对于小店来说，一不小心，一个月下来，挣的钱还不如直通车花得钱多，可谓得不偿失啊！

3.5.2　单片推广图片设计

本案例通过文字素材的添加及特效的应用，使页面中的文字效果更加灵活多样。除此之外，通过装饰性素材的添加使页面的主体部分更加突出。

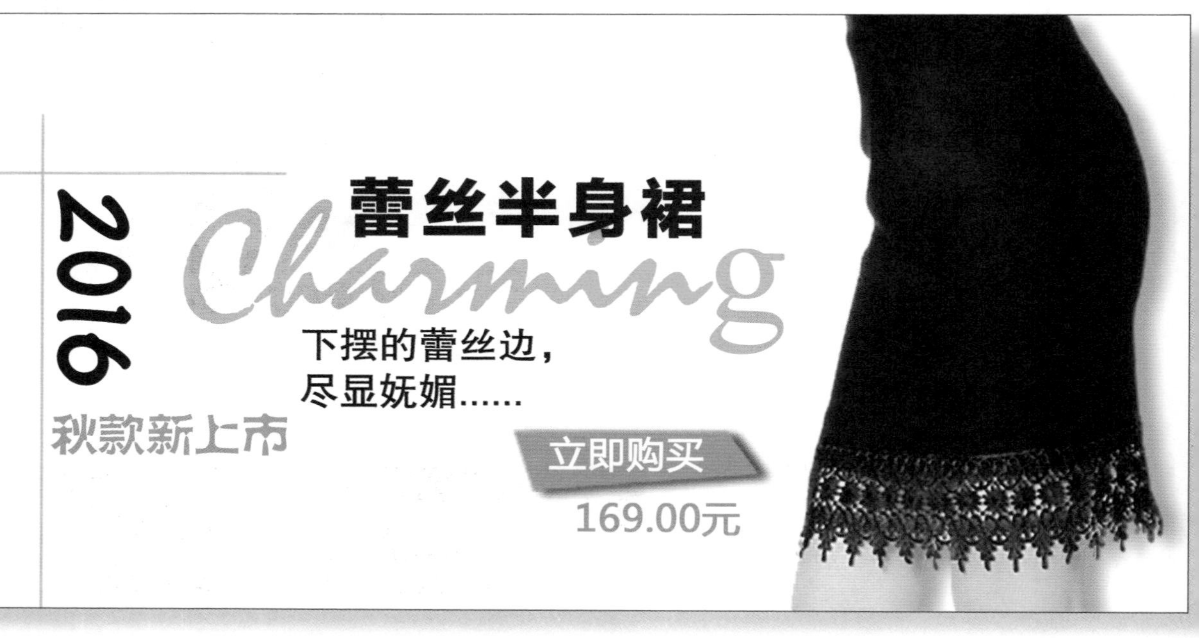

- **实例位置：** DVD\ 实例文件 \ 第 3 章 \3.5.2
- **素材位置：** DVD\ 实例文件 \ 第 3 章 \3.5.2
- **视频位置：** DVD\ 视频文件 \ 第 3 章 \3.5.2

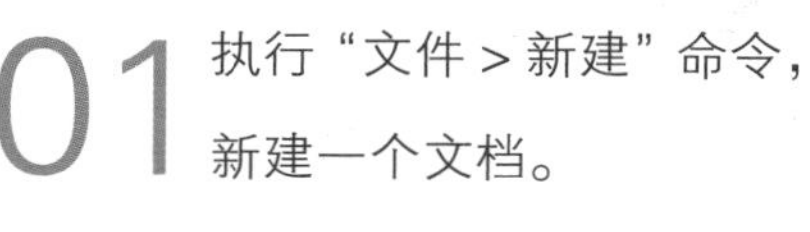

01 执行“文件 > 新建”命令，新建一个文档。

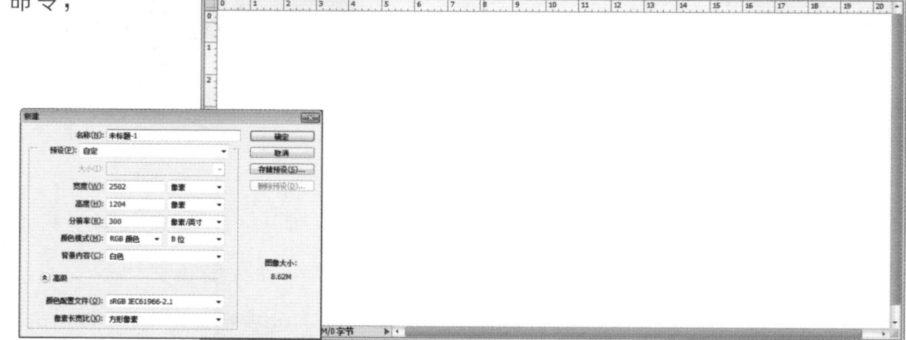

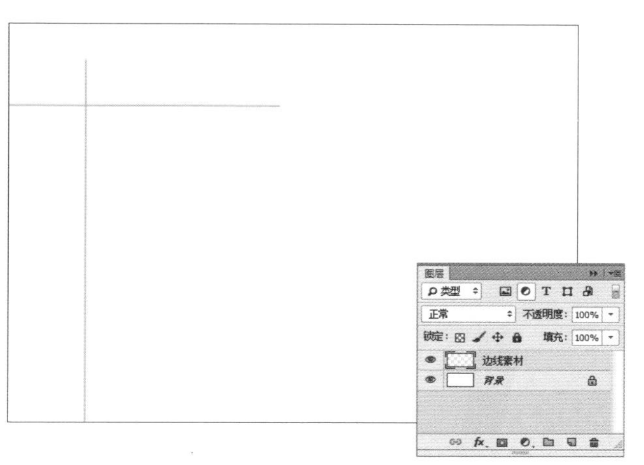

02 执行“文件 > 打开”命令，在弹出的“打开”对话框中选择“边线素材.png”文件，将其拖到页面之上并调整其位置。效果如图所示。

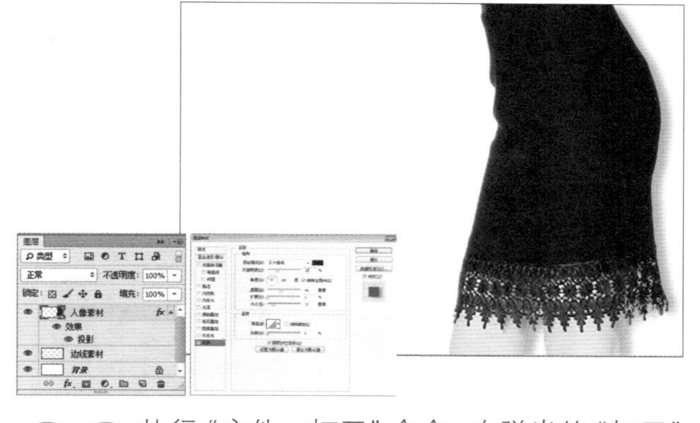

03 执行“文件 > 打开”命令，在弹出的“打开”对话框中选择“人像素材.png”文件，将其拖到页面之上并调整其位置。在“图层”面板中，单击“添加图层样式” 按钮，在弹出的下拉列表中选择“投影”选项，在弹出的“图层样式”对话框中对其参数进行设置，单击“确定”按钮。

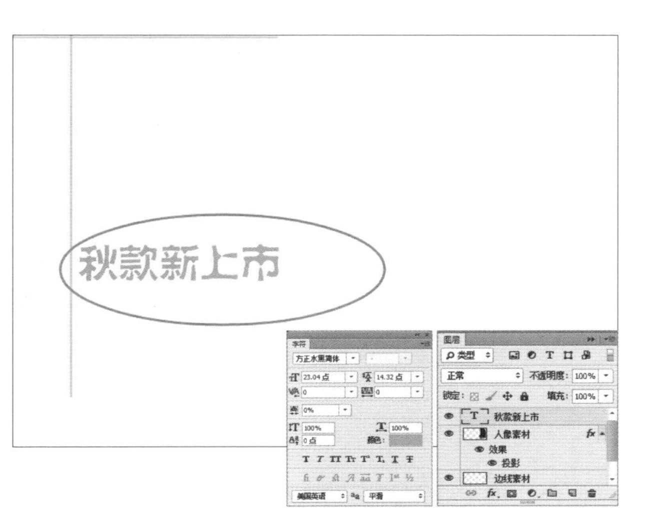

04 单击工具箱中的“文字工具”按钮，在页面中绘制文本框输入对应的文字。执行“窗口 > 字符”命令，在弹出的“字符”面板中对其参数进行设置，在文本框中输入相应的文字。

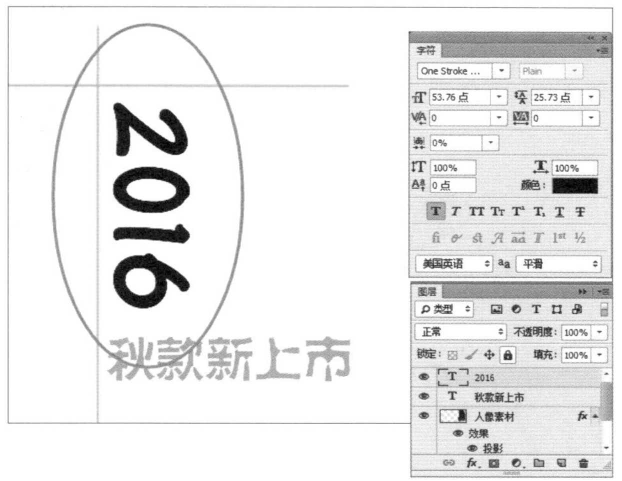

05 单击工具箱中的“文字工具”按钮，在页面中绘制文本框输入对应的文字。执行“窗口 > 字符”命令，在弹出的“字符”面板中对其参数进行设置，在文本框中输入相应的文字。

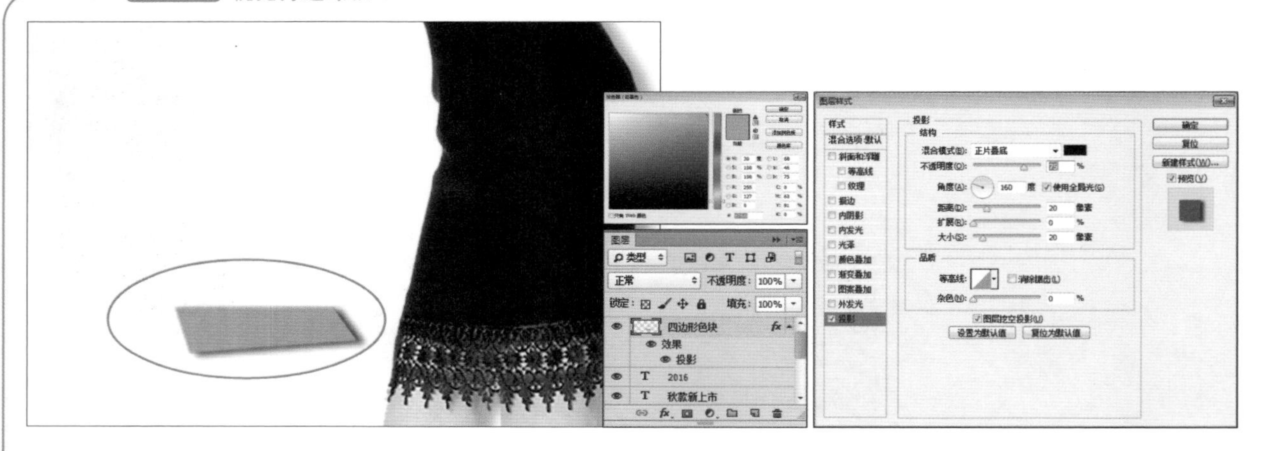

06 执行“图层 > 新建 > 图层”命令，新建一个图层。单击工具箱中“钢笔工具”按钮，绘制出如图所示的不规则四边形的闭合路径，转换为选区后将“前景色”设置为橘黄色，按下快捷键〈Alt+Delete〉进行填充，然后取消选区。按照前面介绍的方法为该图层添加投影效果。

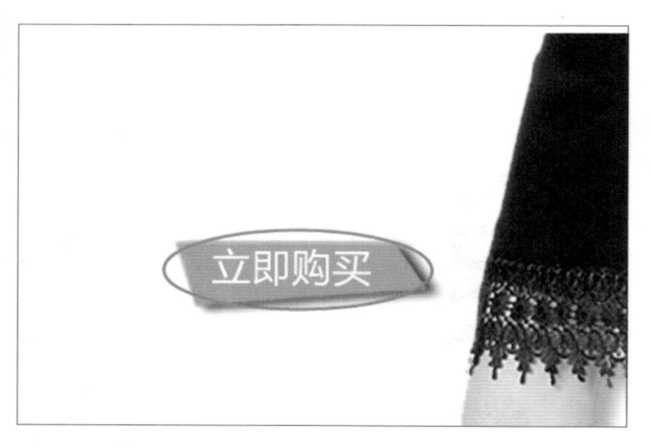

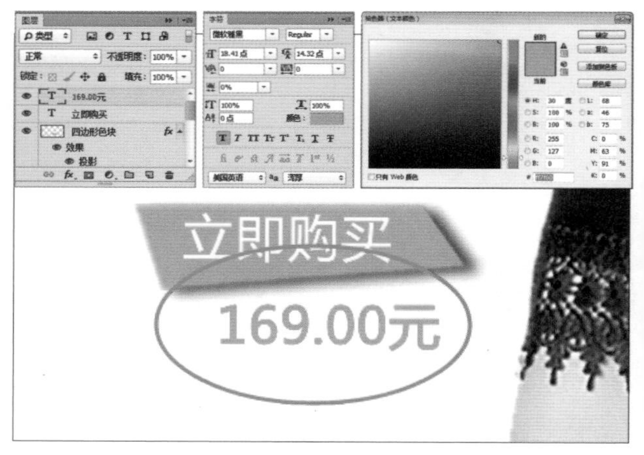

07 单击工具箱中的“文字工具”按钮，在页面中绘制文本框输入对应的文字。执行“窗口 > 字符”命令，在弹出的“字符”面板中对其参数进行设置，在文本框中输入相应的文字。效果如图所示。

08 单击工具箱中的“文字工具”按钮，在页面中绘制文本框输入对应的文字。执行“窗口 > 字符”命令，在弹出的“字符”面板中对其参数进行设置，在文本框中输入相应的文字。效果如图所示。

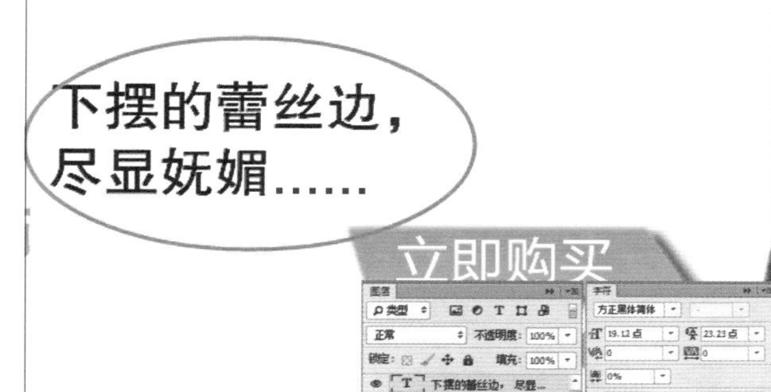

09 单击工具箱中的“文字工具”按钮，在页面中绘制文本框输入对应的文字。执行“窗口 > 字符”命令，在弹出的“字符”面板中对其参数进行设置，在文本框中输入相应的文字。效果如图所示。

10 单击工具箱中的“文字工具”按钮，在页面中绘制文本框输入对应的文字。执行“窗口 > 字符”命令，在弹出的“字符”面板中对其参数进行设置，在文本框中输入相应的文字。效果如图所示。

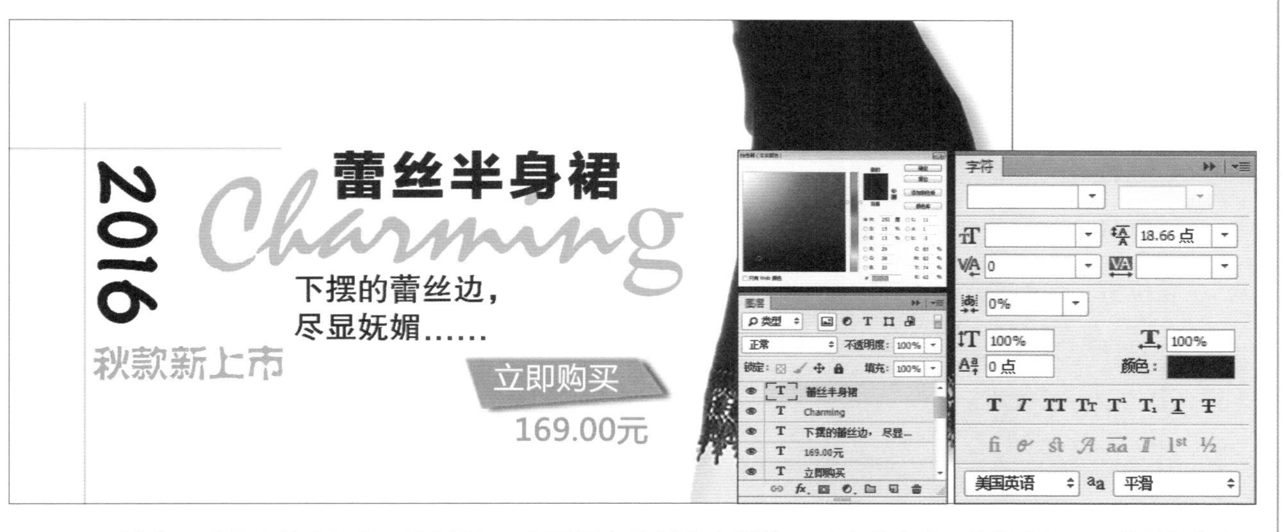

11 单击工具箱中的“文字工具”按钮，在页面中绘制文本框输入对应的文字。执行“窗口 > 字符”命令，在弹出的“字符”面板中对其参数进行设置，在文本框中输入相应的文字。最终效果如图所示。

3.5.3 店铺推广图片设计

本案例通过文字及装饰性素材的添加最终实现了推广图片的设计。在制作的过程中应该注意的是整体画面的构图及色彩的搭配。

- **实例位置：** DVD\ 实例文件 \ 第 3 章 \3.5.3
- **素材位置：** DVD\ 实例文件 \ 第 3 章 \3.5.3
- **视频位置：** DVD\ 视频文件 \ 第 3 章 \3.5.3

01 执行“文件 > 新建”命令，新建一个文档。

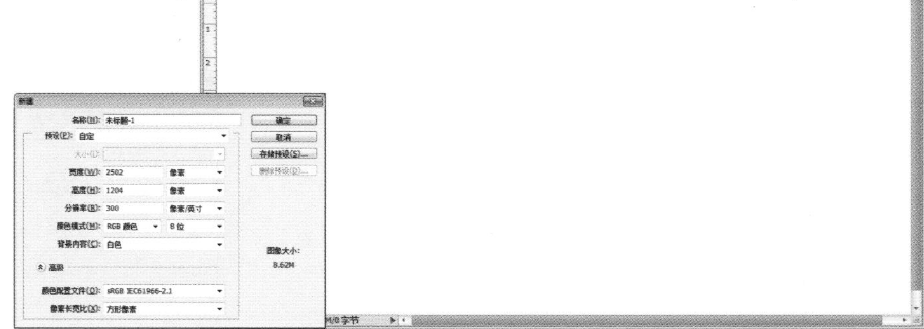

02 执行“文件 > 打开”命令，在弹出的“打开”对话框中选择“背景素材 .jpg”文件，将其拖到页面之上并调整其位置。效果如图所示。

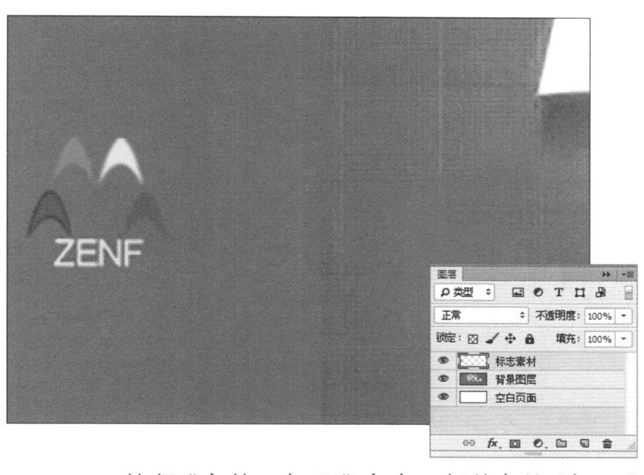

03 执行“文件 > 打开”命令，在弹出的“打开”对话框中选择“标志素材 . png”文件，将其拖到页面之上并调整其位置。效果如图所示。

04 单击工具箱中“文字工具”按钮，在页面中绘制文本框输入对应的文字。执行“窗口 > 字符”命令，在弹出的“字符”面板中对其参数进行设置，在文本框中输入相应的文字。

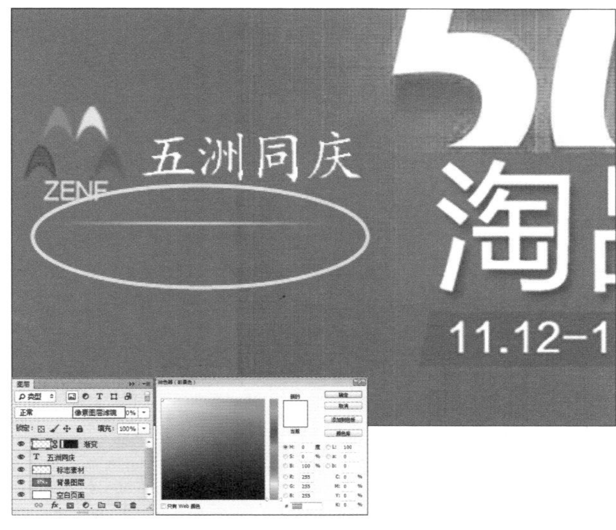

05 新建图层后，用“矩形选框工具”绘制出相应的选区，将“前景色”设置为白色后进行填充。再添加图层蒙版，通过“渐变工具”的应用对矩形两侧进行渐变的处理。效果如图所示。

06 单击工具箱中“文字工具”按钮，在页面中绘制文本框输入对应的文字。执行“窗口 > 字符”命令，在弹出的“字符”面板中对其参数进行设置，在文本框中输入相应的文字。

07 执行“文件 > 打开”命令，在弹出的“打开”对话框中选择“小房子素材.png”文件，将其拖到页面之上并调整其位置。效果如图所示。

08 单击工具箱中“文字工具”按钮，在页面中绘制文本框输入对应的文字。执行“窗口 > 字符”命令，在弹出的“字符”面板中对其参数进行设置，在文本框中输入相应的文字。

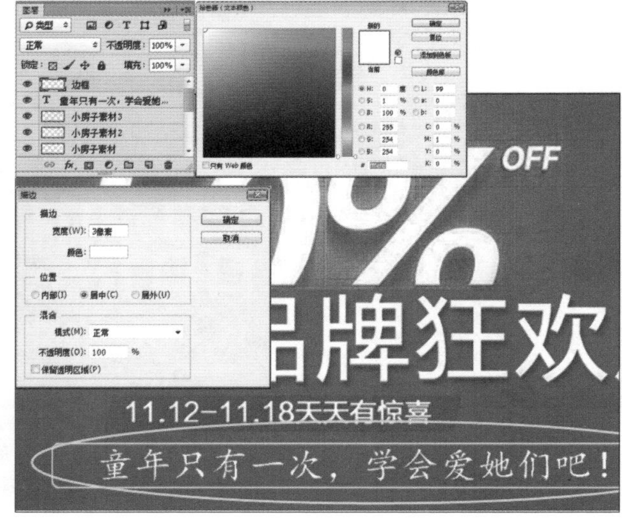

09 通过“圆角矩形工具”在页面上勾画出相应的圆角矩形，并转换为选区。继续执行“编辑 > 描边”命令，在弹出的“描边”对话框中对其参数进行设置，完成后单击“确定”按钮。最终效果如图所示。

3.5.4　明星店铺设计

本案例以春季新品促销为主题进行推广页面的设计，在制作过程中通过颜色的巧妙搭配及文字样式的灵活多变，使该设计给人耳目一新的感觉，极大地吸引了消费者的眼球。

- **实例位置：** DVD\ 实例文件 \ 第 3 章 \3.5.4
- **素材位置：** DVD\ 实例文件 \ 第 3 章 \3.5.4
- **视频位置：** DVD\ 视频文件 \ 第 3 章 \3.5.4

01 执行“文件 > 新建”命令（快捷键〈Ctrl+N〉），在弹出的“新建”对话框中对其参数进行设置，然后单击“确定”按钮。效果如图所示。

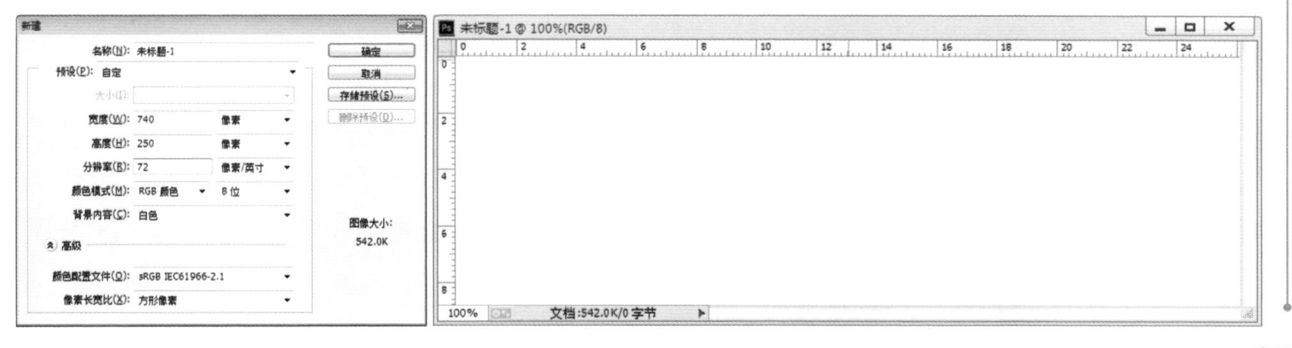

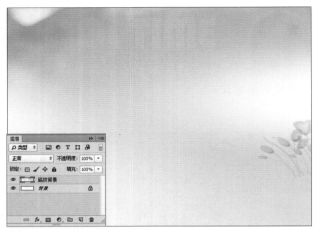

02 执行“文件 > 打开”命令，在弹出的“打开”对话框中选择“底纹背景.jpg”文件，将其拖到页面之上并调整其位置。效果如图所示。

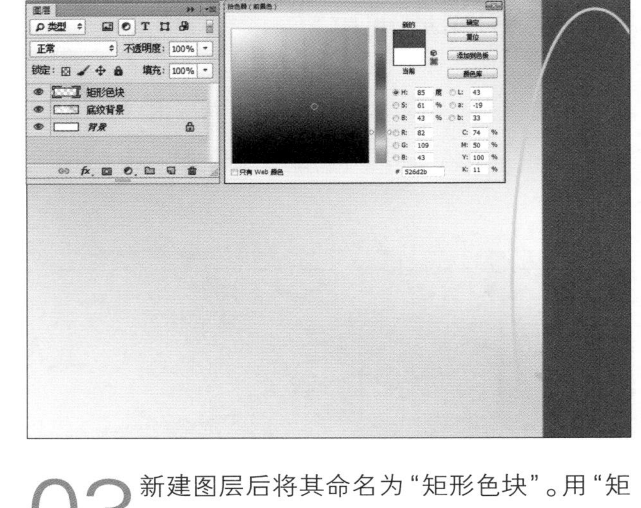

03 新建图层后将其命名为“矩形色块”。用“矩形选框工具”在页面上绘制出矩形选区后，将“前景色”设置为绿色，按下快捷键〈Alt+Delete〉键进行填充。效果如图所示。

04 执行“文件 > 打开”命令，在弹出的“打开”对话框中选择“花环蝴蝶.jpg”文件，将其拖到页面之上并调整其位置。效果如图所示。

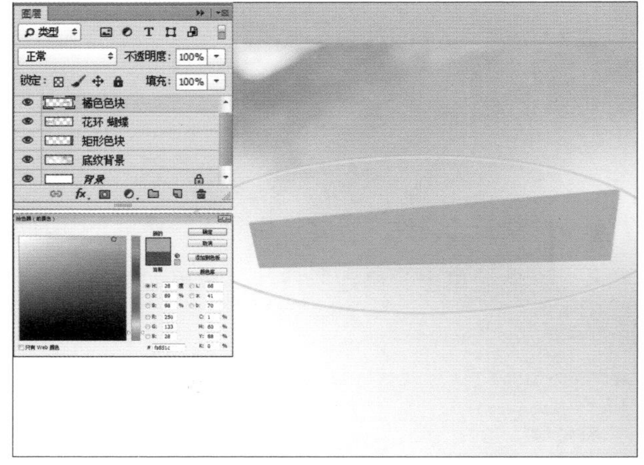

05 新建图层并将其命名为“橘色色块”，单击工具箱中的“钢笔工具”按钮，在页面上勾勒出多边形的闭合式路径，转换为选区后将“前景色”设置为橘色，按下快捷键〈Alt+Delete〉键进行填充。

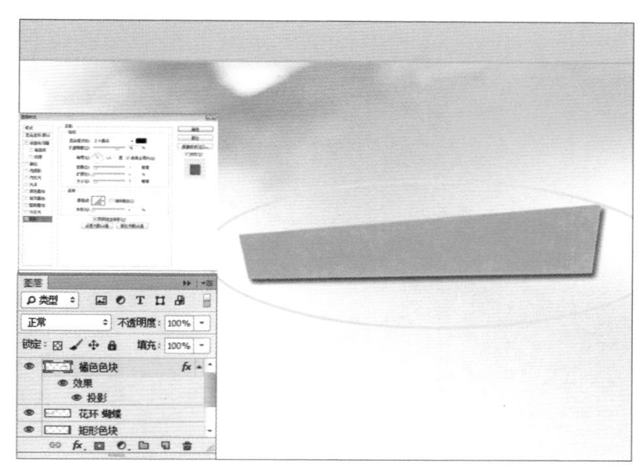

06 在“图层”面板中，单击“添加图层样式”按钮，在弹出的下拉列表中选择“投影”选项，在弹出的“图层样式”对话框中对其参数进行设置，然后单击“确定”按钮。效果如图所示。

07 单击工具箱中的“文字工具”按钮，在页面中绘制文本框输入对应的文字。执行“窗口 > 字符”命令，在弹出的“字符”面板中对其参数进行设置，在文本框中输入相应的文字。

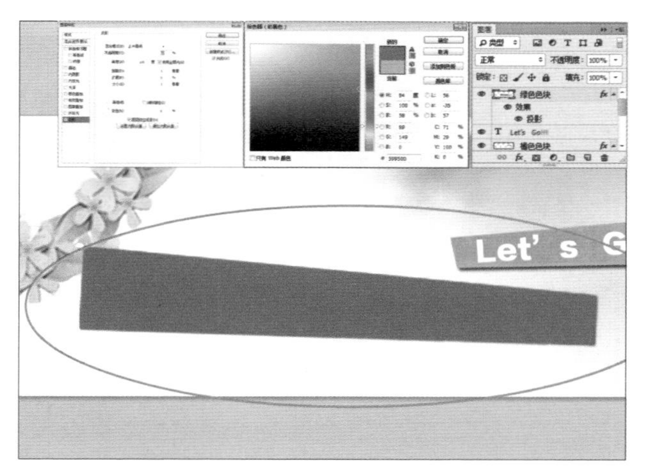

08 按照上述方式制作出绿色的多边形色块。在“图层”面板中，单击“添加图层样式”按钮，在弹出的下拉列表中选择“投影”选项，在弹出的“图层样式”对话框中对其参数进行设置，然后单击“确定”按钮。

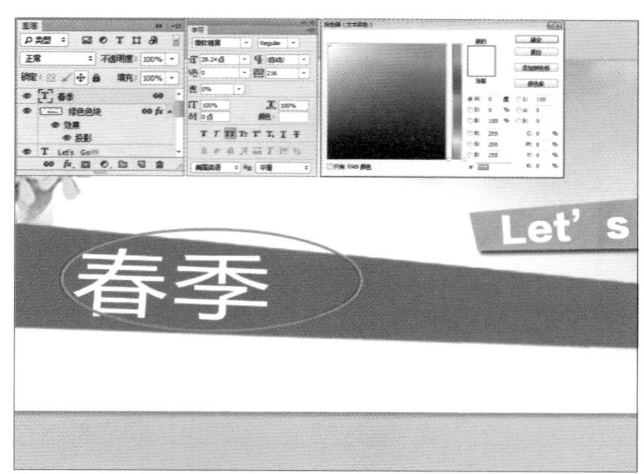

09 按照前面介绍的方式进行文字素材的制作。效果如图所示。

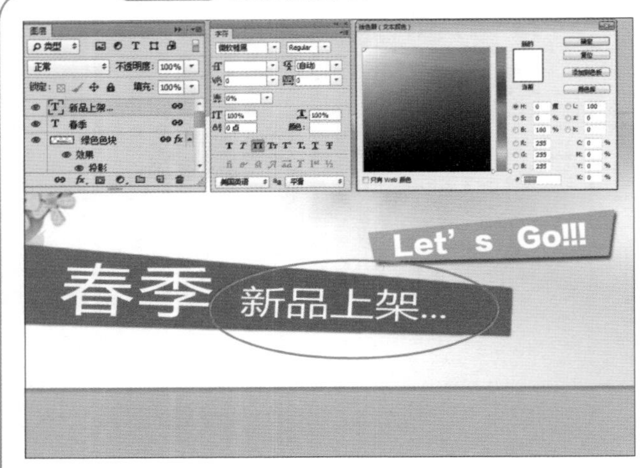

10 按照前面讲述的方式进行文字素材的制作。效果如图所示。

11 新建图层并将命名为“描边”图层，用“矩形选框工具”在页面中绘制出选区。执行“编辑 > 描边”命令，在弹出的“描边”对话框中对其参数进行设置，然后单击“确定”按钮。效果如图所示。

12 单击工具箱中的“文字工具”按钮，在页面中绘制文本框输入对应的文字。执行“窗口 > 字符”命令，在弹出的“字符”面板中对其参数进行设置，在文本框中输入相应的文字。

13 在页面上添加“网格”素材并调整其位置。通过添加图层蒙版并结合“画笔工具”的使用，来擦除网格素材在页面中不需要作用的部分。效果如图所示。

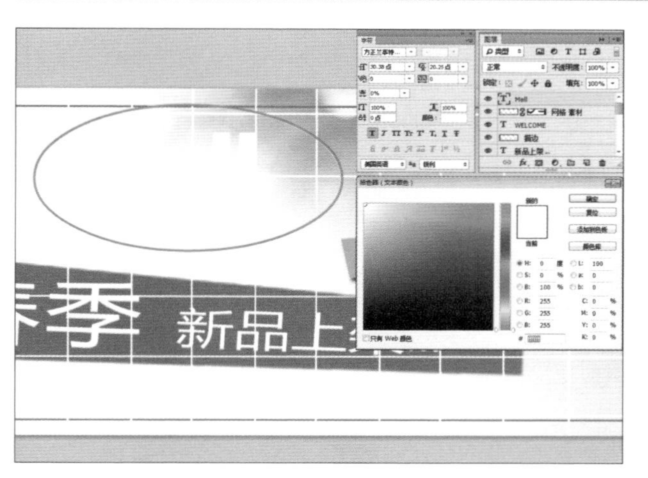

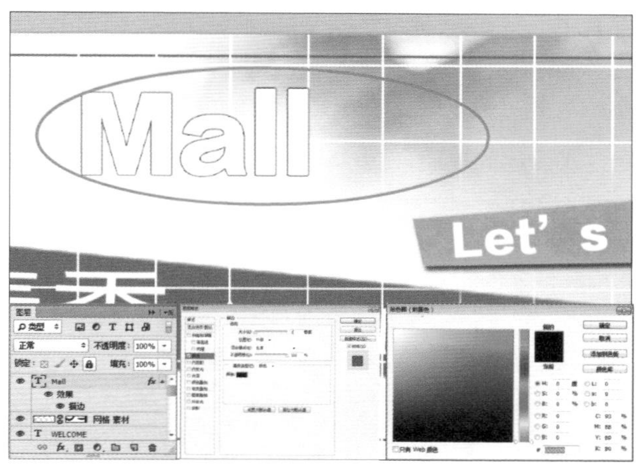

14 按照前面讲述的方式进行文字素材的制作。效果如图所示。

15 在“图层”面板中，单击“添加图层样式”按钮，在弹出的下拉列表中选择“描边”选项，在弹出的“图层样式”对话框中对其参数进行设置，然后单击“确定”按钮。效果如图所示。

16 在“图层”面板中，单击“添加图层样式”按钮，在弹出的下拉列表中选择“投影”选项，在弹出的“图层样式”对话框中对其参数进行设置，然后单击“确定”按钮。效果如图所示。

17 单击“图层”面板下方“创建新的填充或者调整图层”按钮，在弹出的下拉菜单中选择“曲线”选项，对其参数进行设置。最终效果如图所示。

3.5.5　活动推广设计

本案例是一则女士秋装新品的推广设计，在制作过程中，通过颜色的巧妙搭配、人像素材的添加及创意性宣传语的描述，使该设计呈现出了较为新颖的效果。

● **实例位置：** DVD\ 实例文件 \ 第 3 章 \3.5.5

● **素材位置：** DVD\ 实例文件 \ 第 3 章 \3.5.5

● **视频位置：** DVD\ 视频文件 \ 第 3 章 \3.5.5

01 执行“文件 > 新建”命令（快捷键〈Ctrl+N〉），在弹出的“新建”对话框中对其参数进行设置，然后单击“确定”按钮。效果如图所示。

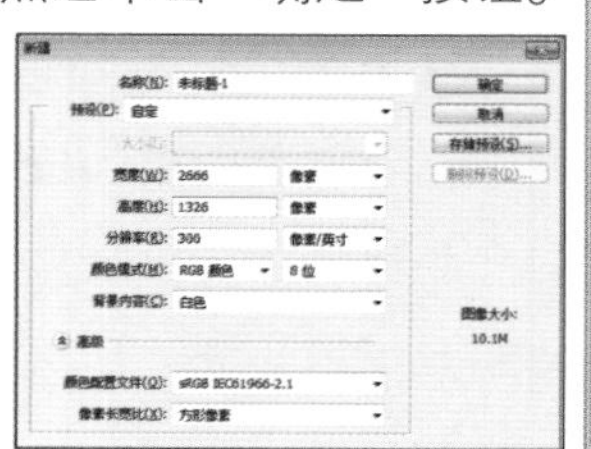

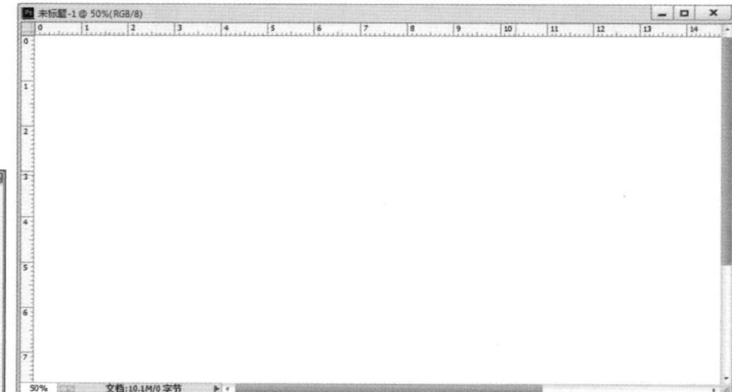

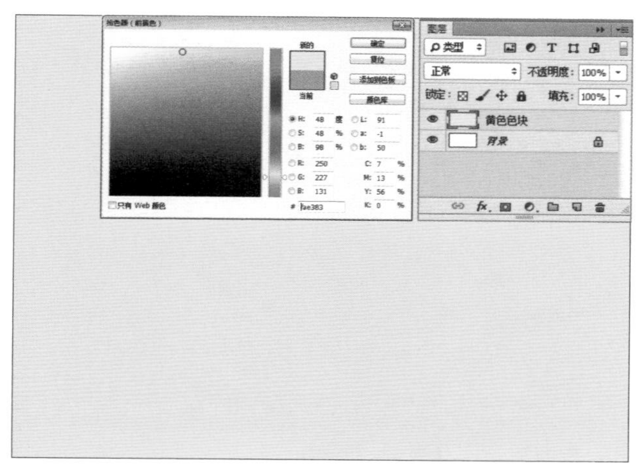

02 执行“图层 > 新建 > 图层”命令，新建一个图层并将其命名为“黄色色块”。将“前景色”设置为黄色，按下快捷键〈Alt+Delete〉进行填充。效果如图所示。

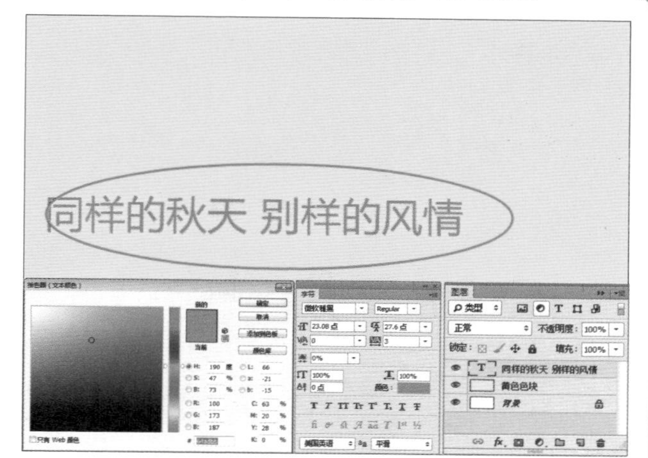

03 单击工具箱中的“文字工具”按钮，在页面中绘制文本框输入对应的文字。执行“窗口 > 字符”命令，在弹出的“字符”面板中对其参数进行设置，在文本框中输入相应的文字。

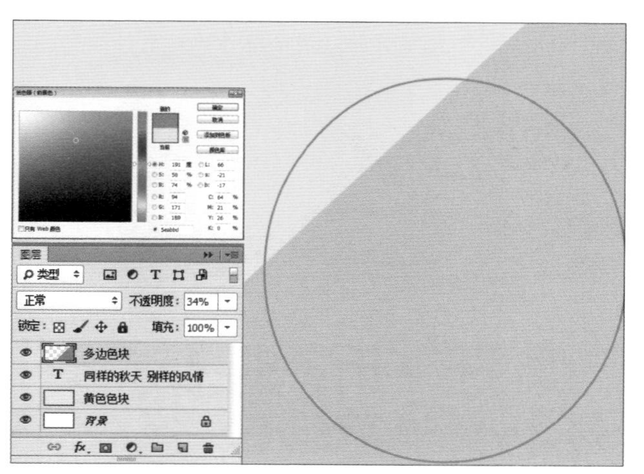

04 新建图层并将其命名为“多边色块”，用“钢笔工具”在页面中勾勒出多边形的路径并将其转换为选区。将“前景色”设置为湖蓝色，按下快捷键〈Alt+Delete〉进行填充。最后将该图层的“不透明度”更改为 34%。效果如图所示。

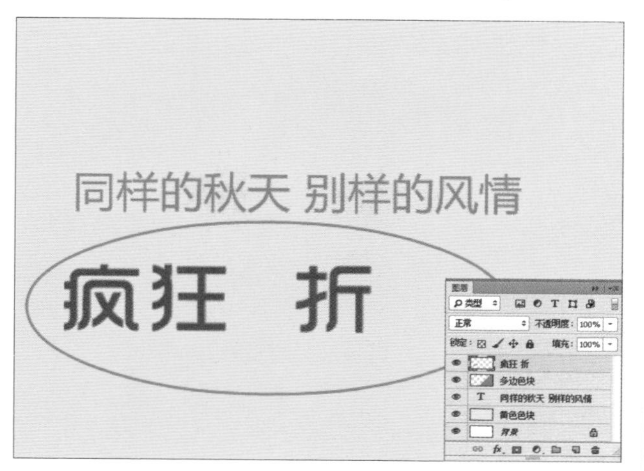

05 执行“文件 > 打开”命令，在弹出的“打开”对话框中选择“疯狂折 .png”文件，将其拖到页面之上并适当地调整其位置。效果如图所示。

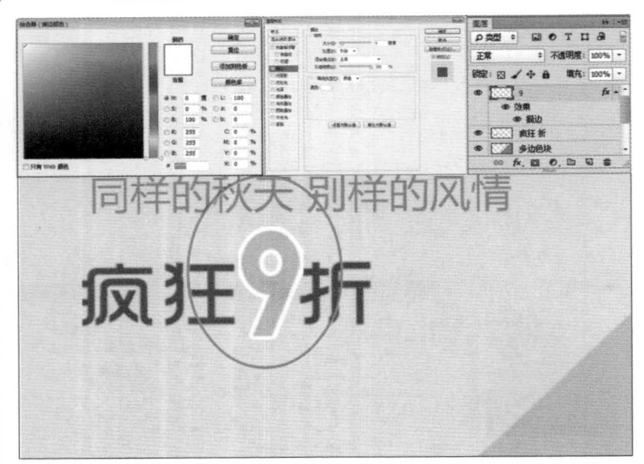

06 按照前面讲述的方式打来文件“9.png”素材，在“图层”面板中，单击“添加图层样式”按钮，在弹出的下拉列表中选择“描边”选项，在弹出的“图层样式”对话框中对其参数进行设置，然后单击“确定”按钮。

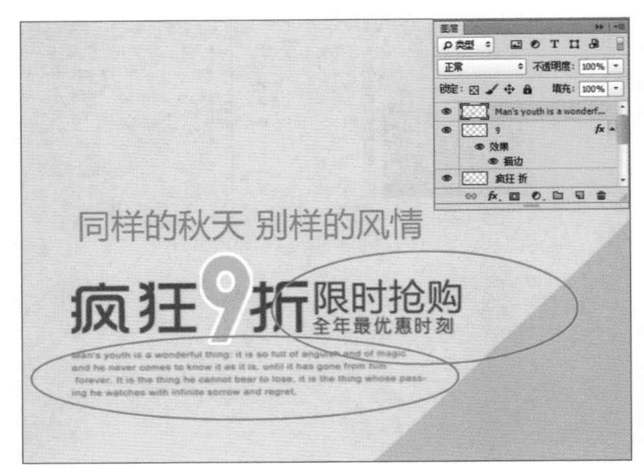

07 执行“文件＞打开”命令，在弹出的“打开”对话框中选择“man's.png”文件，将其拖到页面之上并适当地调整其位置。效果如图所示。

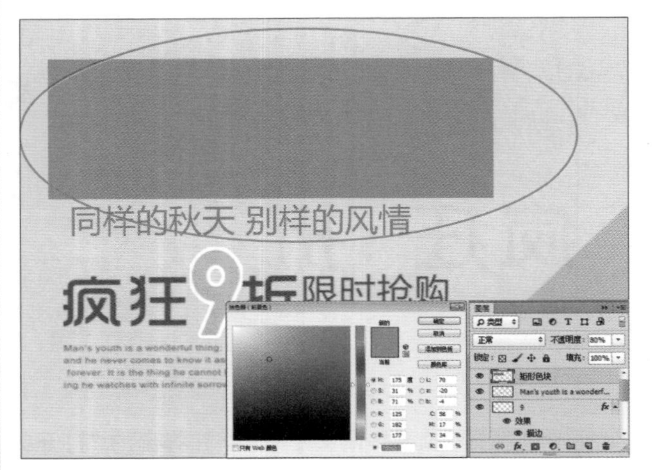

08 新建图层并将其命名为“矩形色块”图层。用“矩形选框工具”在页面中制作矩形选区，将“前景色”设置为湖蓝色后对选区进行填充。将该图层的“不透明度”更改为80%。效果如图所示。

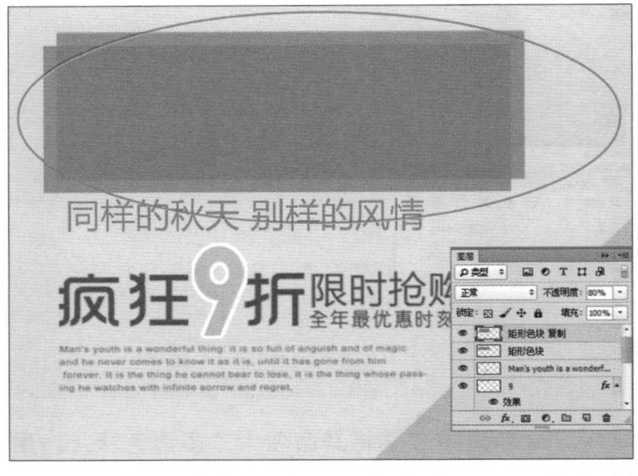

09 按下快捷键〈Ctrl+J〉复制图层，将复制的图层命名为“矩形色块 复制”。效果如图所示。

10 单击工具箱中的“文字工具”按钮，在页面中绘制文本框输入对应的文字。执行“窗口 > 字符”命令，在弹出的“字符”面板中对其参数进行设置，在文本框中输入相应的文字。

11 按下快捷键〈Ctrl+J〉复制多边形色块，将该图层命名为“多边形色块 复制”。在“图层”面板中将该图层的“不透明度”调整为 100%。效果如图所示。

12 添加人像抠图素材后，通过添加图层蒙版并结合“画笔工具”的应用对人像进行抠图处理。效果如图所示。

13 在“图层”面板中，单击“添加图层样式”按钮，在弹出的下拉列表中选择“投影”选项，在弹出的“图层样式”对话框中对其参数进行设置，然后单击“确定”按钮。效果如图所示。

3.6 海报宣传

每一个店铺都有自己重点销售的商品，所以海报图的效果就成了设计的难点！看见别人店铺里的海报图那么漂亮就特别羡慕。只要肯花时间，其实你也能制作出属于自己的漂亮海报图！

3.6.1 海报的类型

海报按其应用不同大致可以分为商业海报、文化海报、电影海报和公益海报等，这里对它们做一个大概的介绍。

- 商业海报：商业海报是指宣传商品或商业服务的商业广告性海报。商业海报的设计，要恰当地配合产品的格调和受众对象。
- 文化海报：文化海报是指各种社会文娱活动及各类展览的宣传海报。展览的种类很多，不同的展览都有各自的特点，设计师需要了解展览和活动的内容才能运用恰当的方法表现其内容和风格。
- 电影海报：电影海报是海报的分支，电影海报主要起到吸引观众注意、刺激电影票房收入的作用，与戏剧海报、文化海报等有几分类似。
- 公益海报：社会海报是带有一定思想性的。这类海报具有特定的对公众的教育意义，其海报主题包括各种社会公益、道德的宣传，或政治思想的宣传，弘扬爱心奉献、共同进步的精神等。

3.6.2　制作最炫首焦图

本案例主要以家居产品为主题，通过低饱和度的色调及优雅型文字素材的添加，最终使整体画面呈现出简洁时尚的风格，更加衬托出产品本身的品质。

● **实例位置：** DVD\ 实例文件 \ 第 3 章 \3.6.2

● **素材位置：** DVD\ 实例文件 \ 第 3 章 \3.6.2

● **视频位置：** DVD\ 视频文件 \ 第 3 章 \3.6.2

01 执行“文件 > 新建”命令，新建一个文档。

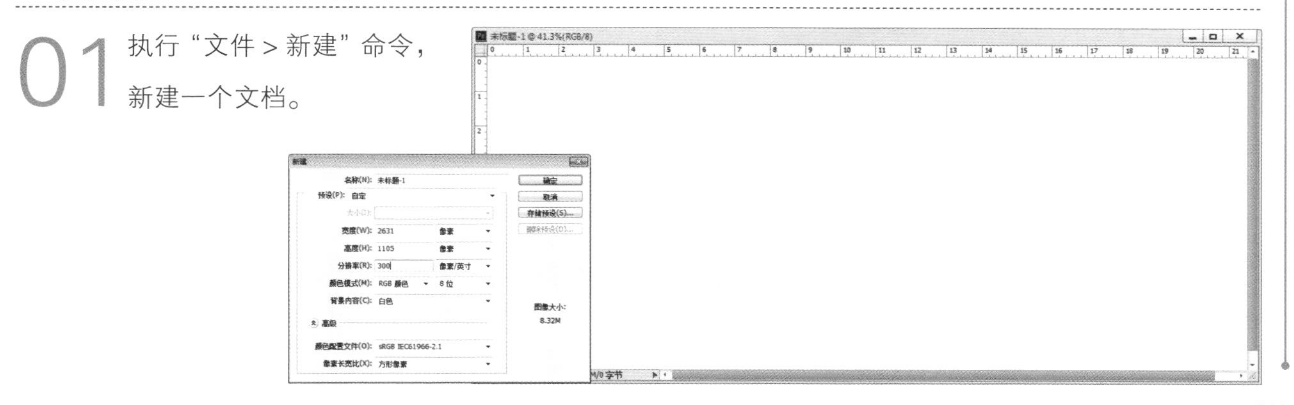

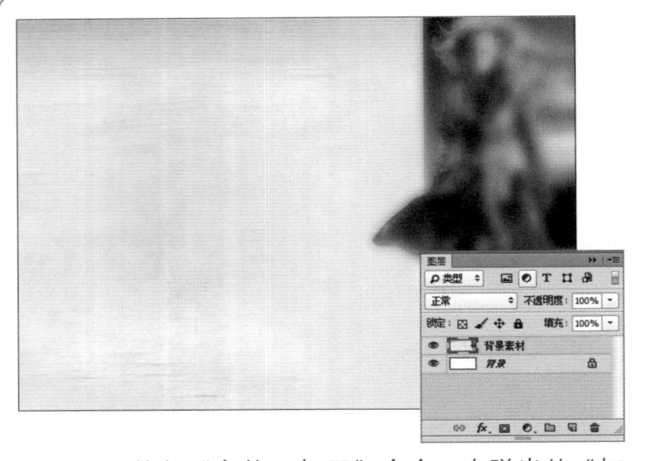

02 执行“文件 > 打开”命令，在弹出的“打开”对话框中选择“背景素材.jpg”文件，将其拖到页面之上并调整其位置。效果如图所示。

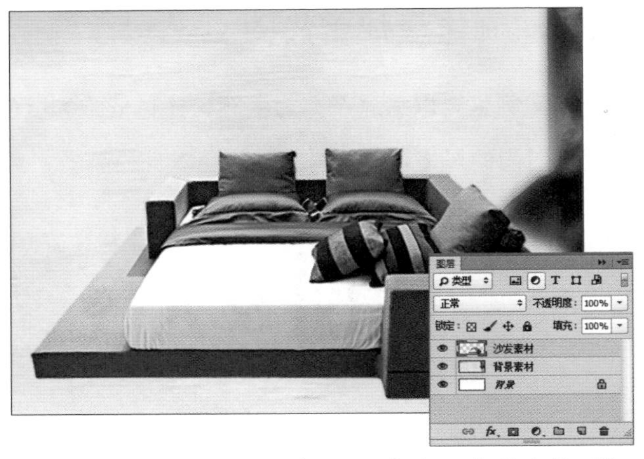

03 执行“文件 > 打开”命令，在弹出的“打开”对话框中选择“沙发素材.png”文件，将其拖到页面之上并调整其位置。效果如图所示。

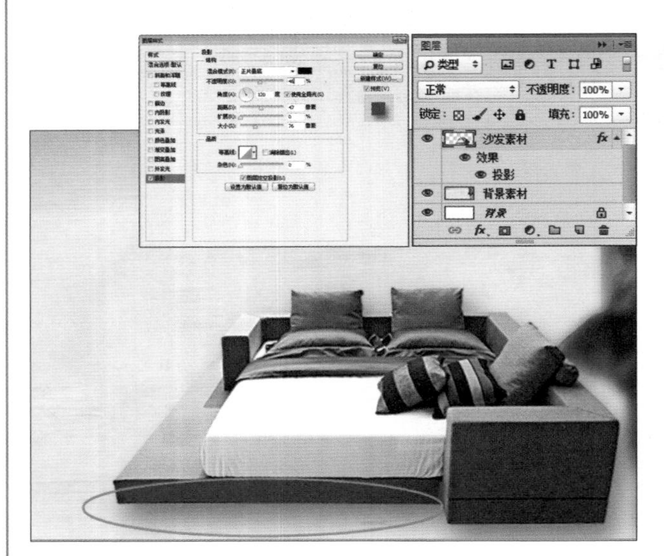

04 在“图层”面板中，单击“添加图层样式”按钮，在弹出的下拉列表中选择“投影”选项，在弹出的“图层样式”对话框中对其参数进行设置，然后单击“确定”按钮。效果如图所示。

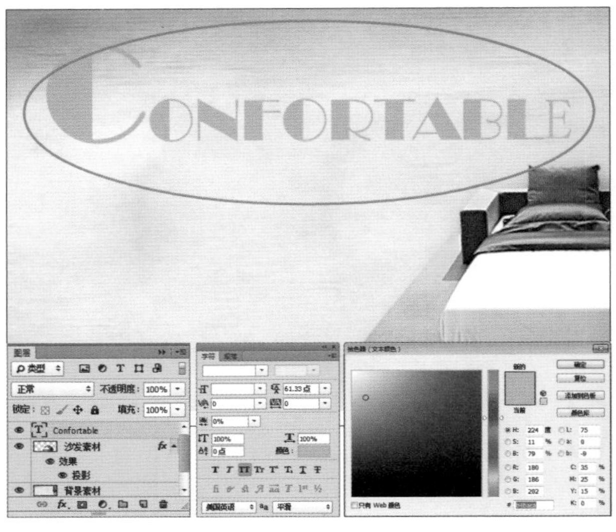

05 单击工具箱中“文字工具”按钮，在页面中绘制文本框输入对应的文字。执行“窗口 > 字符”命令，在弹出的“字符”面板中对其参数进行设置，在文本框中输入相应的文字。

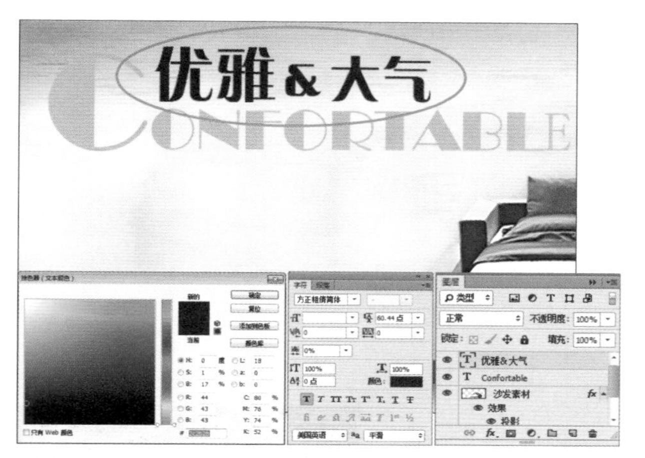

06 单击工具箱中“文字工具”按钮，在页面中绘制文本框输入对应的文字。执行“窗口 > 字符”命令，在弹出的“字符”面板中对其参数进行设置，在文本框中输入相应的文字。

07 单击工具箱中“文字工具”按钮，在页面中绘制文本框输入对应的文字。执行“窗口 > 字符”命令，在弹出的“字符”面板中对其参数进行设置，在文本框中输入相应的文字。

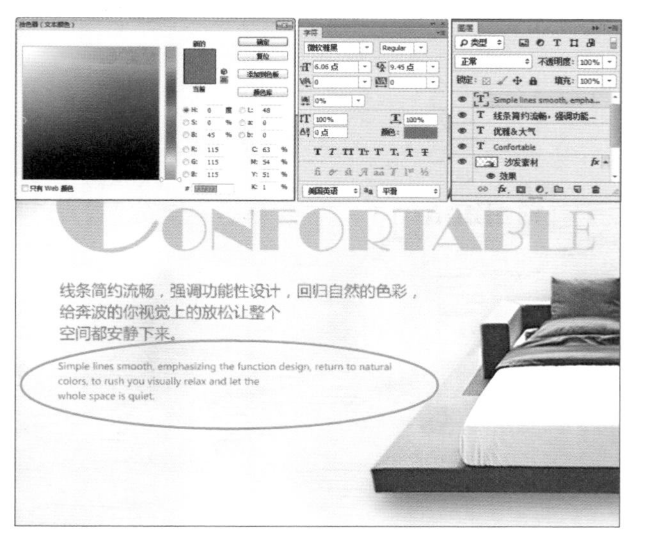

08 单击工具箱中“文字工具”按钮，在页面中绘制文本框输入对应的文字。执行“窗口 > 字符”命令，在弹出的“字符”面板中对其参数进行设置，在文本框中输入相应的文字。

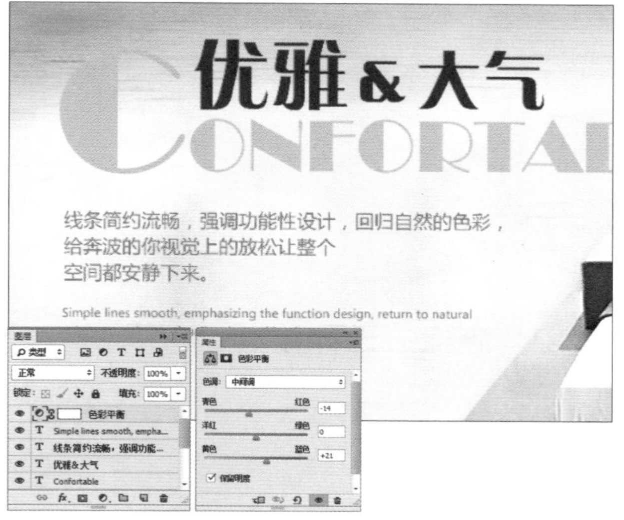

09 单击“图层”面板下方的“创建新的填充或者调整图层”按钮，在弹出的下拉菜单中选择“色彩平衡”选项，对其参数进行设置。最终效果如图所示。

3.7 店标设计

店铺标志代表着店铺形象本身，其作用是将店铺的经营理念和服务作风等要素传达给广大消费者。一个好的店标设计，不但能吸引人的眼球，更能增加店铺的浏览量。

3.7.1 店标的构成元素

（1）文字的标志

主要以文字和拼音字母等单独构成，适用于多种传播方式。

（2）图案标志

顾名思义，仅用图形构成标志。这种标志比较形象生动，色彩明快，且不受语言限制，非常易于识别。但图案标志没有名称，因此表意又不如文字标志准确。

（3）组合标志

组合标志就是把文字和图案组合而成的标志。这种标志发挥了文字及图案标志的优点，图文并茂，形象生动，又易于识别。

3.7.2 店标的设计技巧

（1）设计要有领导性

店标识别设计是网店视觉传达的核心要素，也是网上店铺开展信息传达的主导力量。标志的领导位置是店铺经营理念和经营活动的集中表现，其贯穿了整个店铺的所有相关活动中，不仅具有权威性，还是其他视觉要素构成的核心。因此，设计的前提，就是要有领导性。

（2）设计要有造型

网上店标的设计千变万化，琳琅满目，有抽象符号、中外文字组合等。因此，店标的造型优劣，不仅决定了其传达网上店铺情况的效力，而且还会影响到消费者对商品品质的信心与店铺形象的认同。

（3）店标的识别性

识别性是店标设计的基本要求。通过独具个性的标志，与别的商铺及宝贝进行区别，是现代个人电子商务市场竞争的利器。因此通过整体规划和设计的视觉符号，必须具有独特的个性和强烈的冲击力，才能有较高的竞争力。在CI设计中，标志是最具有视觉认知、识别的信息传达功能的设计要素。

（4）标志设计的统一性

标志的形象设计，需要与该网店的经营理念、文化特色，以及经营的内容和特点相统一。只有这样，才能获得社会大众的一致认同。

（5）标志的系统性

标志的识别设计一旦确定，随之展开的就是标志的精致化，这其中包括标志与其他基本设计要素的组合规定。目的就是要对未来标志的应用进行规划，达到系统化、规范化、标准化的科学管理。

（6）标志的时代性

面对着网店发展迅速的社会，以及不断的市场竞争形势，有必要对现有的标志形象进行检讨和改进，才能使网店的标志更加与时俱进，具有鲜明的时代特征。

（7）标志的延伸性

网上店铺识别设计是应用最为广泛、出现频率最高的视觉传达要素，必须在各种传播媒体上广泛应用。标志图形要根据印刷方式、制作工艺技术、材料质地和应用项目的不同，采用多种对应性和延展性的变体设计，以产生切合、适宜的效果与表现。

3.7.3 家电店铺店标

本案例是一则厨房用品店铺的店标设计，在制作中除了需要注意淘宝店标的尺寸外，还应针对店铺本身的特点进行有针对性的设计，使消费者有耳目一新的感觉。

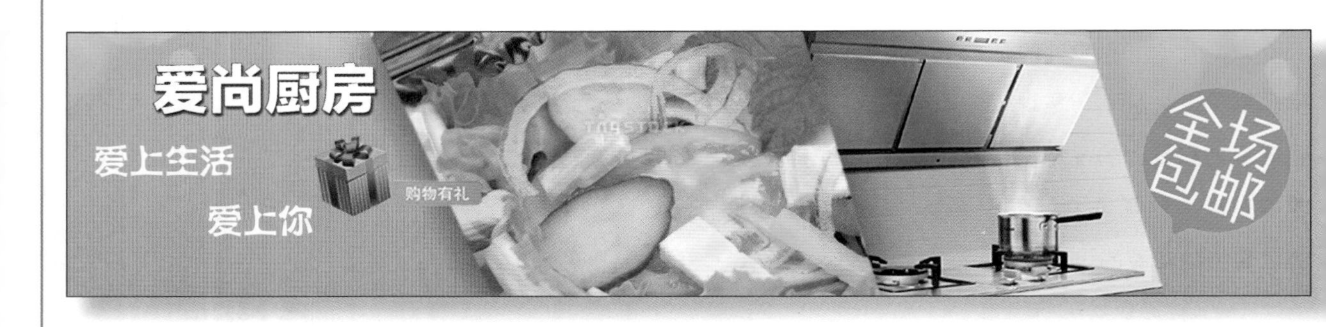

- **实例位置：** DVD\ 实例文件 \ 第 3 章 \3.7.3
- **素材位置：** DVD\ 实例文件 \ 第 3 章 \3.7.3
- **视频位置：** DVD\ 视频文件 \ 第 3 章 \3.7.3

01 执行“文件 > 新建”命令（快捷键〈Ctrl+N〉），在弹出的“新建”对话框中对其参数进行设置，单击“确定”按钮。效果如图所示。

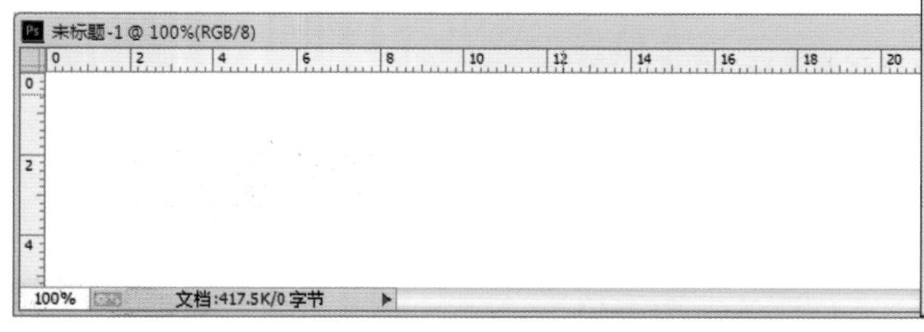

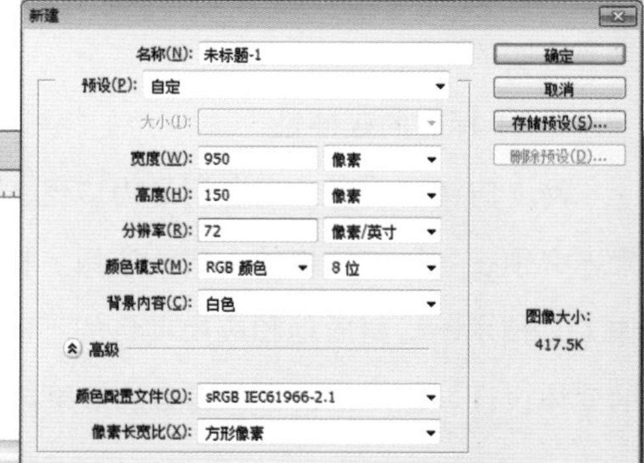

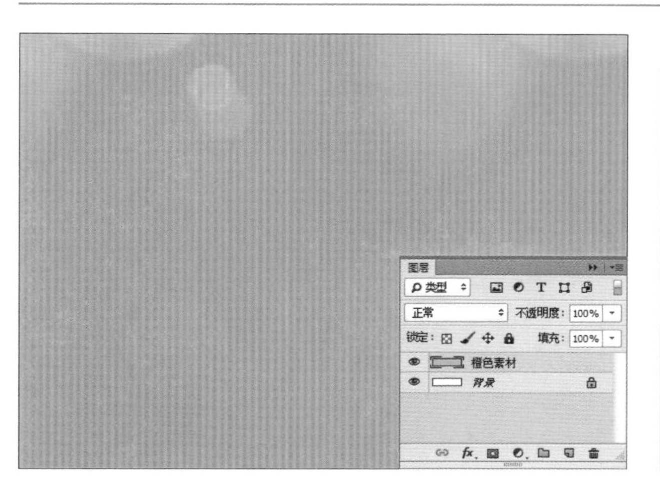

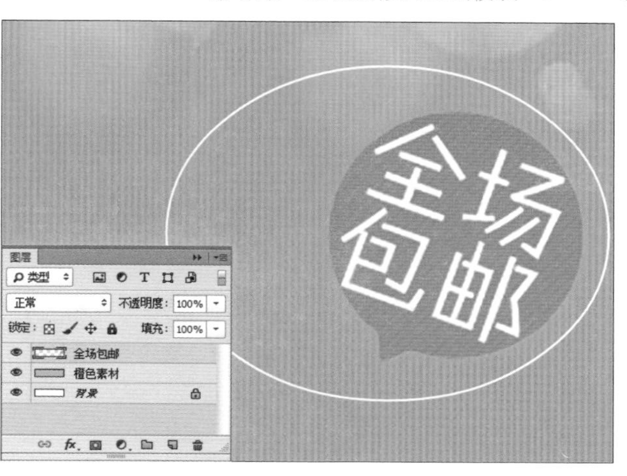

02 执行“文件 > 打开”命令，在弹出的“打开”对话框中选择“橙色素材.jpg”文件，将其拖到页面之上并调整其位置。效果如图所示。

03 执行“文件 > 打开”命令，在弹出的“打开”对话框中选择“全场包邮.png”文件，将其拖到页面之上并调整其位置。效果如图所示。

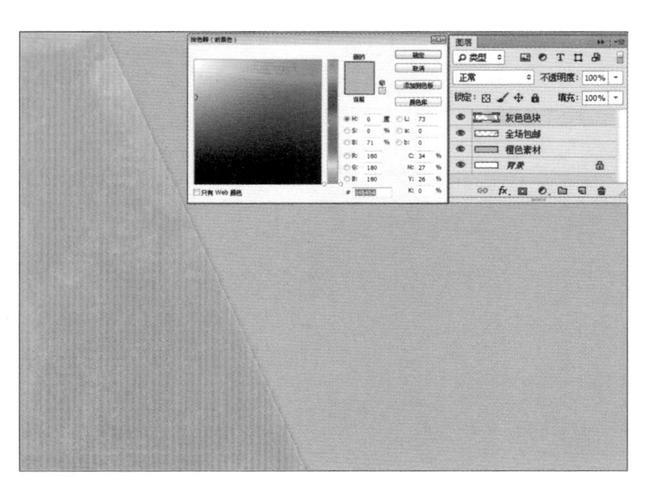

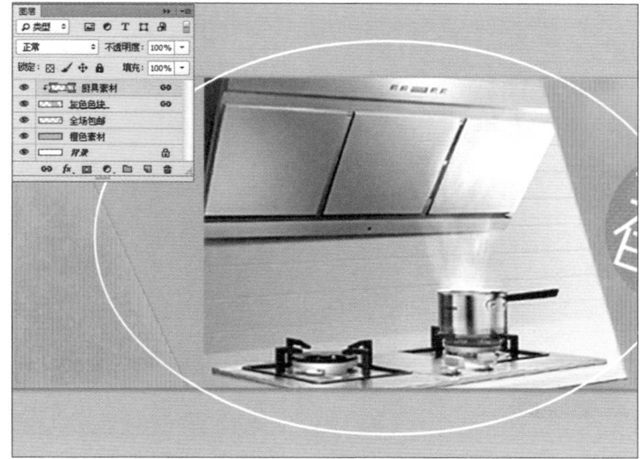

04 新建图层后将其命名为“灰色色块”图层。单击工具箱中的“钢笔工具”按钮，绘制出如图所示多边形的闭合路径，转换为选区后将前景色设置为灰色进行填充。效果如图所示。

05 按照前面介绍的方式进行“厨房素材”的添加。执行“图层 > 创建剪贴蒙版”命令，将所选图层置入目标图层中。效果如图所示。

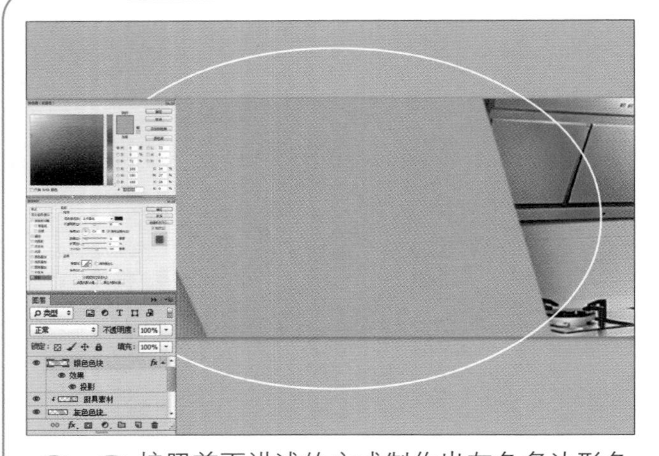

06 按照前面讲述的方式制作出灰色多边形色块，在“图层”面板中，单击“添加图层样式”按钮，在弹出的下拉列表中选择“投影”选项，在弹出的“图层样式”对话框中对其参数进行设置，单击“确定”按钮。

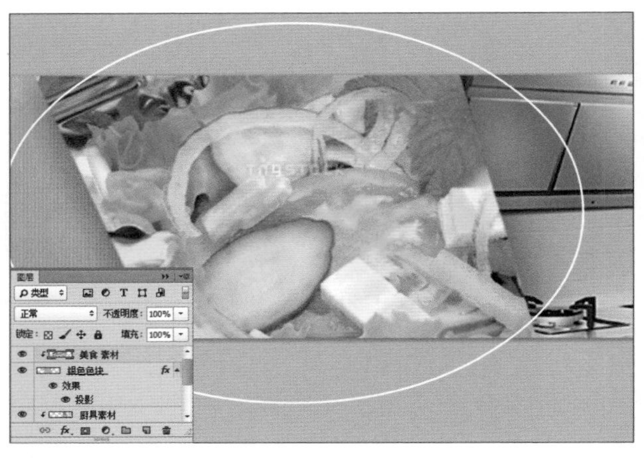

07 按照前面讲述方式进行“美食素材”的添加。执行“图层 > 创建剪贴蒙版”命令，将所选图层置入目标图层中。效果如图所示。

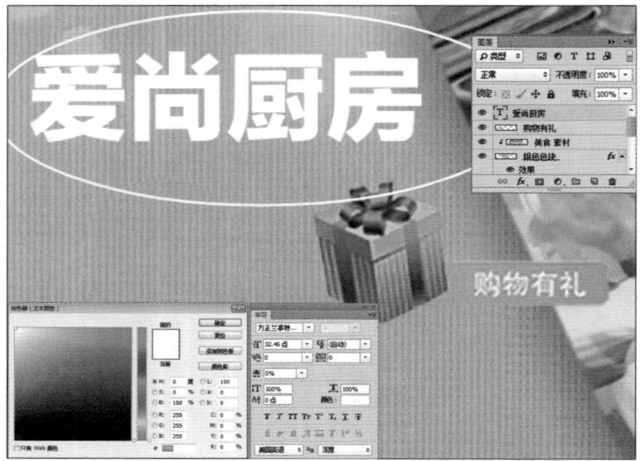

08 单击工具箱中的“文字工具”按钮，在页面中绘制文本框输入对应的文字。执行“窗口 > 字符”命令，在弹出的“字符”面板中对其参数进行设置，在文本框中输入相应的文字。

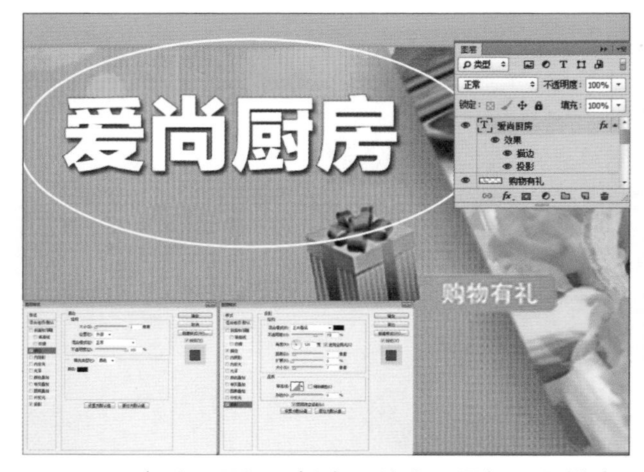

09 在“图层”面板中，单击“添加图层样式”按钮，在弹出的下拉列表中分别选择“描边”和“投影”选项，在弹出的“图层样式”对话框中对其参数进行设置，单击“确定”按钮。效果如图所示。

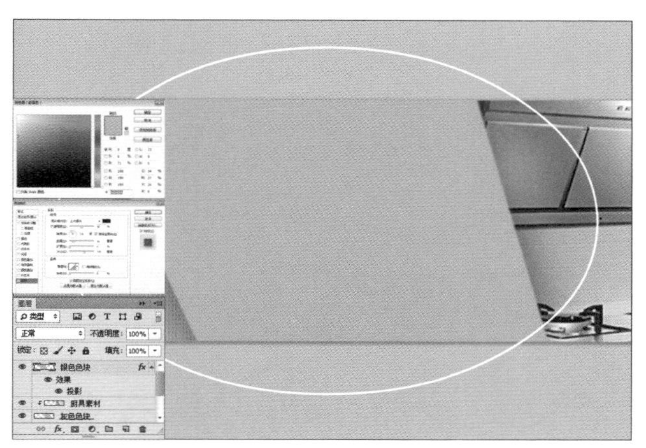

10 按照前面讲述的方式绘制出灰色多边形色块，在“图层”面板中，单击“添加图层样式”按钮，在弹出的下拉列表中选择“投影”选项，在弹出的“图层样式”对话框中对其参数进行设置，单击“确定”按钮。

12 制作文字素材后单击“添加图层样式” 按钮，在弹出的下拉列表中分别选择“描边”和“投影”选项，在弹出的“图层样式”对话框中对其参数进行设置，单击“确定”按钮。效果如图所示。

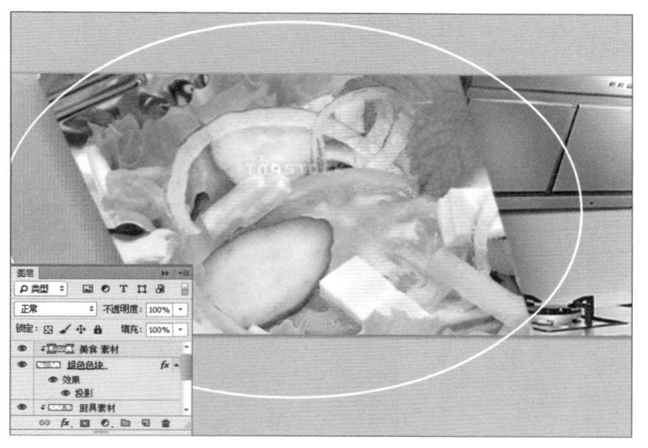

11 按照前面讲述方式进行“美食素材”的添加。执行“图层 > 创建剪贴蒙版”命令，将所选图层置入目标图层中。效果如图所示。

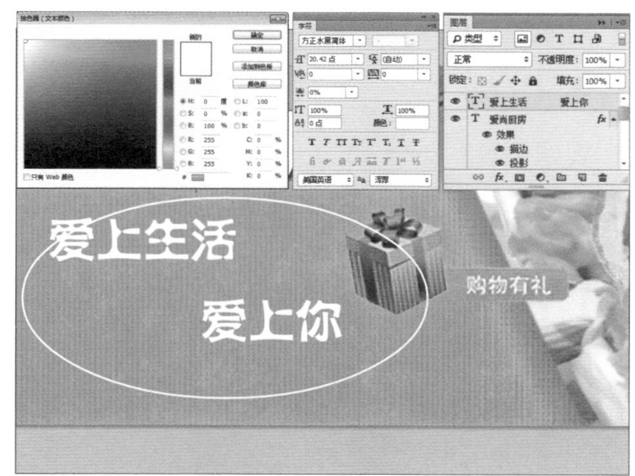

13 单击工具箱中的“文字工具”按钮，在页面中绘制文本框输入对应的文字。执行“窗口 > 字符”命令，在弹出的“字符”面板中对其参数进行设置，在文本框中输入相应的文字。

3.7.4 玩具店铺店标

本案例设计的是一则玩具店铺的店标，在制作过程中通过明快的色调及各种公仔形象的添加，使整体页面呈现出了童话般的意境，对该店铺的宣传起到了极大的推动作用。

● **实例位置：** DVD\ 实例文件 \ 第 3 章 \3.7.4

● **素材位置：** DVD\ 实例文件 \ 第 3 章 \3.7.4

● **视频位置：** DVD\ 视频文件 \ 第 3 章 \3.7.4

01 执行“文件 > 新建”命令（快捷键〈Ctrl+N〉），在弹出的“新建”对话框中对其参数进行设置，单击“确定”按钮。效果如图所示。

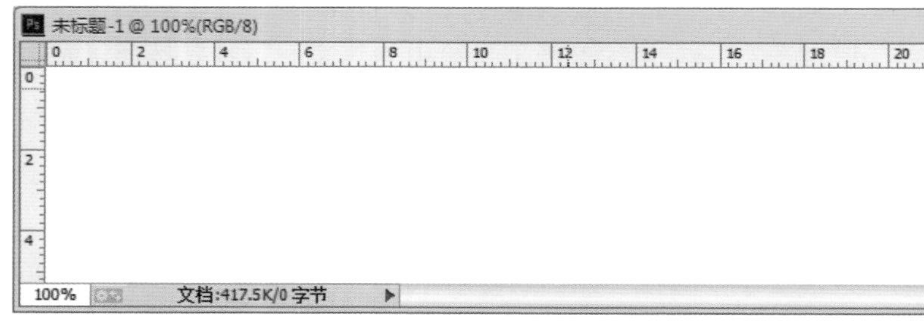

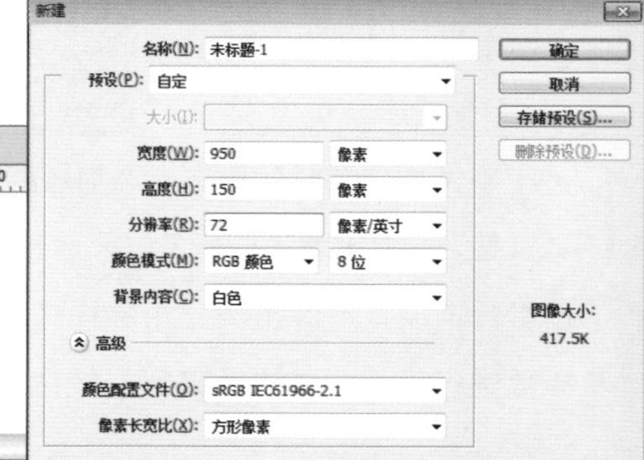

02 执行“文件 > 打开”命令，在弹出的“打开”对话框中选择“底纹背景 .jpg”文件，将其拖到页面之上并调整其位置。效果如图所示。

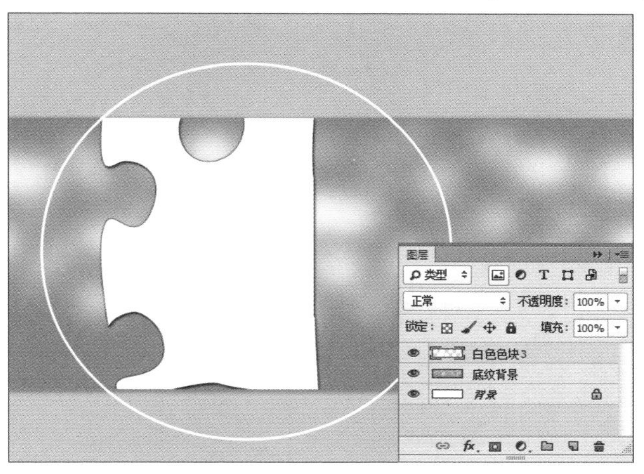

03 执行“文件 > 打开”命令，在弹出的“打开”对话框中选择“白色色块 3.png”文件，将其拖到页面之上并调整其位置。效果如图所示。

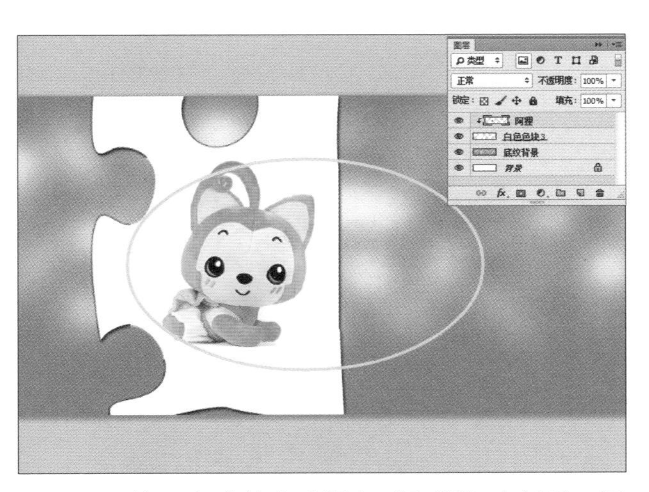

04 按照上述的方式添加“阿狸”素材后，通过创建剪贴蒙版的方式将素材置入“白色色块 3”图层中。效果如图所示。

05 按照上述方式添加“猴子”及“狮子”的素材到页面上，效果如图所示。

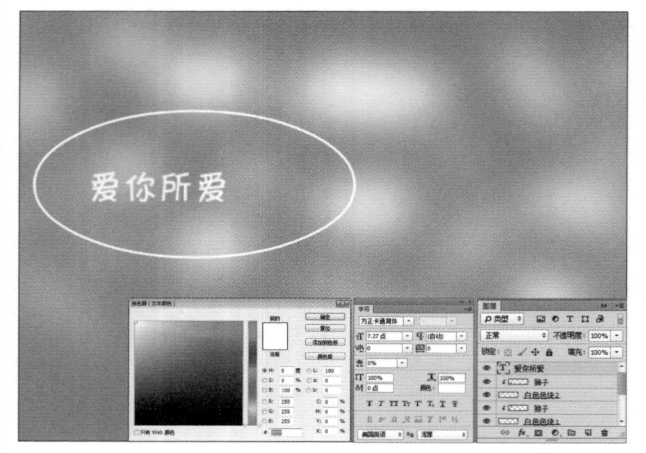

06 单击工具箱中的“文字工具”按钮，在页面中绘制文本框输入对应的文字。执行“窗口 > 字符”命令，在弹出的“字符”面板中对其参数进行设置，在文本框中输入相应文字。

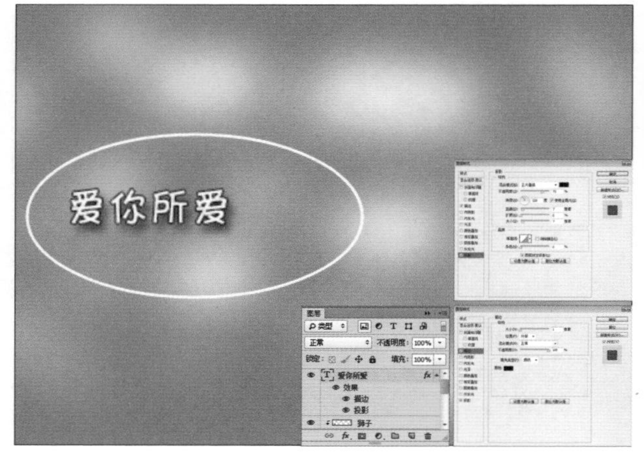

07 在“图层”面板中，单击“添加图层样式”按钮，在弹出的下拉列表中分别选择“描边”和“投影”选项，在弹出的“图层样式”对话框中对其参数进行设置，单击“确定”按钮。效果如图所示。

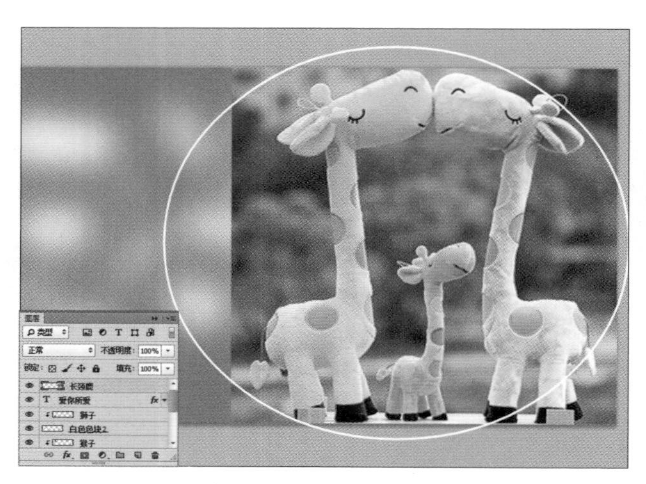

08 执行“文件 > 打开”命令，在弹出的“打开”对话框中选择“长颈鹿 .png”文件，将其拖到页面之上并调整其位置。效果如图所示。

09 执行“文件 > 打开”命令，在弹出的“打开”对话框中选择“标牌 .png”文件，将其拖到页面之上并调整其位置。效果如图所示。

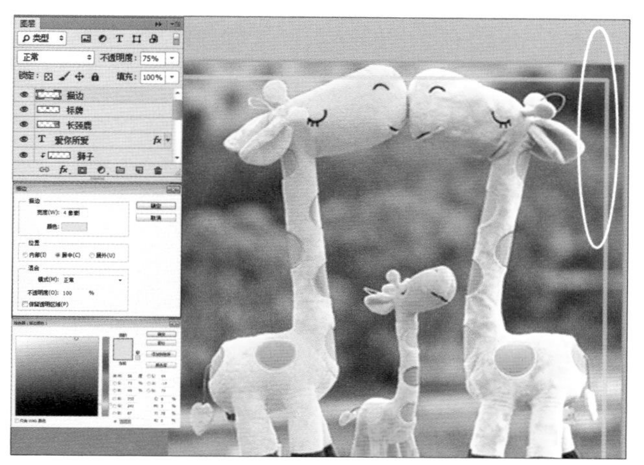

10 新建图层后将其命名为“描边”。用“矩形选框工具”在页面中绘制出矩形的选区，执行“编辑 > 描边”命令，在弹出的“描边”对话框中对其参数进行设置，单击“确定”按钮。效果如图所示。

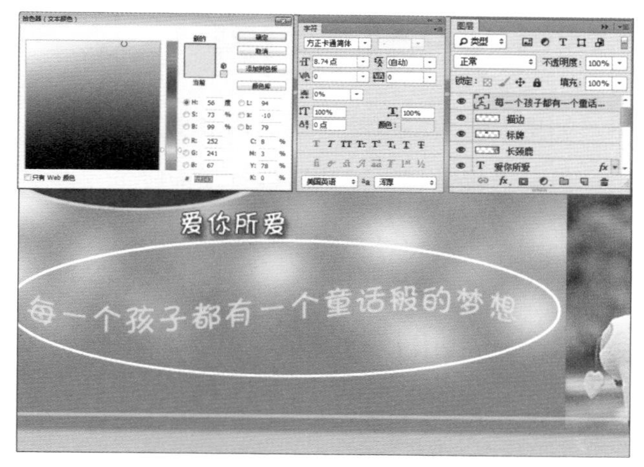

11 单击工具箱中的“文字工具”按钮，在页面中绘制文本框输入对应的文字。执行“窗口 > 字符”命令，在弹出的“字符”面板中对其参数进行设置，在文本框中输入相应的文字。

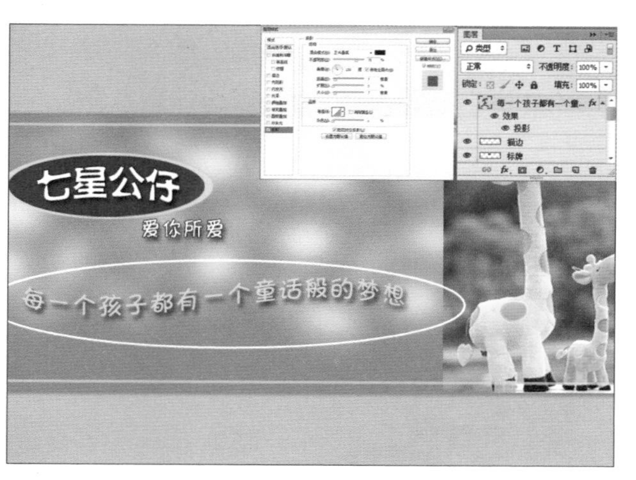

12 在“图层”面板中，单击“添加图层样式”按钮，在弹出的下拉列表中选择“投影”选项，在弹出的“图层样式”对话框中对其参数进行设置，单击“确定”按钮。效果如图所示。

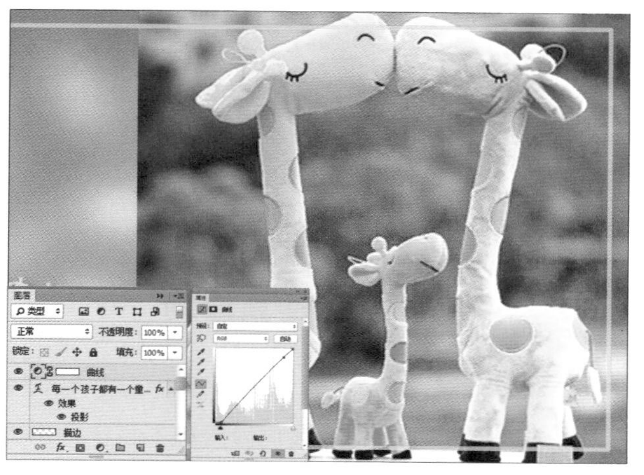

13 单击“图层”面板下方的“创建新的填充或者调整图层”按钮，在弹出的下拉菜单中选择“曲线”选项，对其参数进行设置。最终效果如图所示。

3.8 产品主图

如果淘宝店铺主图上的促销信息严重影响了商品主图的整洁度，不但无法提升买家的购买欲，反而降低了买家的消费体验。那么宝贝主图应该怎么做呢？下面介绍一下淘宝商品展示主图的发布规范。

3.8.1 主图的规范

●标准主图：白底无水印（参照活动标准主图）。

●纯色背景主图：允许左上角出现 LOGO，正下方可添加部分促销信息，以突出宝贝细节为主（如要使用 LOGO，必须有商标使用权；商品销售权不代表有商标使用权，非官方店铺是不能使用品牌 LOGO 的）。

●风格图：有背景的图片要求图片清晰，以商品为主导。

●模特图：以突出商品为主题。

3.8.2 主图的制作注意事项

①宝贝一定要突出，千万不要弄一些花里胡哨的图片上来喧宾夺主。毕竟我们做网店不是让客户猜谜的，建议最好宝贝占图片的 2/3 以上，而且最好是正面图。

②宝贝图片比例一定要合理，不要用修图软件更改尺寸，把宝贝拉扯得变形。

③最好只放宝贝的正面图，不要各个角度都放到首图上展示，这样宝贝就会相对缩小，客户不容易一目了然。

④宝贝一定要拍摄完整，不要只拍其中一部分。

⑤如果有促销活动，可以适当加一些字样到宝贝首图上，但是不要加得太多、太乱，以致把宝贝遮盖住，主体最好是红色，因为红色是最为显眼的，但是建议还是尽量弄得时尚一些，不要土里土气地弄个背景色，然后加几个字上去，看上去总是感觉很不舒服。

关于宝贝的主图除以上注意事项外，也要注意宝贝的拍摄角度，可以适当用 Photoshop 修改一下，让你宝贝的色彩看上去更诱人，但是千万不要过分地脱离实物，若出货不对版就等着被客户给差评吧！其实对于宝贝主图来说只要把握好以下几个原则就可以。

- 宝贝主体突出，一目了然，让客户看一眼就知道这是个什么宝贝。
- 吸引眼球，拍摄的角度、光线、色彩比同行的更有吸引力。
- 不失真，用 Photoshop 修改也好要保证宝贝的实物和图片看上去基本一致。

3.8.3 主图的质感

本案例设计的是一则太阳镜宣传广告，在制作的过程中通过主图的添加、文字素材的制作及标签素材的应用等，使最终的宣传图更具有说服力。

- **实例位置：** DVD\ 实例文件 \ 第 3 章 \3.8.3
- **素材位置：** DVD\ 实例文件 \ 第 3 章 \3.8.3
- **视频位置：** DVD\ 视频文件 \ 第 3 章 \3.8.3

01 执行“文件 > 新建”命令（快捷键〈Ctrl+N〉），在弹出的“新建”对话框中对其参数进行设置，单击“确定”按钮。效果如图所示。

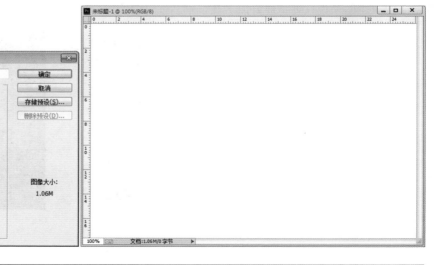

02 执行“文件 > 打开”命令，在弹出的“打开”对话框中选择“太阳镜背景 .jpg”文件，将其拖到页面之上并调整其位置。效果如图所示。

03 新建图层后将其命名为“矩形色块”。用“矩形选框工具”在页面上绘制出矩形选区后，将“前景色”设置为红色并进行填充。效果如图所示。

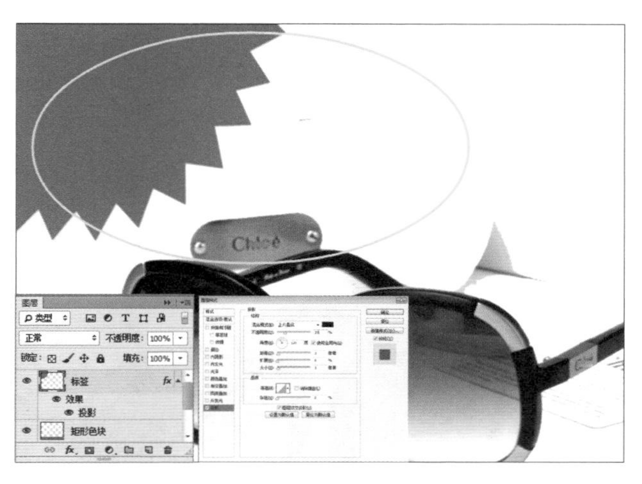

04 按照上述方式添加“标签”素材，在“图层”面板中，单击“添加图层样式”按钮，在弹出的下拉列表中选择“投影”选项，在弹出的“图层样式”对话框中对其参数进行设置，单击“确定”按钮。

05 单击工具箱中的“文字工具”按钮，在页面中绘制文本框输入对应的文字。执行“窗口 > 字符”命令，在弹出的“字符”面板中对其参数进行设置，在文本框中输入相应的文字。

06 执行“文件 > 打开”命令，在弹出的“打开”对话框中选择“爆款 .jpg”文件，将其拖到页面之上并调整其位置。效果如图所示。

07 单击工具箱中的“文字工具”按钮，在页面中绘制文本框输入对应的文字。执行“窗口 > 字符”命令，在弹出的“字符”面板中对其参数进行设置，在文本框中输入相应的文字。

08 单击工具箱中的“文字工具”按钮，在页面中绘制文本框输入对应的文字。执行“窗口 > 字符”命令，在弹出的“字符”面板中对其参数进行设置，在文本框中输入相应的文字。

09 执行“文件 > 打开”命令，在弹出的“打开”对话框中选择“惊爆价签 .jpg”文件，将其拖到页面之上并调整其位置。最终效果如图所示。

3.8.4　主图的场景化

本案例通过多样化素材的添加及创意性文字的描述，使页面的主体部分更加突出。除此之外，需要注意的是包包部分投影效果的制作，使产品部分看起来更加真实。

- **实例位置：** DVD\ 实例文件 \ 第 3 章 \3.8.4
- **素材位置：** DVD\ 实例文件 \ 第 3 章 \3.8.4
- **视频位置：** DVD\ 视频文件 \ 第 3 章 \3.8.4

01　执行“文件 > 新建”命令，新建一个文档。

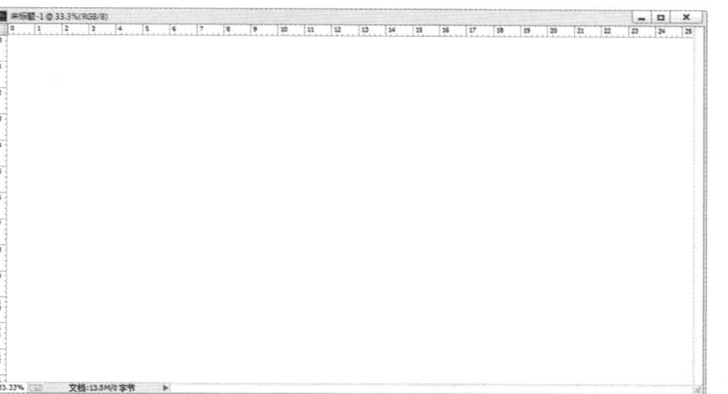

02 执行“文件 > 打开”命令，在弹出的“打开”对话框中选择“背景素材.jpg”文件，将其拖到页面之上并调整其位置。效果如图所示。

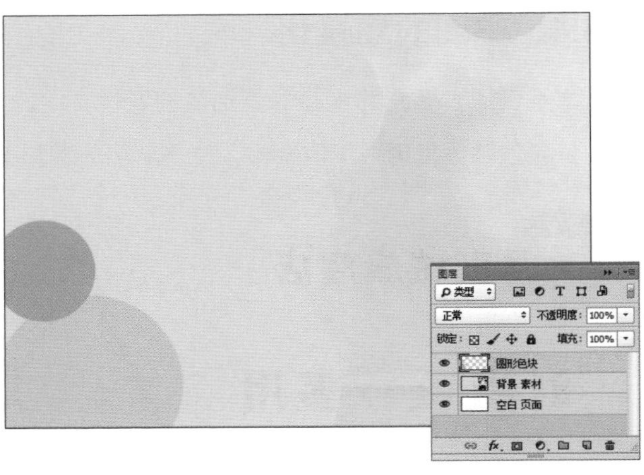

03 执行“文件 > 打开”命令，在弹出的“打开”对话框中选择“圆形色块.png”文件，将其拖到页面之上并调整其位置。效果如图所示。

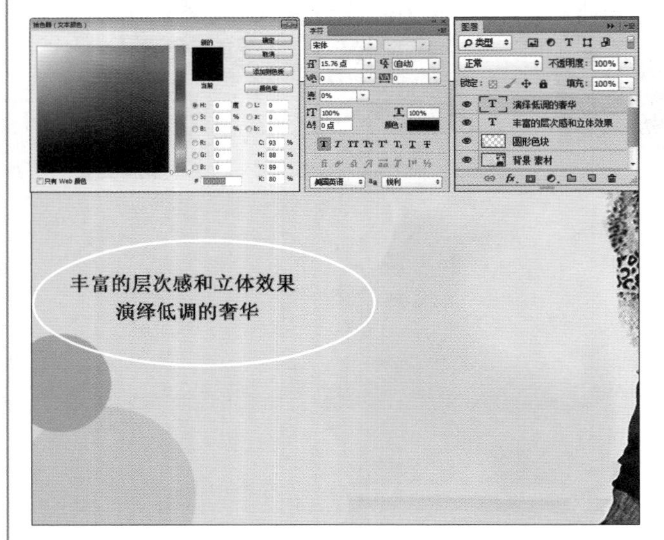

04 单击工具箱中“文字工具”按钮，在页面中绘制文本框输入对应的文字。执行“窗口 > 字符”命令，在弹出的“字符”面板中对其参数进行设置，在文本框中输入相应的文字。

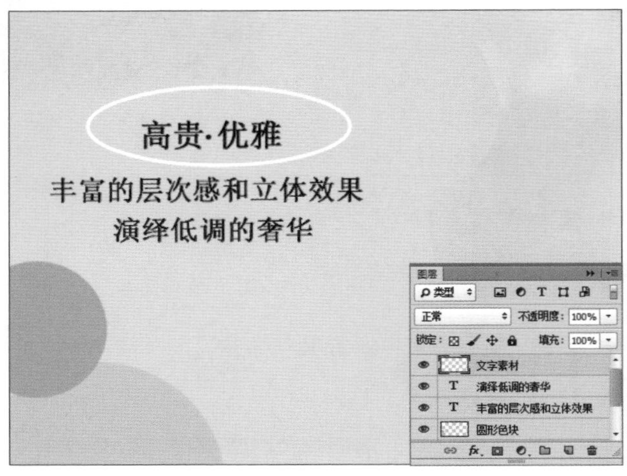

05 执行“文件 > 打开”命令，在弹出的“打开”对话框中选择“文字素材.png”文件，将其拖到页面之上并调整其位置。效果如图所示。

06 新建图层后将其命名为“渐变色条”。用“钢笔工具”勾勒出锥形路径后转换为选区并进行颜色的填充。继续添加图层蒙版，通过“渐变工具”的应用对锥形色块的两侧进行渐变处理。

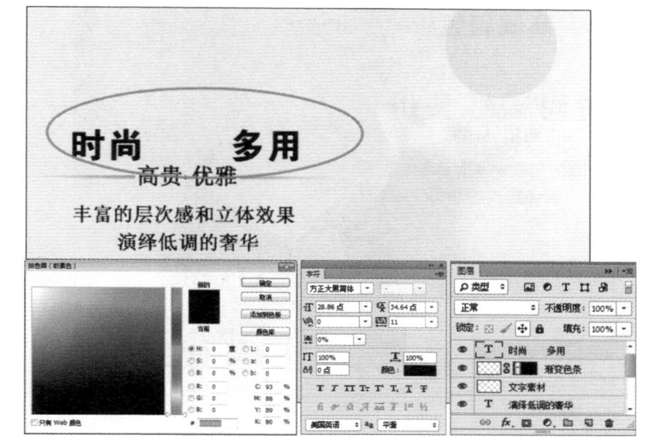

07 单击工具箱中的“文字工具”按钮，在页面中绘制文本框输入对应的文字。执行“窗口 > 字符”命令，在弹出的“字符”面板中对其参数进行设置，在文本框中输入相应的文字。

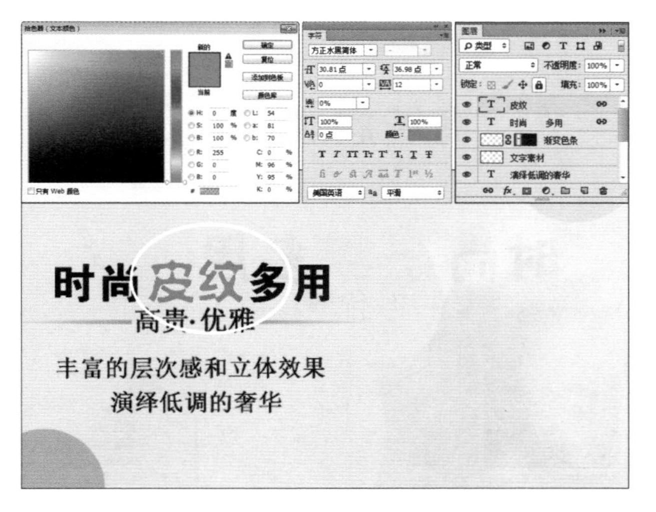

08 单击工具箱中的“文字工具”按钮，在页面中绘制文本框输入对应的文字。执行“窗口 > 字符”命令，在弹出的“字符”面板中对其参数进行设置，在文本框中输入相应的文字。

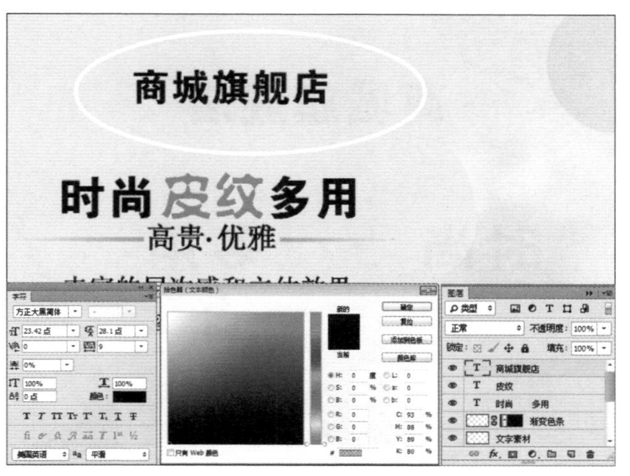

09 按照以上所述的方式继续进行文字素材的添加。效果如图所示。

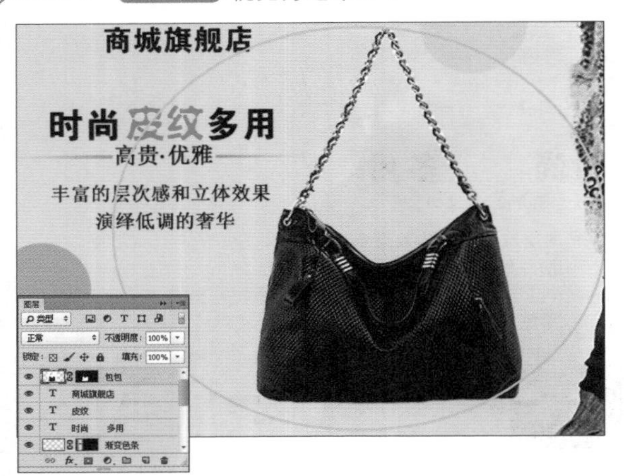

10 执行“文件＞打开”命令，在弹出的“打开”对话框中选择“包包.jpg”文件，将其拖到页面之上并调整其位置。再通过添加图层蒙版并结合“画笔工具”的使用，对素材中多余的部分进行清除。效果如图所示。

11 复制包包素材后通过垂直翻转的操作制作出阴影的效果。再通过添加图层蒙版并结合“画笔工具”的使用，擦除真实的倒影的效果。效果如图所示。

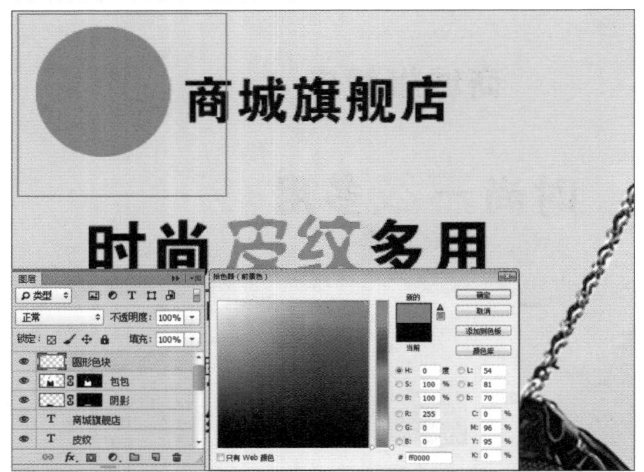

12 执行“图层＞新建＞图层”命令，新建一个图层后用“矩形选框工具＂中的圆形工具进行选区的确定。再将“前景色”设置为红色并按下快捷键〈Alt+Delete〉进行填充。效果如图所示。

13 单击工具箱中的“文字工具”按钮，在页面中绘制文本框输入对应的文字。执行“窗口＞字符”命令，在弹出的“字符”面板中对其参数进行设置，在文本框中输入相应的文字。

3.8.5　主图的品牌宣传

本案例以婴幼儿用品为主题进行产品的宣传与推广，在制作过程中非常注意颜色的搭配与素材的应用，通过波纹素材的添加、多彩气泡投影效果的制作，以及儿童照片与背景的完美融合使页面更加可爱。

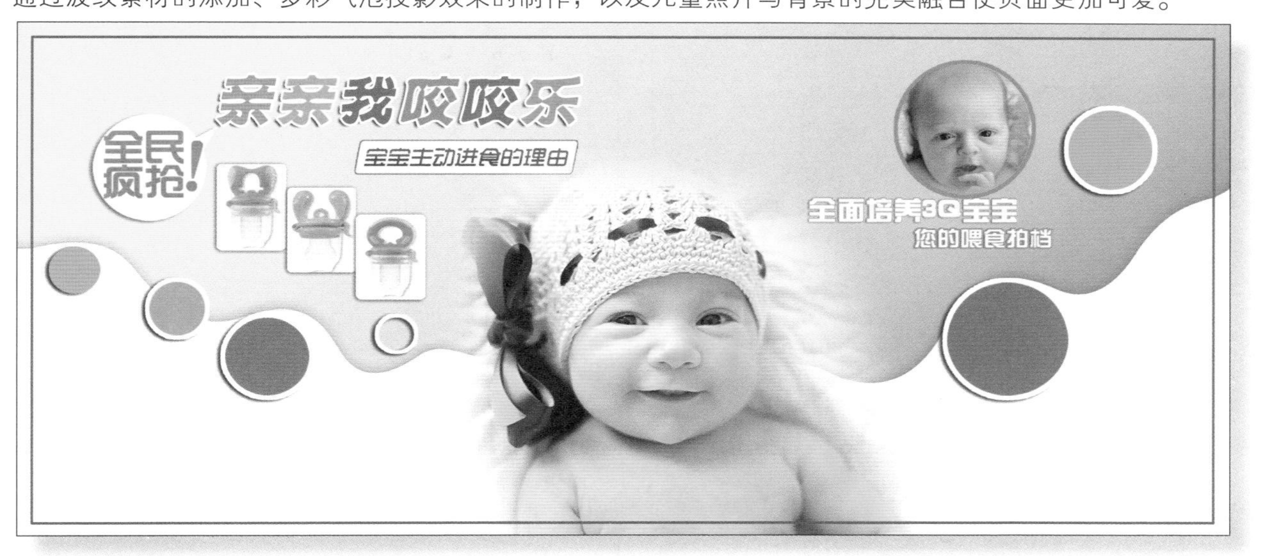

● **实例位置：** DVD\ 实例文件 \ 第 3 章 \3.8.5

● **素材位置：** DVD\ 实例文件 \ 第 3 章 \3.8.5

● **视频位置：** DVD\ 视频文件 \ 第 3 章 \3.8.5

01 执行“文件 > 新建”命令（快捷键〈Ctrl+N〉），在弹出的“新建”对话框中对其参数进行设置，单击“确定”按钮。效果如图所示。

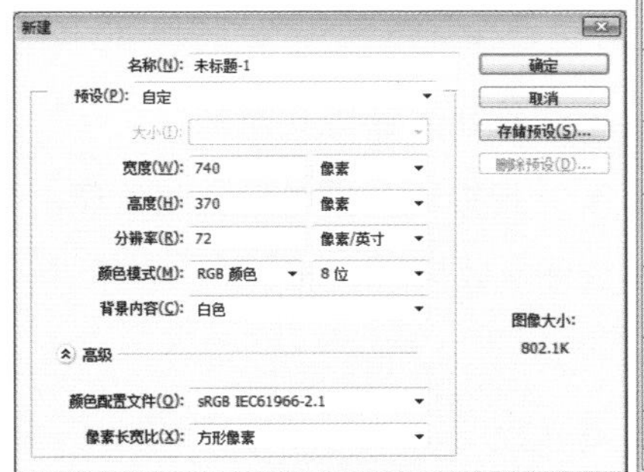

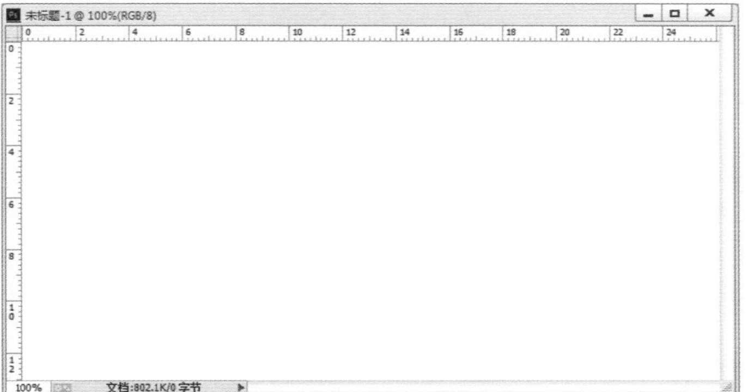

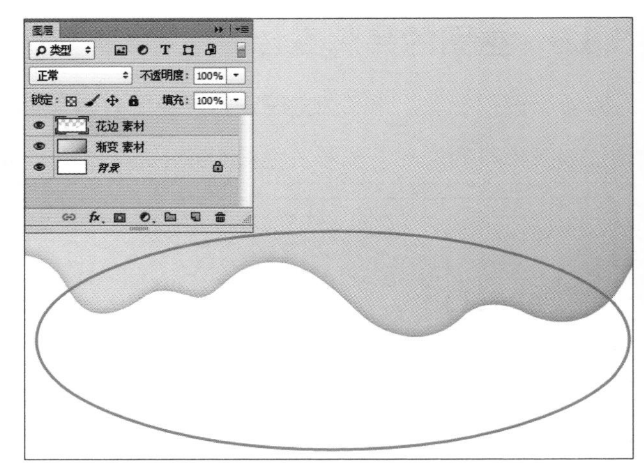

02 执行“文件 > 打开”命令，在弹出的“打开”对话框中选择“渐变素材.jpg”文件，将其拖到页面之上并调整其位置。效果如图所示。

03 执行“文件 > 打开”命令，在弹出的“打开”对话框中选择“花边素材.jpg”文件，将其拖到页面之上并调整其位置。效果如图所示。

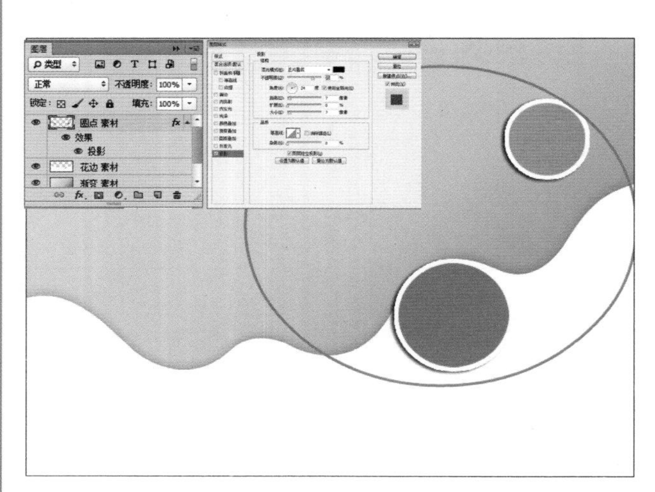

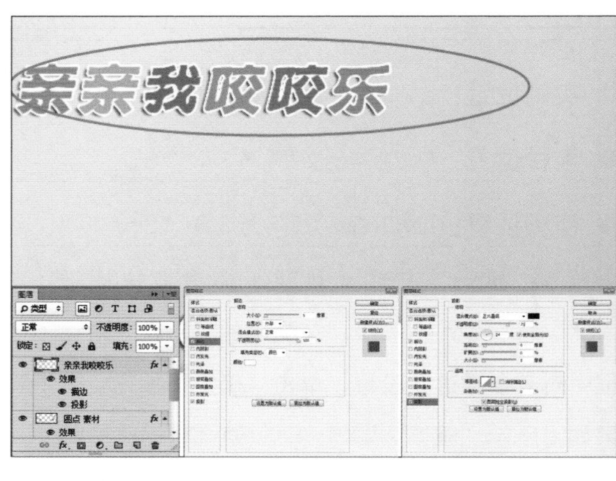

04 按照上述的方式添加“圆点”素材后，在“图层”面板中，单击“添加图层样式”按钮，在弹出的下拉列表中选择“投影”选项，在弹出的“图层样式”对话框中对其参数进行设置，完成后单击“确定”按钮。

05 按照上述方式添加“文字”素材并对其进行描边及投影的特效处理，使文字看起来更加立体。效果如图所示。

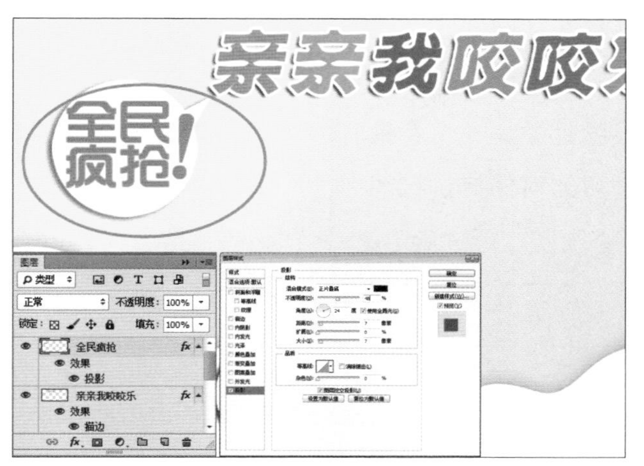

06 按照上述的方式添加“全民疯抢”素材到页面上，在“图层”面板中，单击“添加图层样式” 按钮，在弹出的下拉列表中选择“投影”选项，在弹出的“图层样式”对话框中对其参数进行设置，完成后单击“确定”按钮。

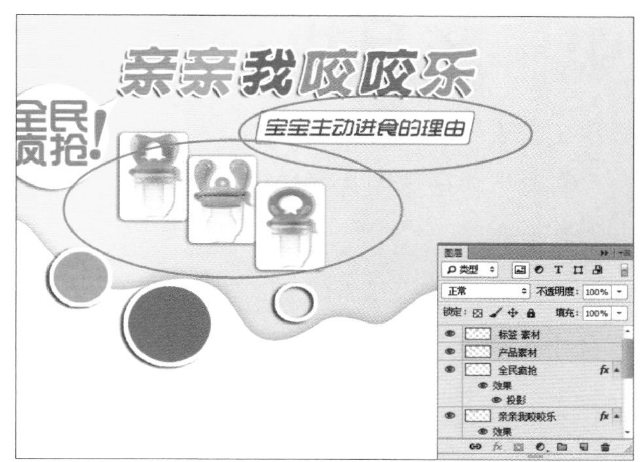

07 执行“文件 > 打开”命令，在弹出的“打开”对话框中选择“产品素材.png”和“标签 素材.png”文件，将其拖到页面之上并调整其位置。效果如图所示。

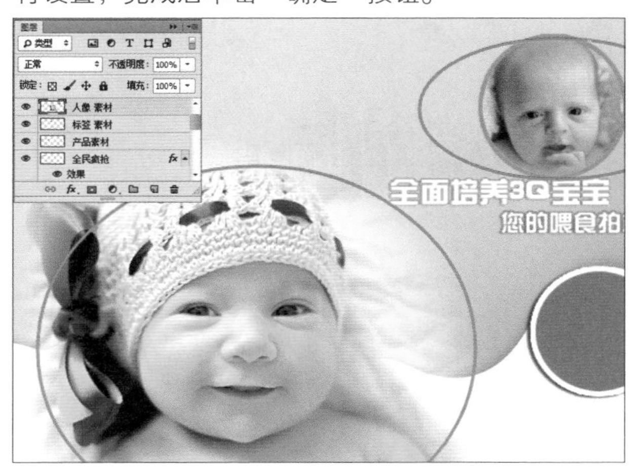

08 按照上述的方式添加“图片 素材，效果如图所示。

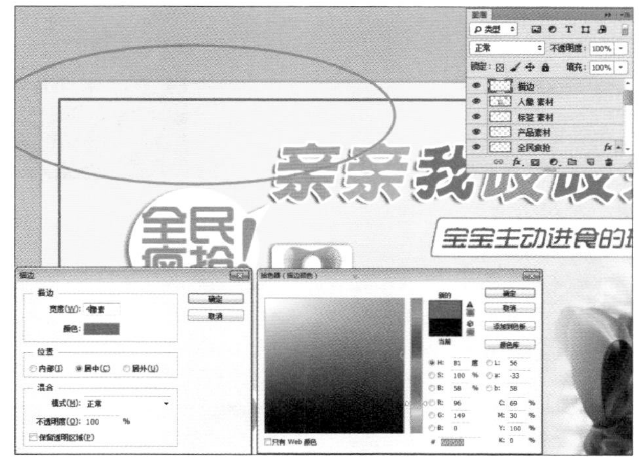

09 新建图层后将其命名为“描边”图层。用“矩形选框工具”在页面中绘制出矩形选区，执行“编辑 > 描边”命令，在弹出的“描边”对话框中对其参数进行设置，完成后单击“确定”按钮。效果如图所示。

3.9 产品拼接图

在修改网店图片的过程中，很多时候要为宝贝图片添加一个背景图或者将两张图片拼接到一起，下面一起来学习如何保持拼接图片不变形。

3.9.1 连衣裙大放送

本案例以展示新款连衣裙为主题进行宣传页面的设计，在色调上通过低饱和背景素材的应用来映衬红色连衣裙明艳动人的视觉效果。与此同时，色块的搭配使整体效果更加丰富多彩。

- **实例位置：** DVD\ 实例文件 \ 第 3 章 \3.9.1
- **素材位置：** DVD\ 实例文件 \ 第 3 章 \3.9.1
- **视频位置：** DVD\ 视频文件 \ 第 3 章 \3.9.1

01 执行“文件 > 新建”命令（快捷键〈Ctrl+N〉），在弹出的“新建”对话框中对其参数进行设置，完成后单击“确定”按钮。效果如图所示。

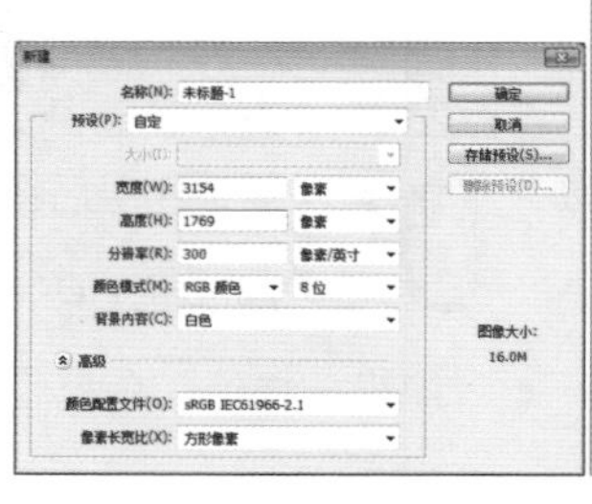

02 执行“文件 > 打开”命令，在弹出的“打开”对话框中选择“背景 素材 .png”文件，将其拖到页面之上并适当地调整其位置。效果如图所示。

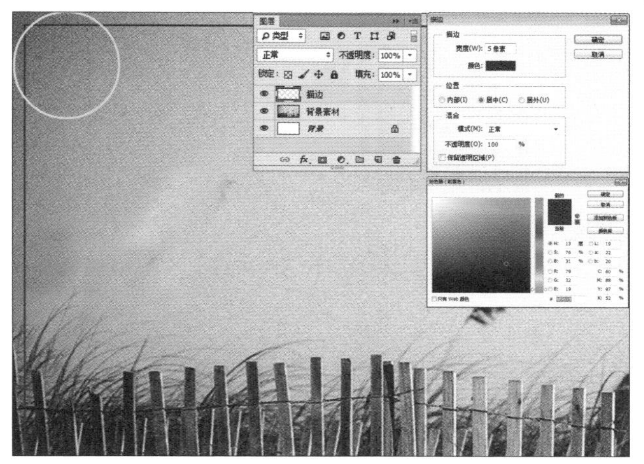

03 新建一个图层并将其命名为“描边”图层。用“矩形选框工具”在页面中绘制出矩形选区。执行“编辑 > 描边”命令，在弹出的“描边”对话框中对其参数进行设置，完成后单击“确定”按钮。效果如图所示。

04 执行“文件 > 打开”命令，在弹出的“打开”对话框中选择“人像素材 .png”文件，将其拖到页面之上并适当地调整其位置。效果如图所示。

05 执行“文件 > 打开”命令，在弹出的“打开”对话框中选择“文字素材 .png”文件，将其拖到页面之上并适当地调整其位置。效果如图所示。

06 新建图层并将其命名为“黄色色块”。在工具箱中选择“圆形选框工具”，绘制出圆形选区。将“前景色”设置为黄色后按下快捷键〈Alt+Delete〉进行填充，然后取消选区。效果如图所示。

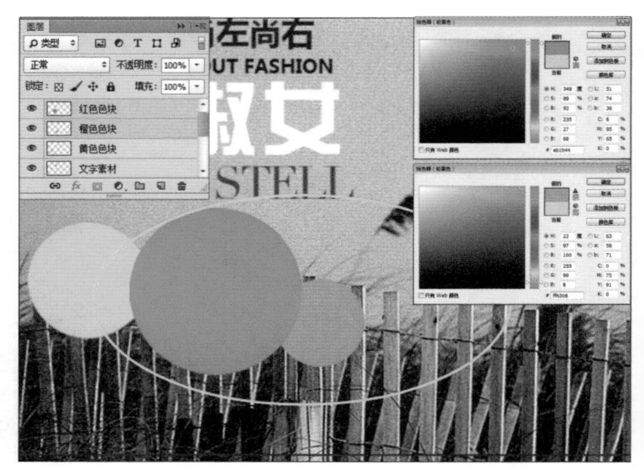

07 按照上述方式分别制作出红色和橙色的圆形色块。效果如图所示。

08 执行“文件 > 打开”命令，在弹出的“打开”对话框中选择“文字素材 2.png”文件，将其拖到页面之上并适当地调整其位置。效果如图所示。

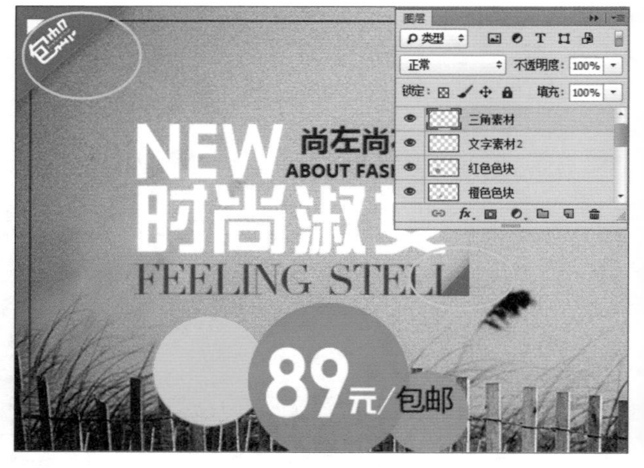

09 执行“文件 > 打开”命令，在弹出的“打开”对话框中选择“三角素材 . png”文件，将其拖到页面之上并适当地调整其位置。效果如图所示。

10 执行“文件 > 打开”命令，在弹出的“打开”对话框中选择“文字素材 3.png”文件，将其拖到页面之上并适当地调整其位置。效果如图所示。

11 按照上述方式添加“RMB”文本素材。效果如图所示。

12 单击工具箱中的“文字工具”按钮，在页面中绘制文本框输入对应的文字。执行“窗口 > 字符”命令，在弹出的“字符”面板中对其参数进行设置，在文本框中输入相应的文字。

13 单击“图层”面板下方的“创建新的填充或者调整图层”按钮，在弹出的下拉菜单中选择“曲线”选项，对其参数进行设置。最终效果如图所示。

3.9.2 神奇面膜贴

本案例是一则以推广面膜产品为主题的宣传页面，在制作的过程中通过人像、底纹素材的添加，以及文字特效的制作等，最终凸显出了化妆品类宣传页面的制作特点。

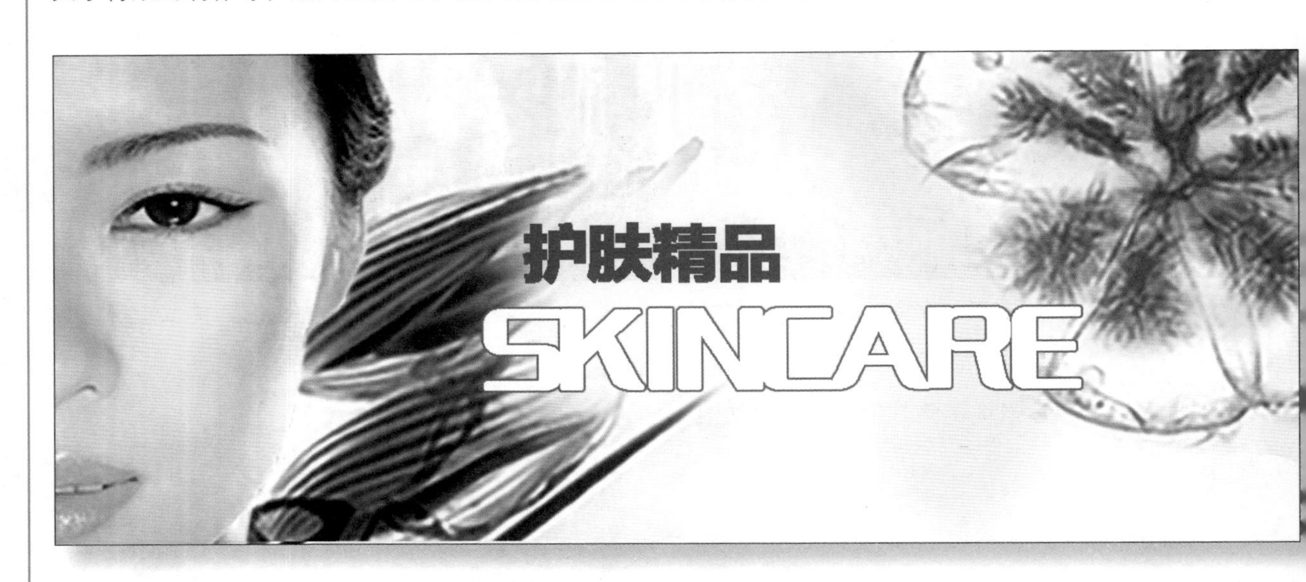

- **实例位置：** DVD\实例文件\第3章\3.9.2
- **素材位置：** DVD\实例文件\第3章\3.9.2
- **视频位置：** DVD\视频文件\第3章\3.9.2

01 执行“文件>新建”命令（快捷键〈Ctrl+N〉），在弹出的“新建”对话框中对其参数进行设置，完成后单击“确定”按钮。效果如图所示。

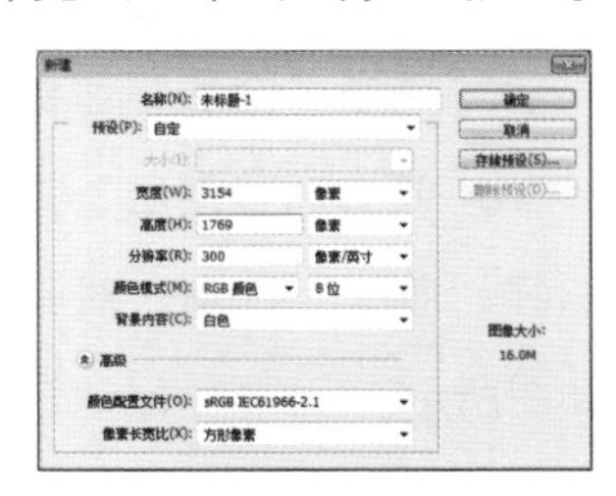

02 执行“文件 > 打开”命令，在弹出的“打开”对话框中选择“背景 素材.png”文件，将其拖到页面之上并适当地调整其位置。效果如图所示。

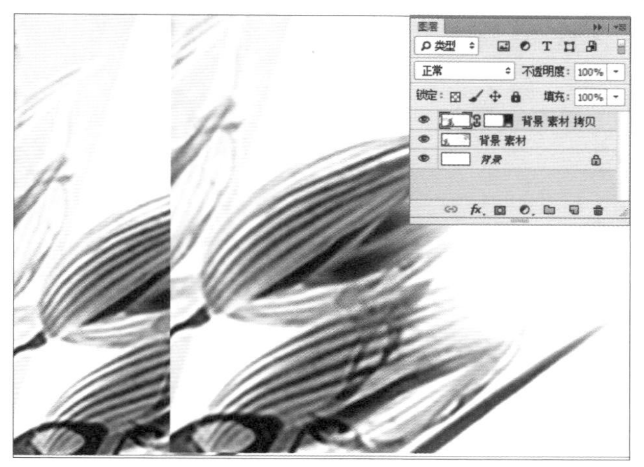

03 按下快捷键〈Ctrl+J〉复制图层，并命名为“背景 素材 拷贝”。单击“图层”面板下方的“添加图层蒙版”按钮，用“画笔工具”擦除画面中不需要使用的部分。效果如图所示。

04 执行“文件 > 打开”命令，在弹出的“打开”对话框中选择“人像素材.png”文件，将其拖到页面之上并适当地调整其位置。效果如图所示。

05 在“图层”面板中，单击“添加图层样式”按钮，在弹出的下拉列表中选择“外发光”选项，在弹出的“图层样式”对话框中对其参数进行设置，完成后单击“确定”按钮。效果如图所示。

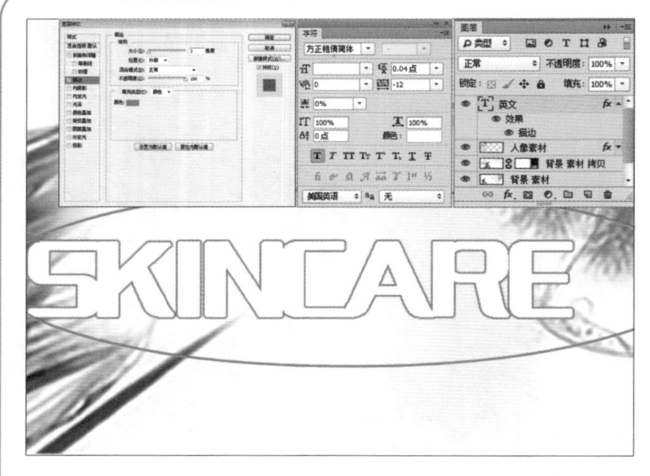

06 按照上述方式制作文字素材，在“图层”面板中单击“添加图层样式”按钮，在弹出的下拉列表中选择“描边”选项，在弹出的“图层样式”对话框中对其参数进行设置，完成后单击“确定”按钮。

07 单击工具箱中的“文字工具”按钮，在页面中绘制文本框输入对应的文字。执行“窗口 > 字符”命令，在弹出的“字符”面板中对其参数进行设置，在文本框中输入相应的文字。

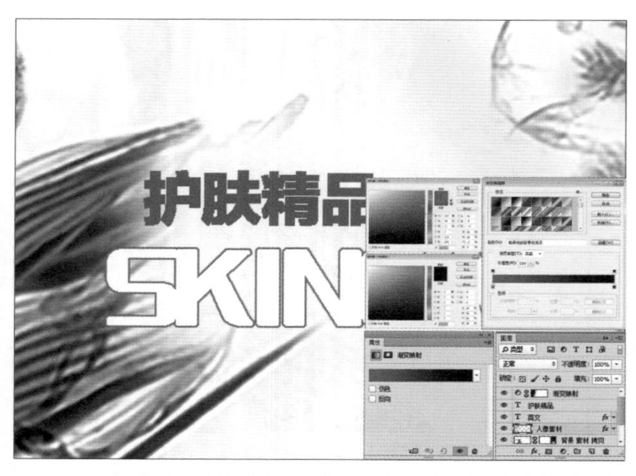

08 单击“图层”面板下方“创建新的填充或者调整图层”按钮，在弹出的下拉菜单中选择“渐变映射”选项，对其参数进行设置。效果如图所示。

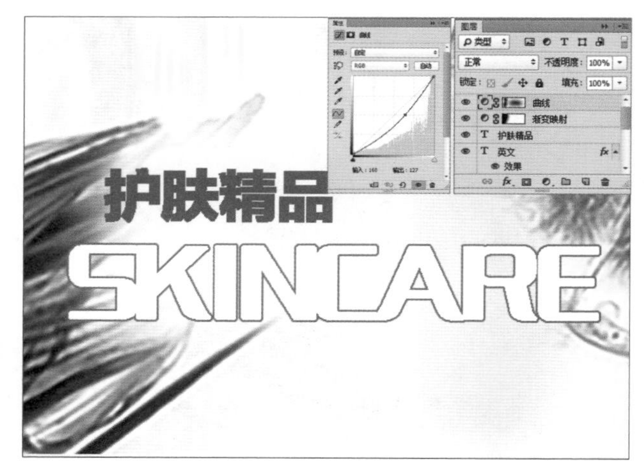

09 单击“图层”面板下方“创建新的填充或者调整图层”按钮，在弹出的下拉菜单中选择“曲线”选项，对其参数进行设置。最终效果如图所示。

3.10 宝贝描述面板

淘宝店铺在上传宝贝图片时，需要填写宝贝描述，很多宝贝描述内容都非常相似，这时候可以设置一个宝贝描述模板加以区别。上传宝贝时，只需在模板的基础上修改即可，可以减少重复输入，提高效率。

3.10.1 宝贝描述模板

宝贝描述模板出现在宝贝详情里，首页上看不到，但是打开每个产品后都会呈现，因此是店铺装修中最重要的部分。

顾客如果决定购买某样宝贝，一定会详细地查看宝贝的展示和描述，那么如何能做到赏心悦目并且简洁明了？有一款好的宝贝描述模板就显得尤为重要。

宝贝描述其实就像现实中的商品展示台，好的宝贝描述模板会通过合理的布局构图，添加适当的图片装饰，构筑一个清晰漂亮的购物氛围，尤其是通过一些常用的栏目分类，例如买家必读、邮费说明、详情描述等分门别类地清晰展示和说明产品。

俗话说：“人靠衣装马靠鞍。”产品宣传同样要讲究“包装”，好的宝贝描述模板会有合理的布局构图和精美的图片装饰，往往会让产品增色不少，并且把固定出现的栏目都能井井有条地一一呈现，同时上方会不断出现店铺名称和形象，让顾客记忆深刻，在营造良好的购物环境的同时宣传店铺。

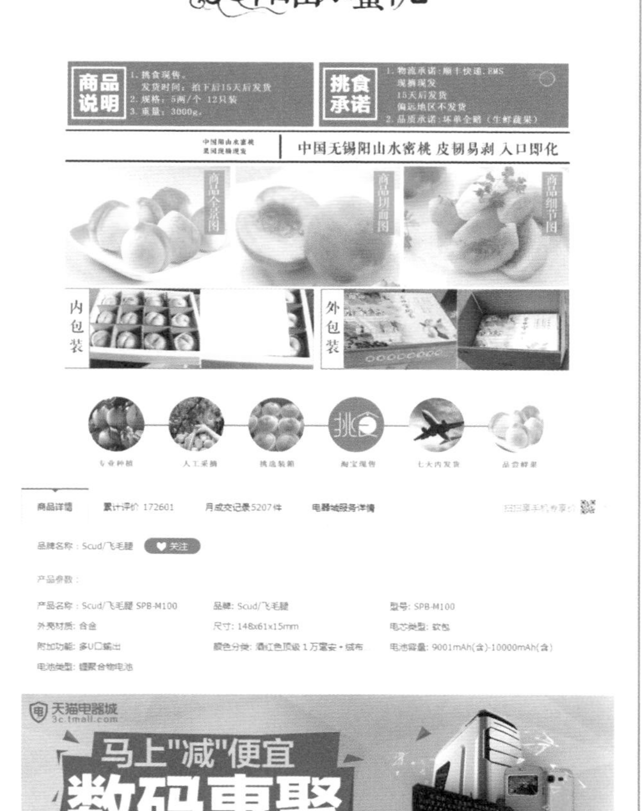

3.10.2 舒适针织衫

本案例主要制作了女士新款秋装的描述版面，通过大量文字素材的制作及颜色的巧妙搭配，使消费者对产品本身有了更为详尽的了解，这对产品的销售起到了极好的推动作用。

● **实例位置：** DVD\ 实例文件 \ 第 3 章 \3.10.2

● **素材位置：** DVD\ 实例文件 \ 第 3 章 \3.10.2

● **视频位置：** DVD\ 视频文件 \ 第 3 章 \3.10.2

01 执行“文件 > 新建”命令（快捷键〈Ctrl+N〉），在弹出的“新建”对话框中对其参数进行设置，完成后单击“确定”按钮。效果如图所示。

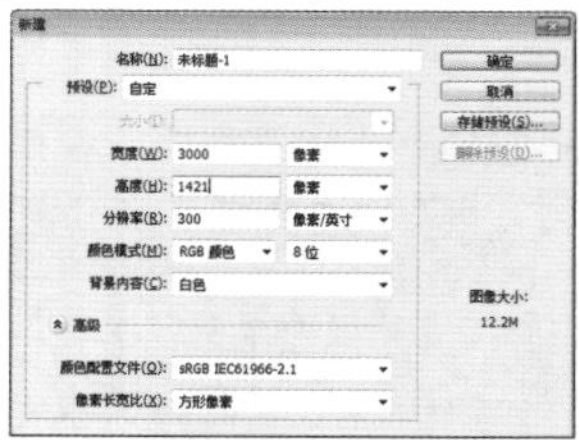

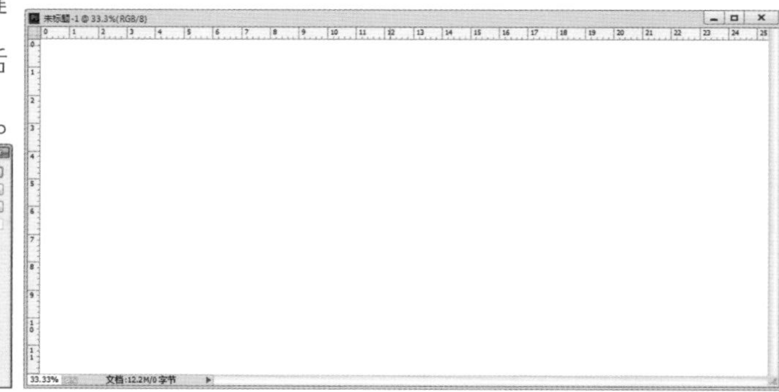

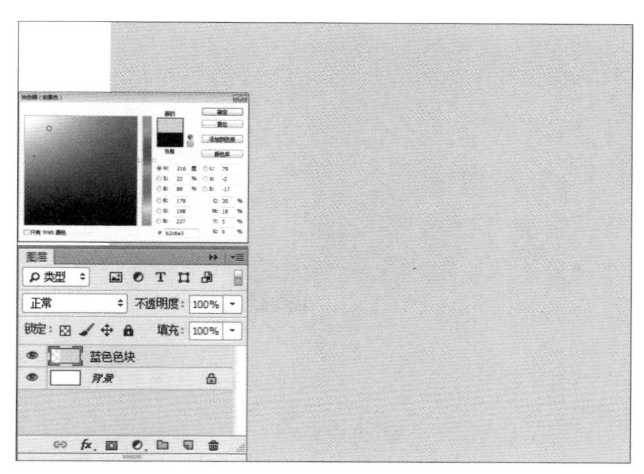

02 执行“文件 > 打开”命令，在弹出的“打开”对话框中选择“背景 素材 .png”文件，将其拖到页面之上并适当地调整其位置。效果如图所示。

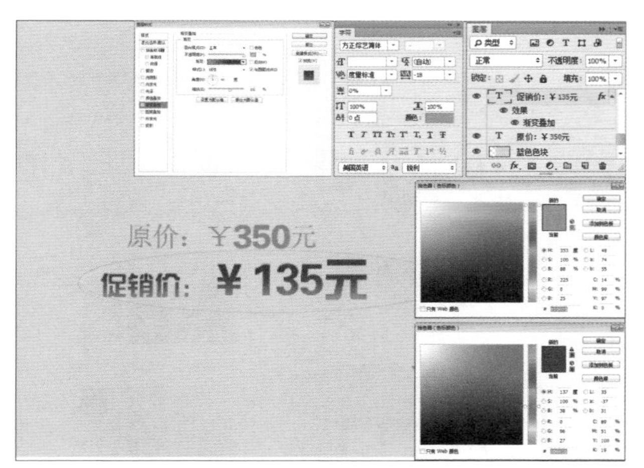

04 按照上述方式制作文字效果，在“图层”面板中，单击“添加图层样式”按钮，在弹出的下拉列表中选择“渐变叠加”选项，在弹出的“图层样式”对话框中对其参数进行设置，完成后单击“确定”按钮。

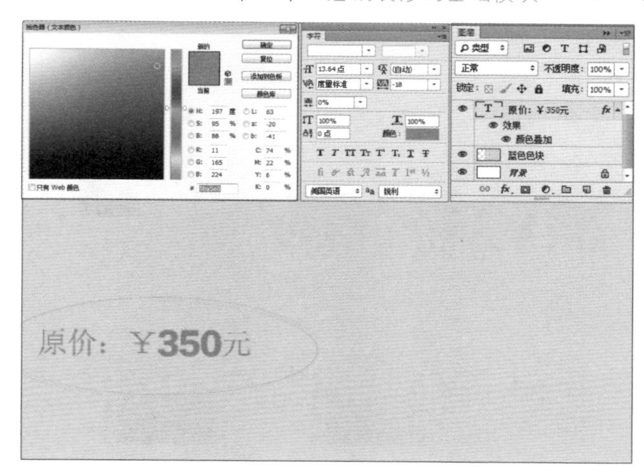

03 单击工具箱中的“文字工具”按钮，在页面中绘制文本框输入对应的文字。执行“窗口 > 字符”命令，在弹出的“字符”面板中对其参数进行设置，在文本框中输入相应的文字。

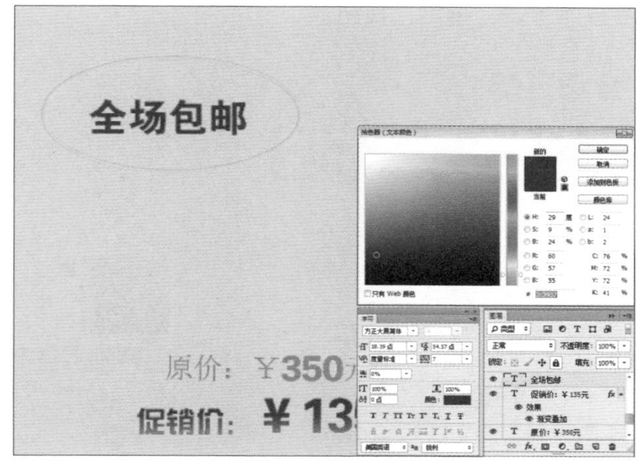

05 按照上述方式进行文字素材的制作，效果如图所示。

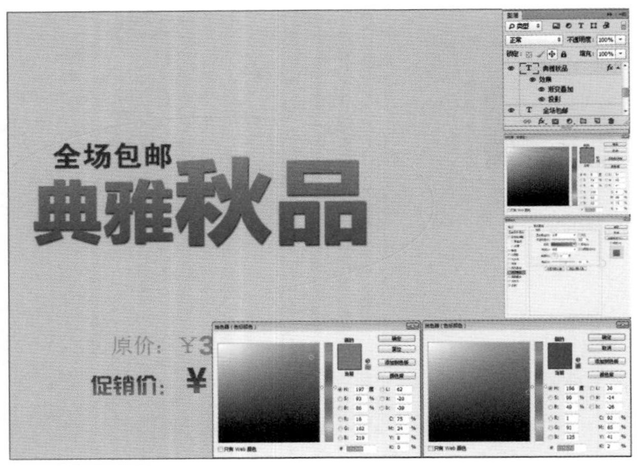

06 按照上述方式制作文字效果，在“图层”面板中单击“添加图层样式”按钮，在弹出的下拉列表中分别选择“渐变叠加”和“投影”选项，在弹出的“图层样式”对话框中对其参数进行设置，完成后单击“确定”按钮。

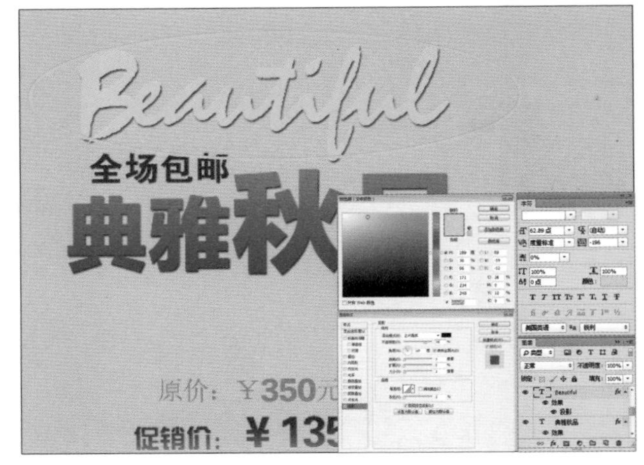

07 按照上述方式制作文字效果，在“图层”面板中单击“添加图层样式”按钮，在弹出的下拉列表中分别选择“投影”选项，在弹出的“图层样式”对话框中对其参数进行设置。效果如图所示。

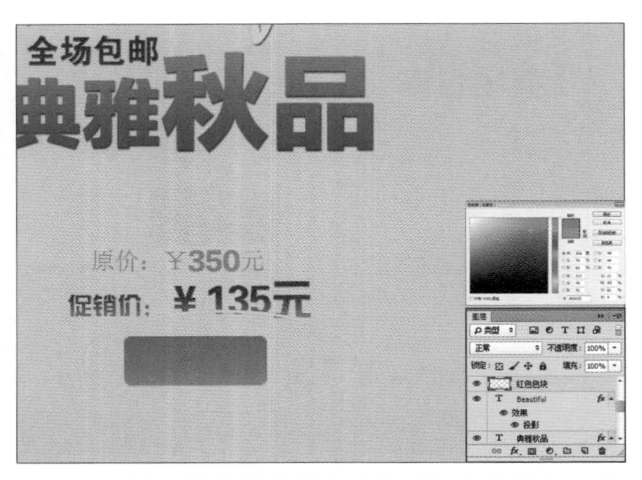

08 新建图层并将其命名为“红色色块”，用“圆角矩形工具”制作选区后将“前景色”设置为红色，按下快捷键〈Alt+Delete〉进行填充。填充完毕后取消选区。效果如图所示。

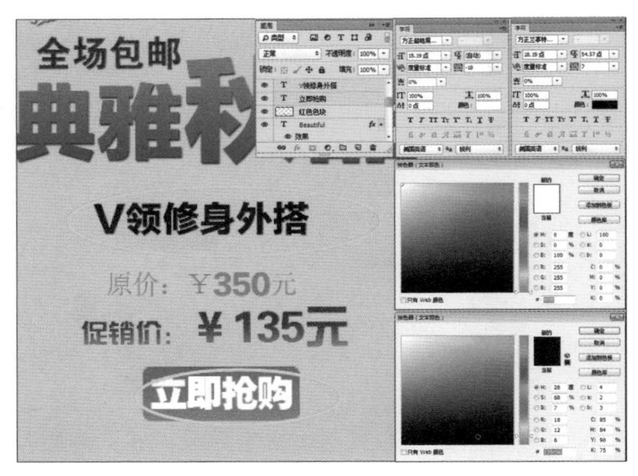

09 按照上述方式制作文字效果，效果如图所示。

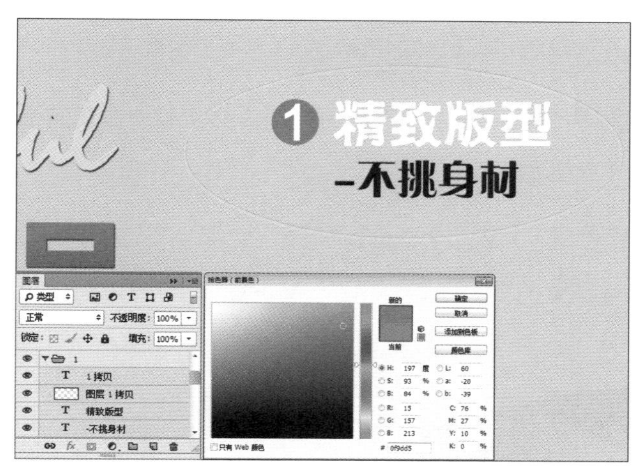

10 按照上述方式依次制作出页面中的描述性文字，如“精致版型 – 不挑身材”。效果如图所示。

11 按照上述方式依次制作出页面中的描述性文字，如“时尚款式 – 剪纸绣花”。效果如图所示。

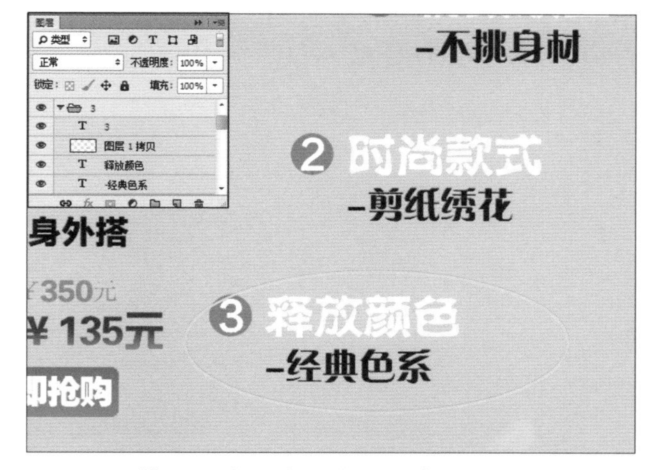

12 按照上述方式依次制作出页面中的描述性文字，如“释放颜色 – 经典色系”。效果如图所示。

13 执行“文件 > 打开”命令，在弹出的“打开”对话框中选择“人像素材 .png”文件，将其拖到页面之上并适当地调整其位置。最终效果如图所示。

3.10.3 创意星空投影仪

本案例主要制作了星空投影仪的描述版面，在此过程中主要应用到了产品的抠图、文字的制作及装饰性素材的添加等。最终对产品的特性进行了更为全面、详尽的阐述。

- **实例位置：** DVD\ 实例文件 \ 第 3 章 \3.10.3
- **素材位置：** DVD\ 实例文件 \ 第 3 章 \3.10.3
- **视频位置：** DVD\ 视频文件 \ 第 3 章 \3.10.3

01 执行“文件 > 新建”命令（快捷键〈Ctrl+N〉），在弹出的“新建”对话框中对其参数进行设置，完成后单击“确定”按钮。效果如图所示。

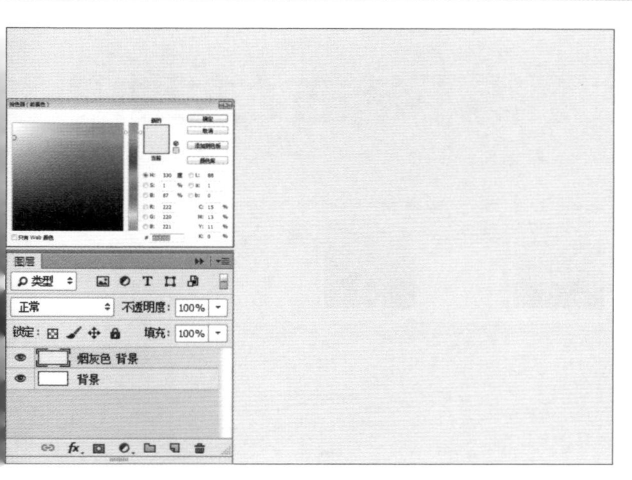

02 新建图层后将其命名为“烟灰色 背景”，将“前景色”设置为烟灰色，按下快捷键〈Alt+Delete〉进行填充。效果如图所示。

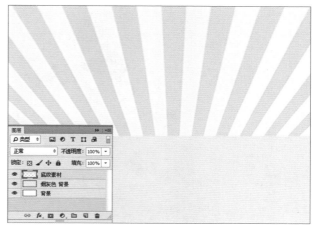

03 执行“文件 > 打开”命令，在弹出的“打开”对话框中选择“底纹素材 .jpg”文件，将其拖到页面之上并调整其位置。效果如图所示。

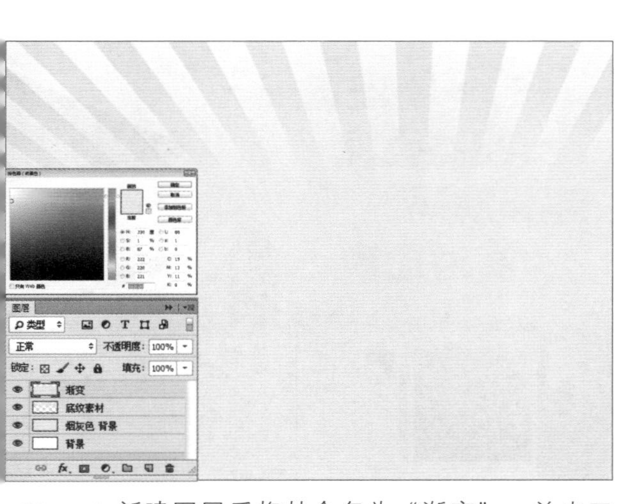

04 新建图层后将其命名为“渐变”。单击工具箱中的“套索工具”按钮，勾勒出近似椭圆形选区后进行羽化，羽化值为 150。再将选区填充为烟灰色即可。效果如图所示。

05 执行“文件 > 打开”命令，在弹出的“打开”对话框中选择“楼房剪影素材 .png”文件，将其拖到页面之上并调整其位置。效果如图所示。

06 执行“文件 > 打开”命令，在弹出的“打开”对话框中选择“花瓣素材 .jpg”文件，将其拖到页面之上并调整其位置。效果如图所示。

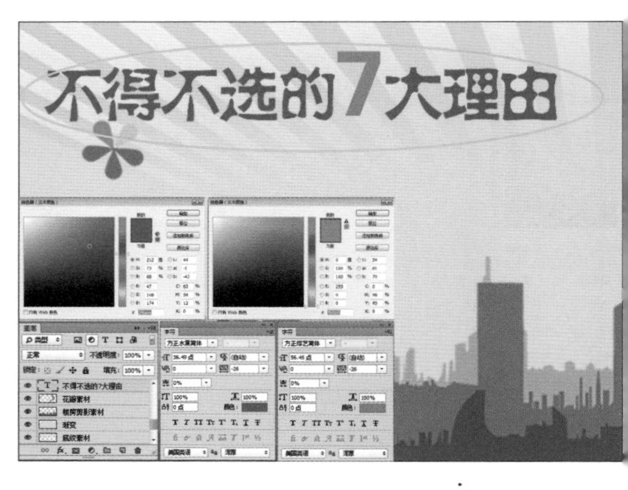

07 单击工具箱中的“文字工具”按钮，在页面中绘制文本框输入对应的文字。执行“窗口 > 字符”命令，在弹出的“字符”面板中对其参数进行设置，在文本框中输入相应的文字。

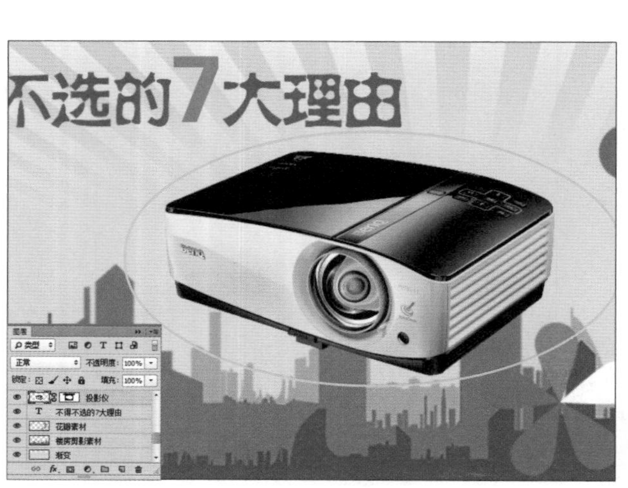

08 按照上述的方式添加“投影仪”素材。单击“图层”面板下方的“添加图层蒙版”按钮，添加图层蒙版。并单击工具箱中的“画笔工具”按钮，擦除图像不需要的部分。效果如图所示。

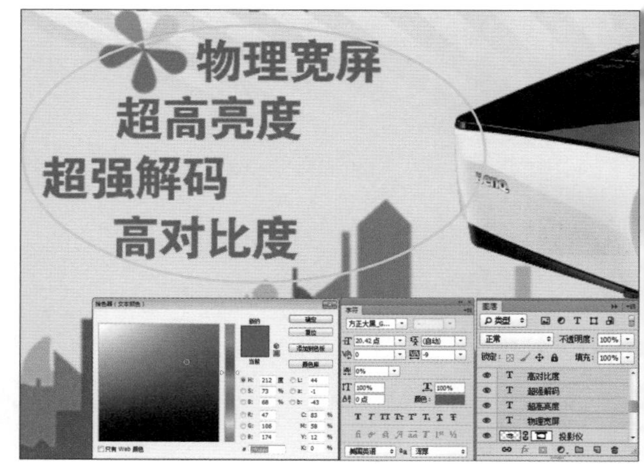

09 单击工具箱中的“文字工具”按钮，在页面中绘制文本框输入对应的文字。执行“窗口 > 字符”命令，在弹出的“字符”面板中对其参数进行设置，在文本框中输入相应的文字。

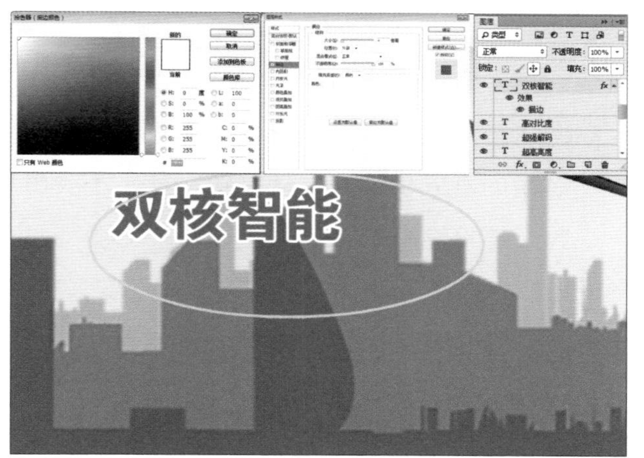

10 单击工具箱中的“文字工具”按钮，在页面中绘制文本框输入对应的文字。执行“窗口 > 字符”命令，在弹出的“字符”面板中对其参数进行设置，在文本框中输入相应的文字。

11 在“图层”面板中，单击“添加图层样式”按钮，在弹出的下拉列表中选择“描边”选项，在弹出的“图层样式”对话框中对其参数进行设置，完成后单击“确定”按钮。效果如图所示。

12 按照上述的方式制作文字效果后，在“图层”面板中，单击“添加图层样式” 按钮，在弹出的下拉列表中选择“描边”选项，在弹出的“图层样式”对话框中对其参数进行设置，完成后单击“确定”按钮。

13 按照上述方式制作文字效果后，在“图层”面板中，单击“添加图层样式” 按钮，在弹出的下拉列表中选择“描边”选项，在弹出的“图层样式”对话框中对其参数进行设置，完成后单击“确定”按钮。

3.11 图片轮播促销广告

淘宝图片轮播是卖家通过图片动态翻页进行“爆款”/“活动”等展示的官方模块，翻转流畅，几乎不会出现卡顿的现象。下面一起来学习轮播图片的相关知识。

3.11.1 不同轮播图片的尺寸要求

图片轮播具体尺寸与店铺具体布局有关。

图片高度：可根据卖家需要自行设定。

图片宽度：可根据卖家需要自行设定。

通栏布局：图片轮播通栏宽度为950px。

两栏布局：左侧栏为190px，右侧栏为750px。

图片轮播模块的类型有以下3种。

- 950px图片轮播模块。
- 750px图片轮播模块。
- 左侧栏图片轮播模块（190px图片轮播模块）。

3.11.2　传统的图片轮播效果

本案例以男鞋为主题，通过文字素材及装饰性素材的添加，最终制作出了时尚简约的宣传页。在颜色上将白色和绿色进行搭配，使整体画面既显得青春靓丽又简约明快。

- **实例位置：** DVD\ 实例文件 \ 第 3 章 \3.11.2
- **素材位置：** DVD\ 实例文件 \ 第 3 章 \3.11.2
- **视频位置：** DVD\ 视频文件 \ 第 3 章 \3.11.2

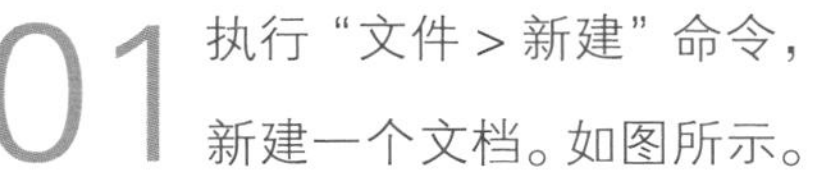

01 执行“文件 > 新建”命令，新建一个文档。如图所示。

02 执行“图层 > 新建 > 图层”命令，新建一个图层。单击工具箱中的“渐变工具”按钮，在属性栏中单击“点按可编辑渐变”按钮，在弹出的“渐变编辑器”对话框中，设置参数，对整体页面进行渐变处理。效果如图所示。

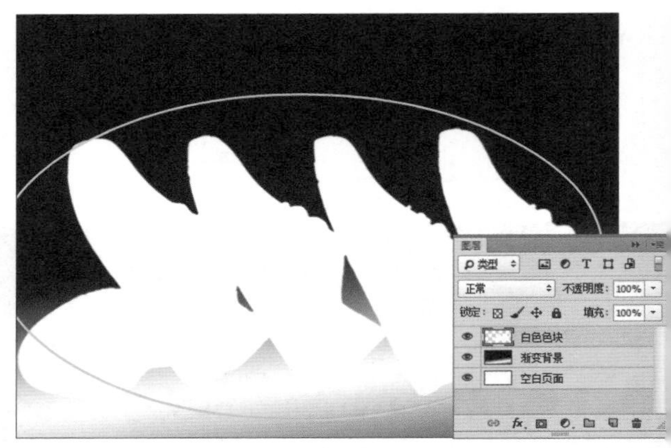

03 执行“文件 > 打开”命令，在弹出的“打开”对话框中选择“白色色块.png”文件，将其拖到页面之上并调整其位置。效果如图所示。

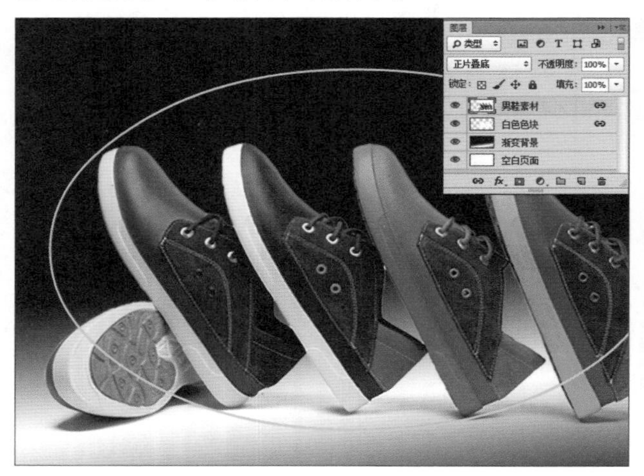

04 执行“文件 > 打开”命令，在弹出的“打开”对话框中选择“男鞋素材.png”文件，将其拖到页面之上并调整其位置。在“图层”面板中将该图层的“混合模式”更改为“正片叠底”。效果如图所示。

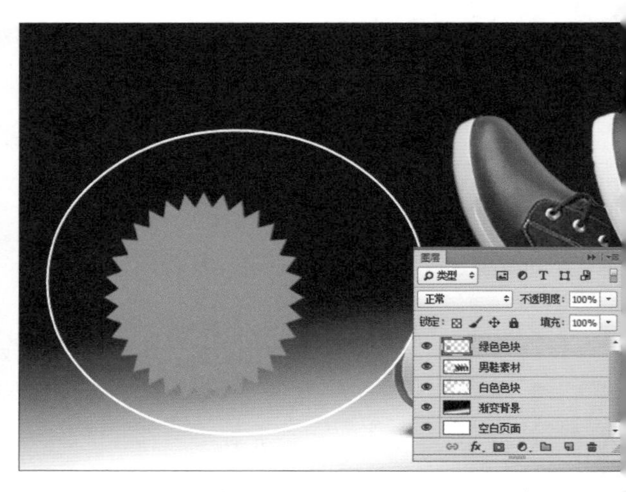

05 执行“文件 > 打开”命令，在弹出的“打开”对话框中选择“绿色色块.png”文件，将其拖到页面之上并调整其位置。效果如图所示。

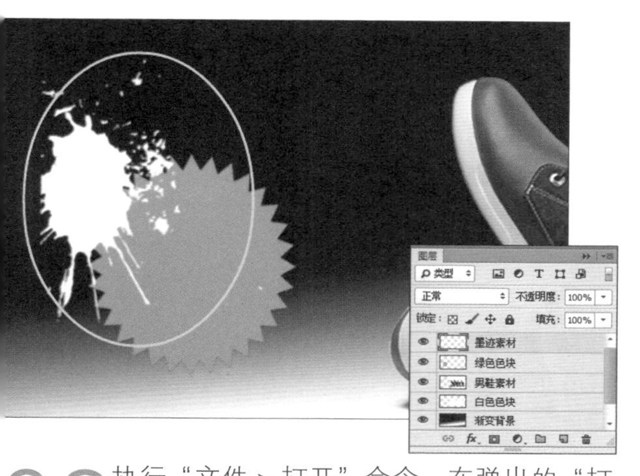

06 执行“文件 > 打开”命令，在弹出的“打开”对话框中选择“墨迹素材.png”文件，将其拖到页面之上并调整其位置。效果如图所示。

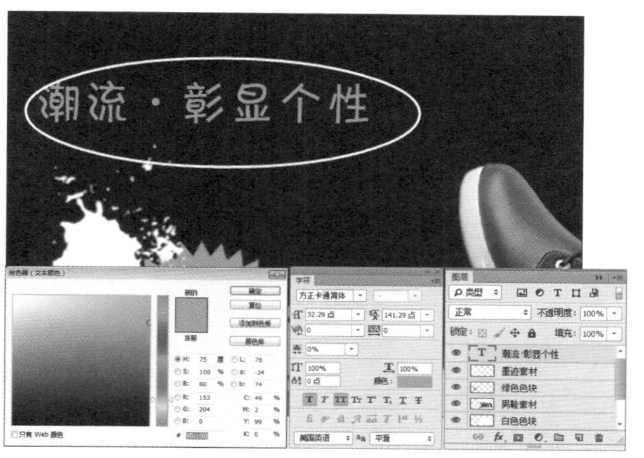

07 单击工具箱中的“文字工具”按钮，在页面中绘制文本框输入对应的文字。执行“窗口 > 字符”命令，在弹出的“字符”面板中对其参数进行设置，在文本框中输入相应的文字。

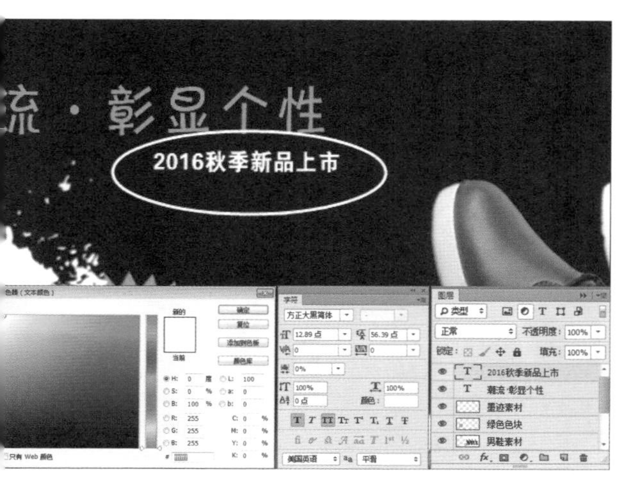

08 单击工具箱中的“文字工具”按钮，在页面中绘制文本框输入对应的文字。执行“窗口 > 字符”命令，在弹出的“字符”面板中对其参数进行设置，在文本框中输入相应的文字。

09 单击工具箱中的“文字工具”按钮，在页面中绘制文本框输入对应的文字。执行“窗口 > 字符”命令，在弹出的“字符”面板中对其参数进行设置，在文本框中输入相应的文字。

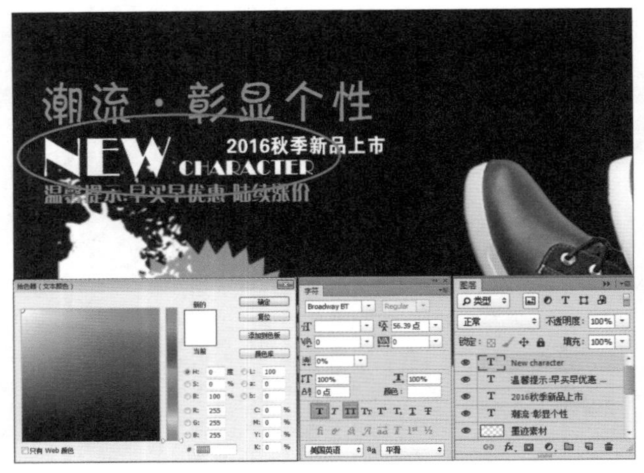

10 单击工具箱中的“文字工具”按钮，在页面中绘制文本框输入对应的文字。执行“窗口 > 字符”命令，在弹出的“字符”面板中对其参数进行设置，在文本框中输入相应的文字。

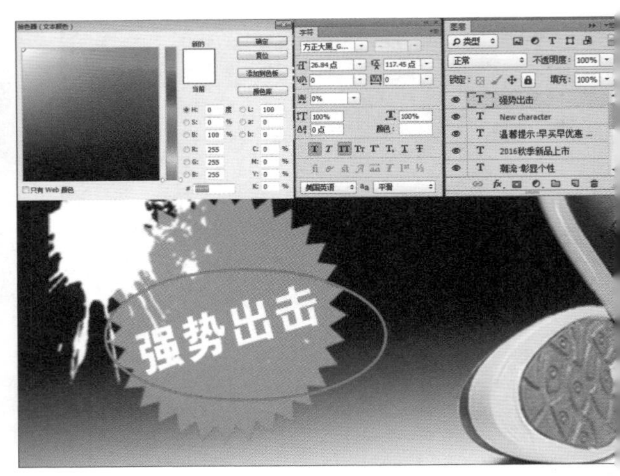

11 单击工具箱中的“文字工具”按钮，在页面中绘制文本框输入对应文字。执行“窗口 > 字符”命令，在弹出的“字符”面板中对其参数进行设置，在文本框中输入相应的文字。

12 按下快捷键 <Ctrl+Shift+Alt+E> 盖印可见图层，得到“盖印”图层。效果如图所示。

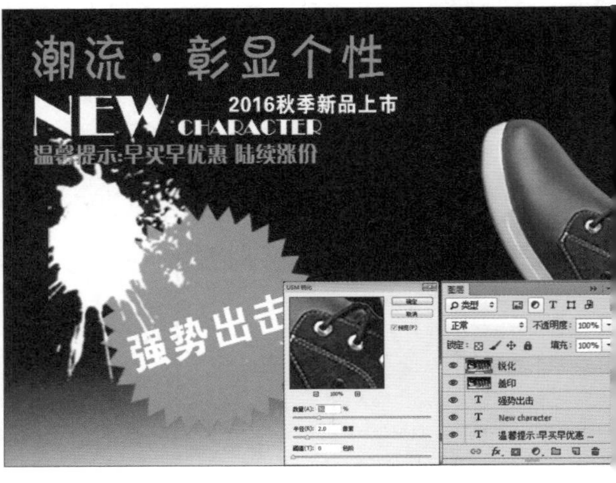

13 执行“滤镜 > 锐化 >USM 锐化”命令，在弹出的“USM 锐化”对话框中对其参数进行设置，完成后单击“确定”按钮。效果如图所示。

3.11.3　手风琴效果轮播

本案例设计的是关于手风琴效果轮播的页面，在制作中主要应用到了文字的制作，以及特效、人像素材的添加和渐变等，最终使整体画面呈现出了清新、明快的效果，对产品本身起到了极好的宣传作用。

● **实例位置：** DVD\ 实例文件 \ 第 3 章 \3.11.3

● **素材位置：** DVD\ 实例文件 \ 第 3 章 \3.11.3

● **视频位置：** DVD\ 视频文件 \ 第 3 章 \3.11.3

01 执行“文件 > 新建”命令（快捷键〈Ctrl+N〉），在弹出的“新建”对话框中对其参数进行设置，完成后单击“确定”按钮。效果如图所示。

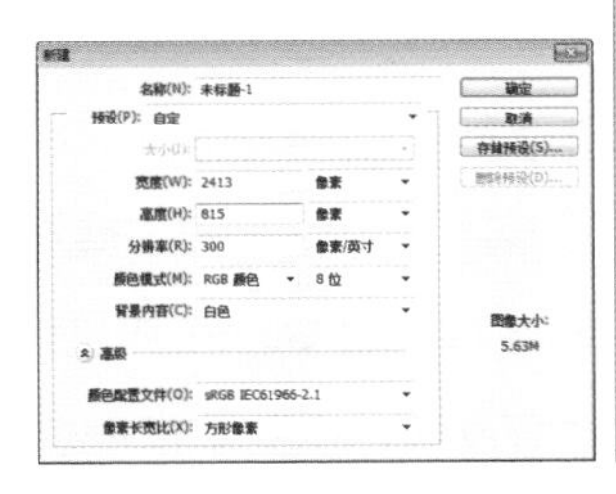

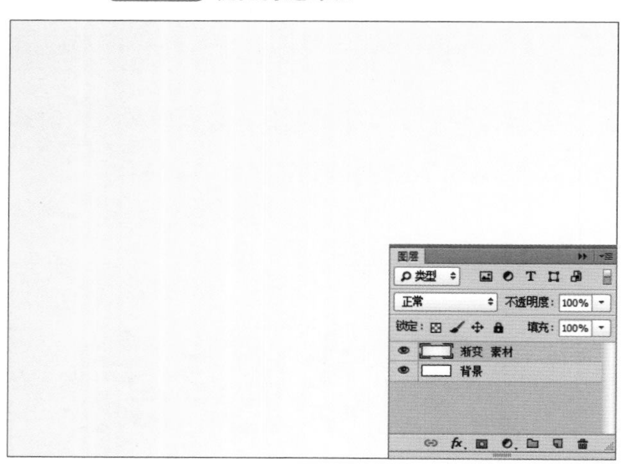

02 执行“文件 > 打开”命令，在弹出的“打开”对话框中选择“渐变 素材.jpg”文件，将其拖到页面之上并调整其位置。效果如图所示。

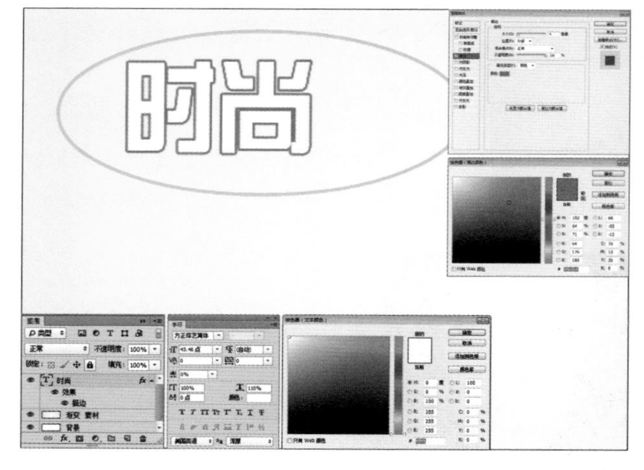

03 制作文字效果后，在“图层”面板中，单击“添加图层样式”按钮，在弹出的下拉列表中选择“描边”选项，在弹出的“图层样式”对话框中对其参数进行设置，完成后单击“确定”按钮。效果如图所示。

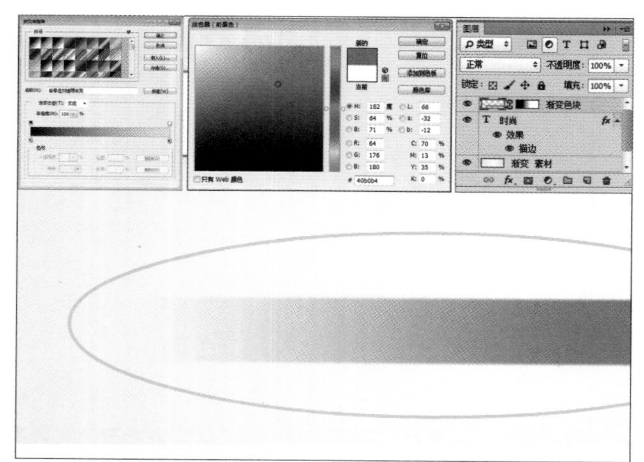

04 新建图层后将其命名为“渐变色块”。用“矩形选框”工具在页面上绘制出矩形选区，将“前景色”设置为绿色后进行填充。通过添加图层蒙版并结合“渐变工具”的使用制作出渐变色块。

05 单击工具箱中的“文字工具”按钮，在页面中绘制文本框输入对应的文字。执行“窗口 > 字符”命令，在弹出的“字符”面板中对其参数进行设置，在文本框中输入相应的文字。

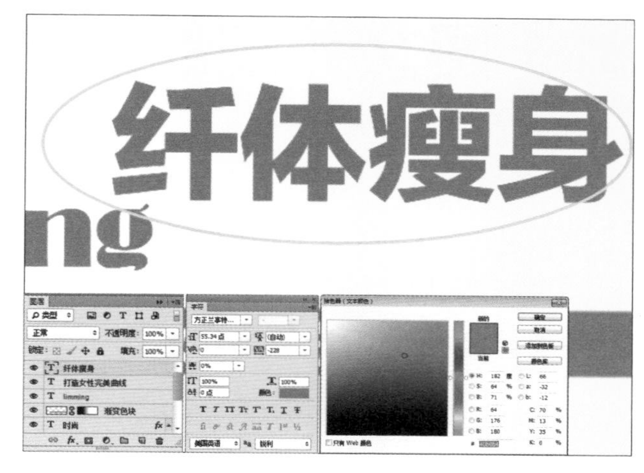

06 按照上述方式进行文字效果的制作。效果如图所示。

07 按照上述方式进行文字效果的制作。效果如图所示。

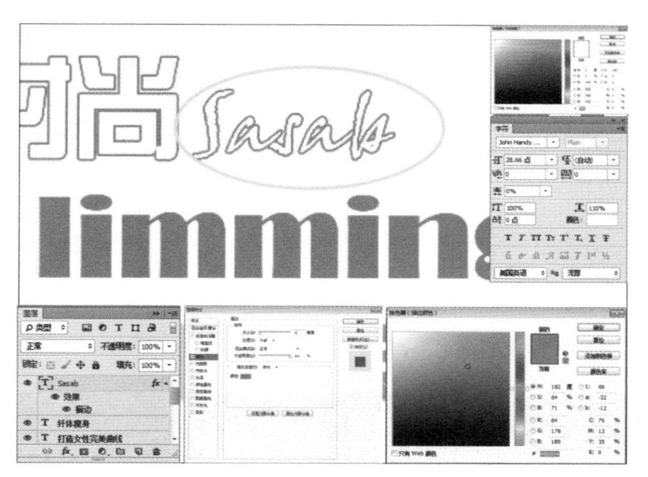

08 按照上述方式制作文字效果后，在“图层”面板中，单击“添加图层样式”按钮，在弹出的下拉列表中选择“描边”选项，在弹出的“图层样式”对话框中对其参数进行设置，完成后单击“确定”按钮。

09 添加人像素材后，单击“图层”面板下方的“添加图层蒙版”按钮，添加图层蒙版。并用“渐变工具”制作出人像与背景图层相融合的效果。最终效果如图所示。

3.12 图文并茂的店招

淘宝店招相当于线下店铺的牌子。买家进入你的店铺首先看到的就是店招，如果你制作的淘宝店招能让买家驻足流连，这就是一个成功的淘宝店招。下面介绍店招的制作方法。

3.12.1 店招的设计原则和要点

淘宝店招设计对于访客来说非常重要。这其中有哪些要点和原则呢?

下面首先介绍一下淘宝网店店招的两个设计原则。

●店招要直观明确地告诉客户自己店铺是卖什么的，最好的表现形式是实物照片。

●店招要直观明确地告诉客户自己店铺的卖点（特点、优势、差异化）。

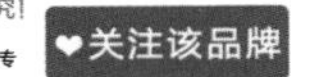

从店招的两个设计原则上可以总结出 4 个要点，店招必须要体现的 4 个要点如下。

要点一：店铺名字（告诉客户自己店铺是卖什么的，品牌店铺可以标榜自己的品牌）。

要点二：实物照片（直观形象地告诉客户自己的店铺是卖什么的）。

要点三：产品特点（直接阐述自己店铺的产品特点，第一时间打动客户，吸引客户）。

要点四：店铺（产品）优势和差异化（自己的店铺和产品优势，以及和其他店铺的不同，形成差异化竞争）。

3.12.2　常规店招

本案例是一则以圣诞为主题的宣传设计，通过大面积红色元素的应用，再添加一些具有代表性的圣诞装饰素材，最终使页面具有极强的感召力及吸引力。

- **实例位置：** DVD\ 实例文件 \ 第 3 章 \3.12.2
- **素材位置：** DVD\ 实例文件 \ 第 3 章 \3.12.2
- **视频位置：** DVD\ 视频文件 \ 第 3 章 \3.12.2

01 执行“文件 > 新建”命令，新建一个文档。如图所示。

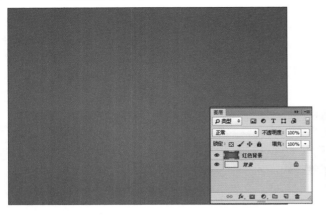

02 执行“文件 > 打开”命令，在弹出的“打开”对话框中选择“红色背景.png”文件，将其拖到页面之上并调整其位置。效果如图所示。

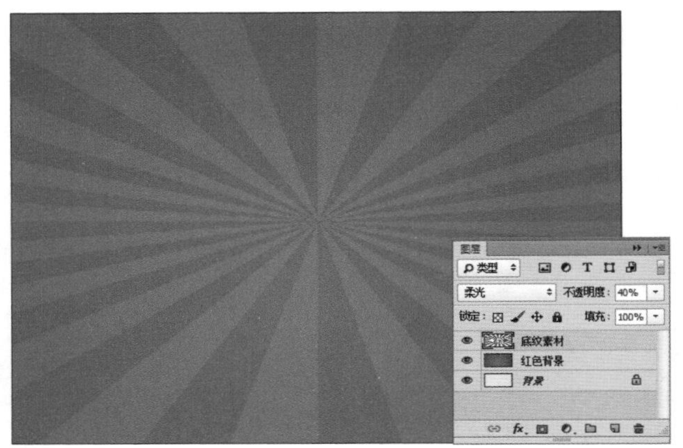

03 执行“文件 > 打开”命令，在弹出的“打开”对话框中选择“底纹素材.png”文件，将其拖到页面之上并调整其位置。效果如图所示。

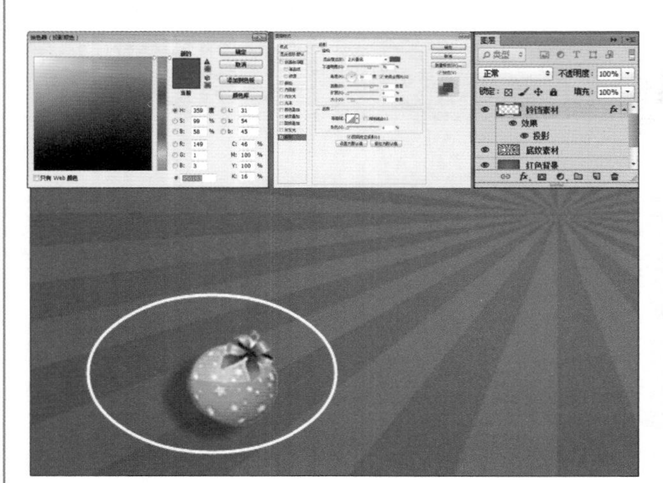

04 按照上述方式添加铃铛素材。在“图层”面板中，单击“添加图层样式” 按钮，在弹出的下拉列表中选择“投影”选项，在弹出的“图层样式”对话框中对其参数进行设置，完成后单击“确定”按钮。效果如图所示。

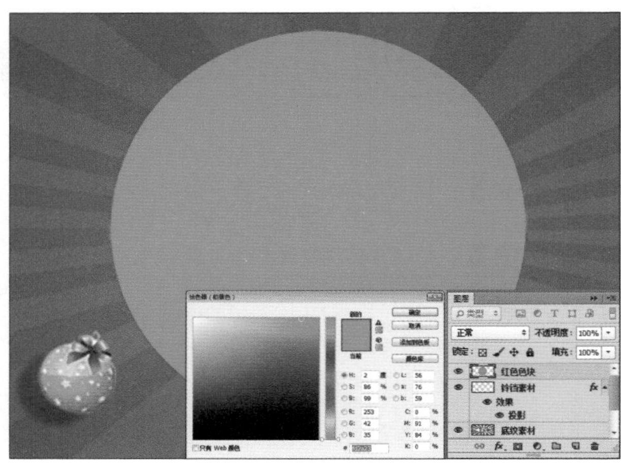

05 执行“图层 > 新建 > 图层”命令，新建一个图层。用“圆形选框工具”绘制选区后将“前景色”设置为红色，按下快捷键〈Alt+Delete〉进行填充。效果如图所示。

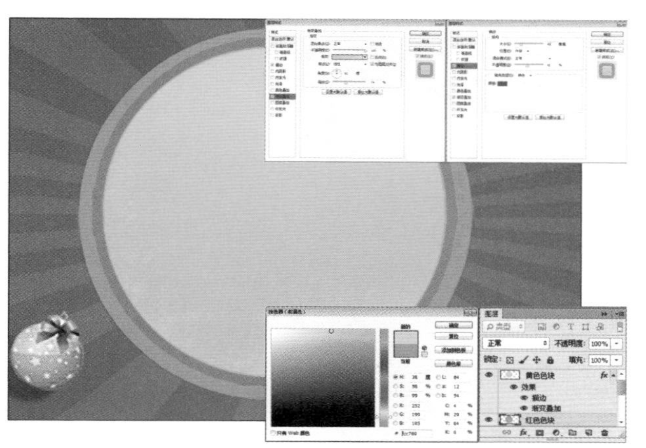

06 按照上述方式绘制黄色圆形色块。

07 执行“文件 > 打开”命令，在弹出的“打开”对话框中选择“飘带素材 .png”文件，将其拖到页面之上并调整其位置。效果如图所示。

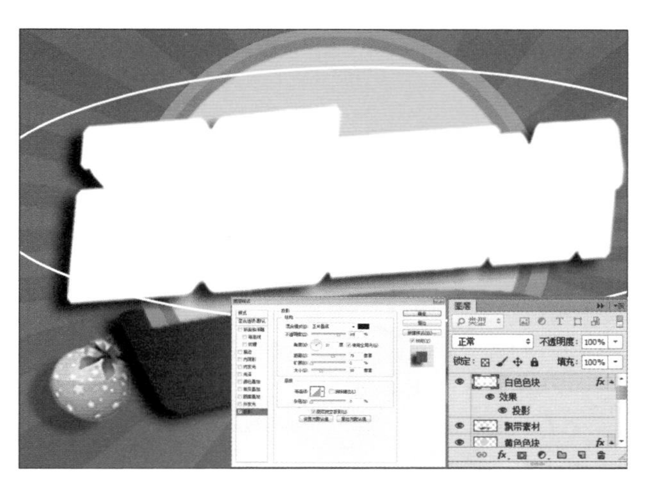

08 按照上述方式添加白色色块素材。在“图层”面板中，单击“添加图层样式”按钮，在弹出的下拉列表中选择“投影”选项，在弹出的“图层样式”对话框中对其参数进行设置，完成后单击“确定”按钮。效果如图所示。

09 执行“文件 > 打开”命令，在弹出的“打开”对话框中选择“圣诞狂欢喜.png”文件，将其拖到页面之上并调整其位置。效果如图所示。

10 执行“文件 > 打开”命令，在弹出的“打开”对话框中选择“汽车素材 .png”文件，将其拖到页面之上并调整其位置。效果如图所示。

11 执行“文件 > 打开”命令，在弹出的“打开”对话框中选择“雪人礼物素材 .png”文件，将其拖到页面之上并调整其位置。效果如图所示。

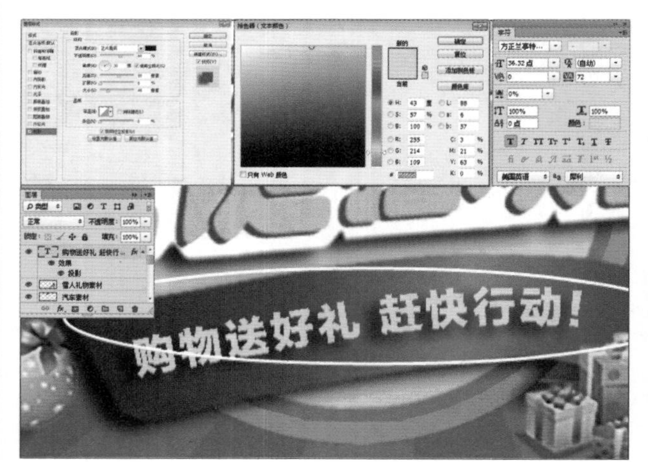

12 按照上述方式添加文字素材。在“图层”面板中，单击“添加图层样式” 按钮，在弹出的下拉列表中选择“投影”选项，在弹出的“图层样式”对话框中对其参数进行设置，完成后单击“确定”按钮。效果如图所示。

13 执行“文件 > 打开”命令，在弹出的“打开”对话框中选择“圣诞帽素材 .png”文件，将其拖到页面之上并调整其位置。最终效果如图所示。

3.12.3 通栏店招

本案例通过对男裤宣传页面的详解展示出了通栏店招的制作方式。除了对尺寸的相关要求外，还需要注意设计过程中颜色的搭配及文字的描述等。这些都应服务于店铺本身所宣传的主题。

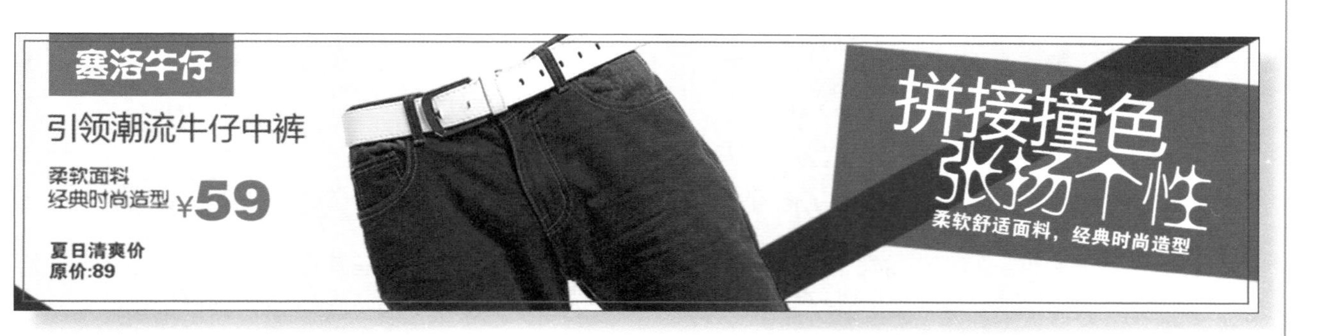

- **实例位置：** DVD\ 实例文件 \ 第 3 章 \3.12.3
- **素材位置：** DVD\ 实例文件 \ 第 3 章 \3.12.3
- **视频位置：** DVD\ 视频文件 \ 第 3 章 \3.12.3

01 执行“文件 > 新建”命令（快捷键〈Ctrl+N〉），在弹出的“新建”对话框中对其参数进行设置，完成后单击“确定”按钮。效果如图所示。

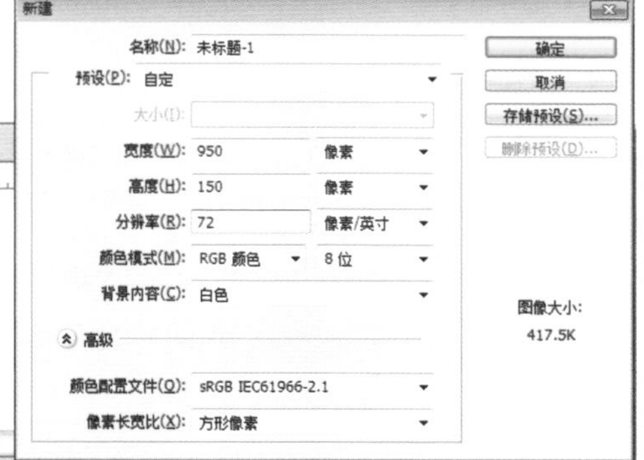

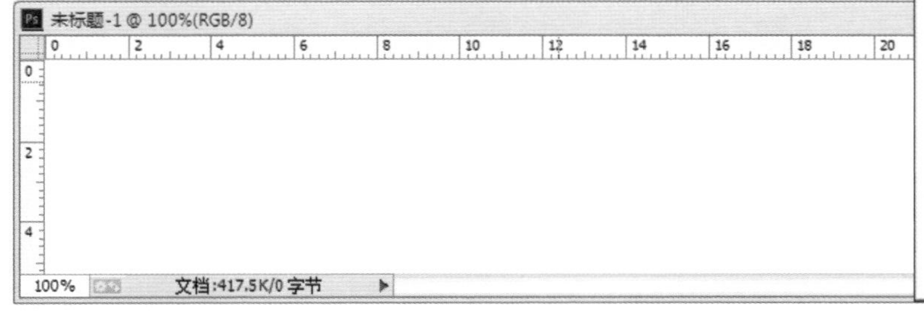

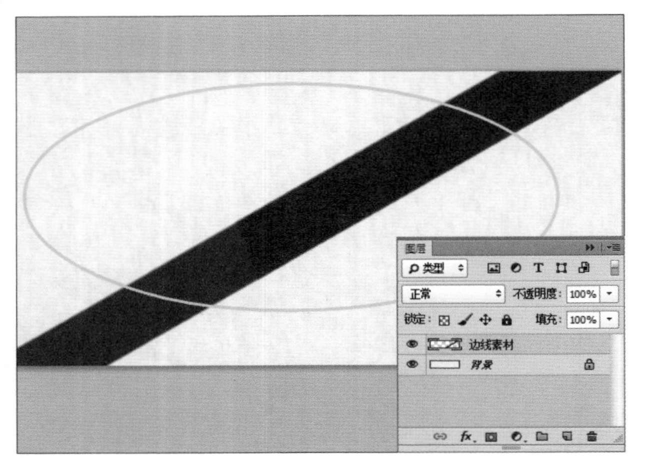

02 执行“文件 > 打开”命令，在弹出的“打开”对话框中选择“边线素材.jpg”文件，将其拖到页面之上并调整其位置。效果如图所示。

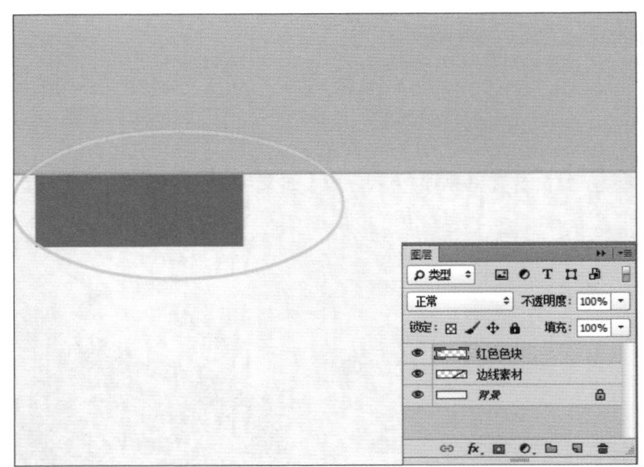

03 新建图层后将其命名为“红色色块”，用“矩形选框工具”在页面中绘制出矩形选区后将“前景色”设置为红色，按下快捷键〈Alt+Delete〉进行填充。效果如图所示。

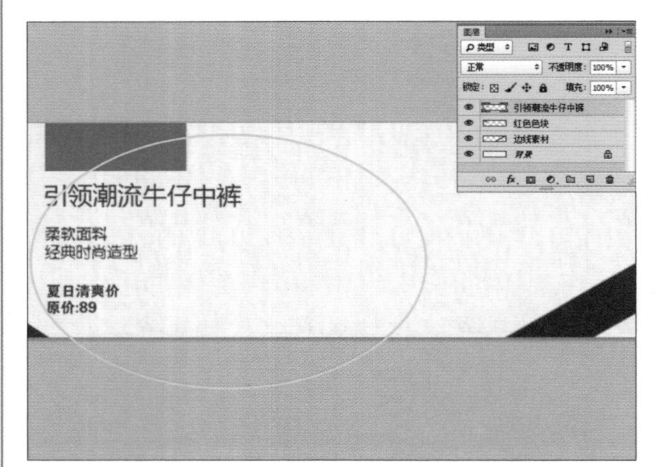

04 执行“文件 > 打开”命令，在弹出的“打开”对话框中选择“引领潮流牛仔中裤.jpg”文件，将其拖到页面之上并调整其位置。效果如图所示。

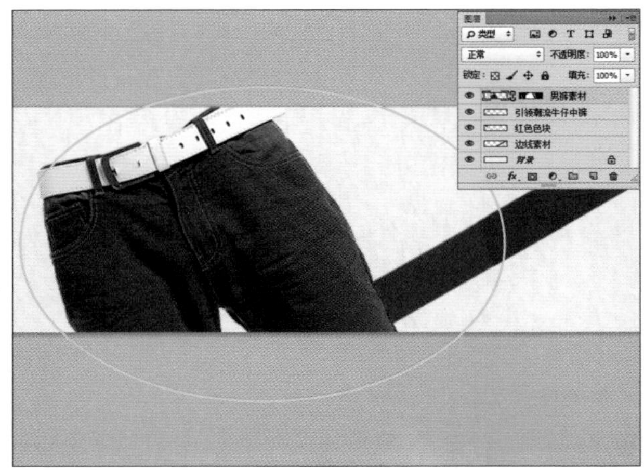

05 按照上述方式添加男裤素材到页面上，通过添加图层蒙版并结合“画笔工具”的应用擦除该素材多余的部分。效果如图所示。

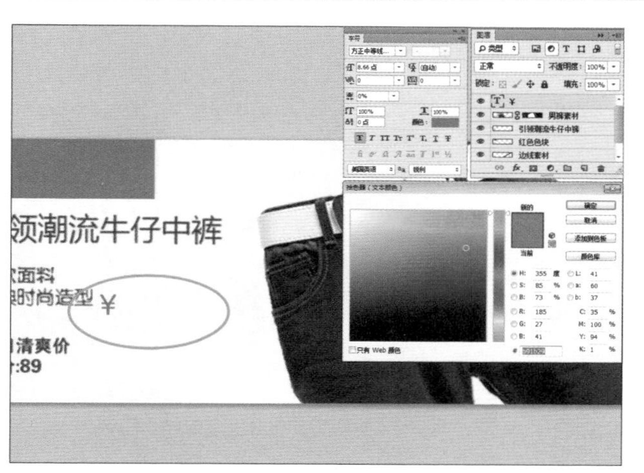

06 单击工具箱中的“文字工具”按钮，在页面中绘制文本框输入对应的文字。执行“窗口 > 字符”命令，在弹出的“字符”面板中对其参数进行设置，在文本框中输入相应的文字。

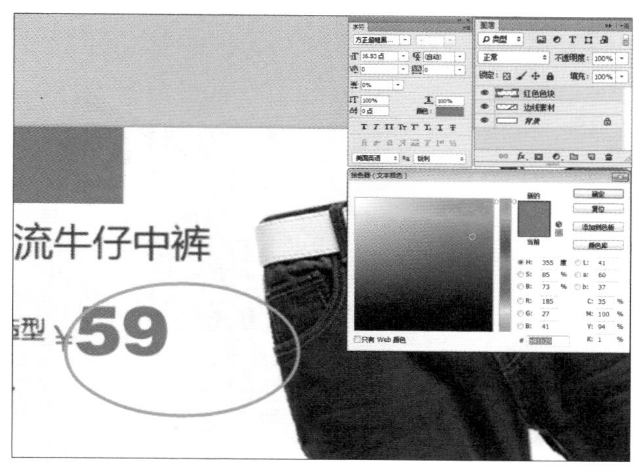

07 按照上述方式制作文字素材。效果如图所示。

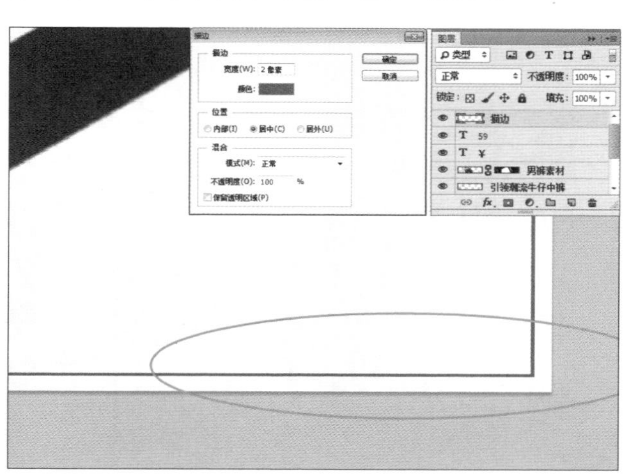

08 新建图层后将其命名为“描边”。用“矩形选框工具”在页面中绘制出矩形的选区，执行“编辑 > 描边”命令，在弹出的“描边”对话框中对其参数进行设置，完成后单击“确定”按钮。效果如图所示。

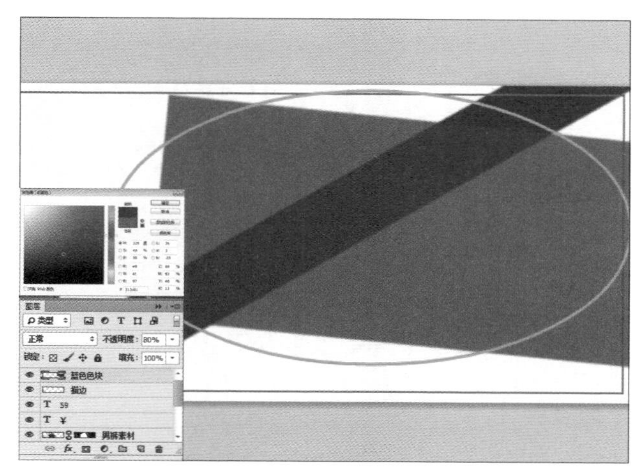

09 新建图层后将其命名为“蓝色色块”。用“矩形选框工具”在页面中绘制出矩形的选区。将“前景色”设置为蓝色后按下快捷键〈Alt+Delete〉进行填充。效果如图所示。

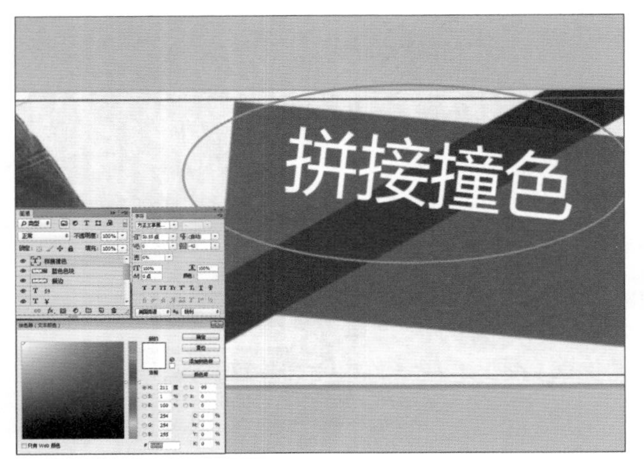

10 单击工具箱中的“文字工具”按钮，在页面中绘制文本框输入对应的文字。执行“窗口 > 字符”命令，在弹出的“字符”面板中对其参数进行设置，在文本框中输入相应的文字。

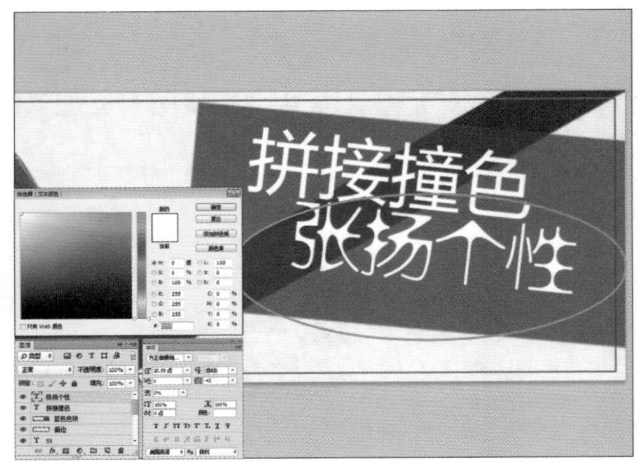

11 按照上述方式制作文字素材。效果如图所示。

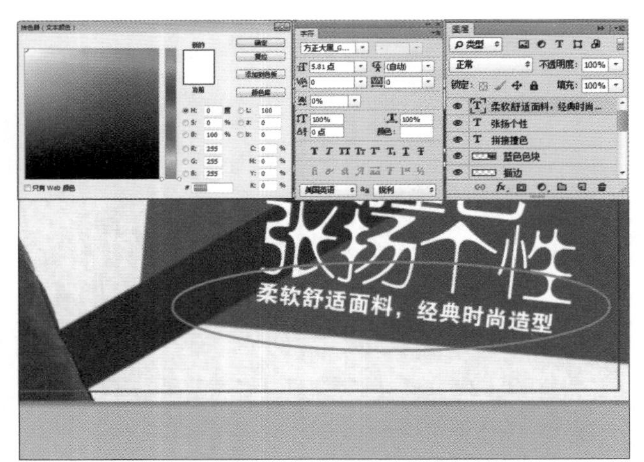

12 按照上述方式制作文字素材。效果如图所示。

13 单击工具箱中的“文字工具”按钮，在页面中绘制文本框输入对应的文字。执行“窗口 > 字符”命令，在弹出的“字符”面板中对其参数进行设置，在文本框中输入相应的文字。

3.12.4　制作店招图片

本案例以低饱和度的色调为背景，使红色主体文字更加醒目，突出。再通过添加具有代表性的礼品，文字等装饰性素材，制作出了简单立体的店招图片。

- **实例位置：** DVD\ 实例文件 \ 第 3 章 \3.12.4
- **素材位置：** DVD\ 实例文件 \ 第 3 章 \3.12.4
- **视频位置：** DVD\ 视频文件 \ 第 3 章 \3.12.4

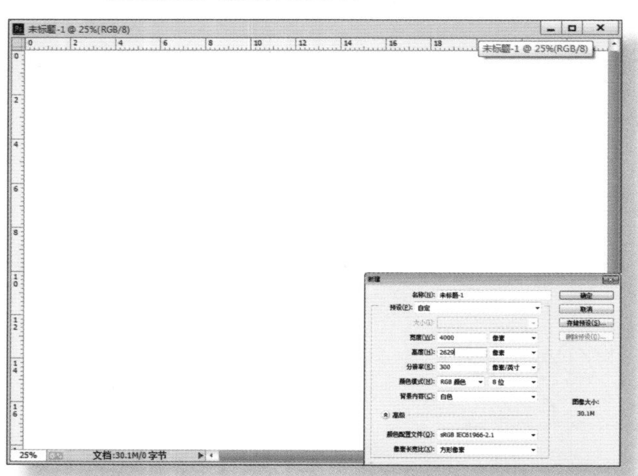

01 执行“文件 > 新建”命令（快捷键〈Ctrl+N〉），在弹出的“新建”对话框中设置参数。效果如图所示。

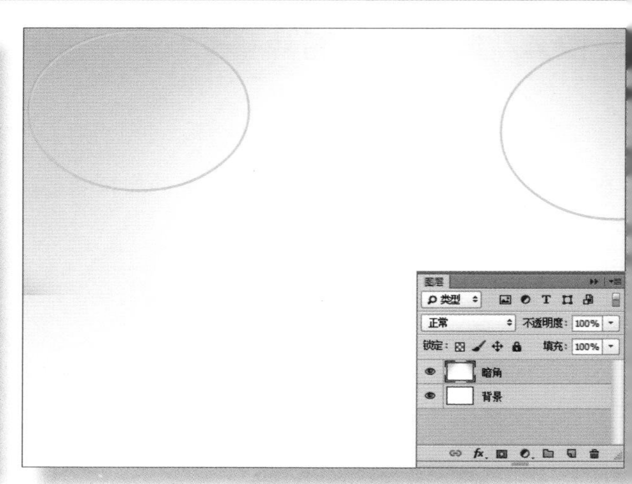

02 执行“文件 > 打开”命令，在弹出的“打开”对话框中选择“暗角素材.png”文件，将其拖到页面之上并调整其位置。效果如图所示。

03 执行“文件 > 打开”命令，在弹出的“打开”对话框中选择“文字素材.png”文件，将其拖到页面之上并调整其位置。效果如图所示。

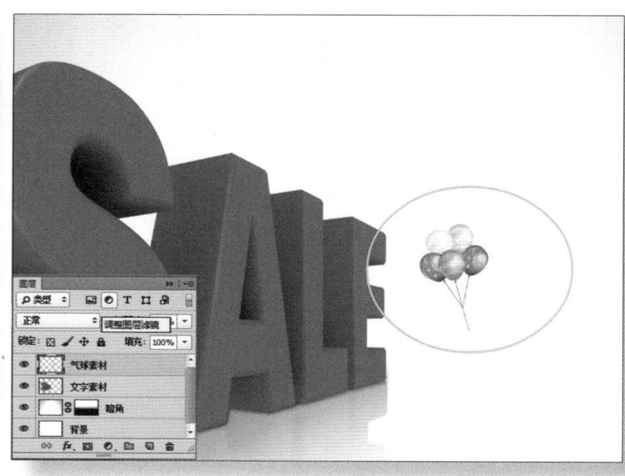

04 执行“文件 > 打开”命令，在弹出的“打开”对话框中选择“气球素材.png”文件，将其拖到页面之上并调整其位置。效果如图所示。

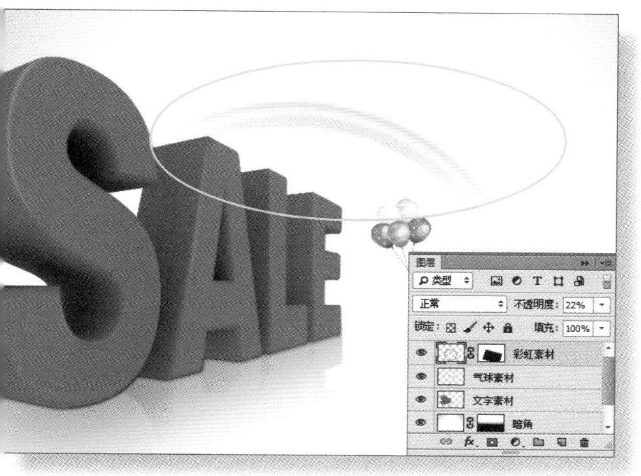

05 按照上述方式添加彩虹素材，并将该图层的“不透明度”调整为 22%。单击“图层”面板下方的“添加图层蒙版”按钮，用“画笔工具”擦除彩虹素材在页面中不需要显示的部分。效果如图所示。

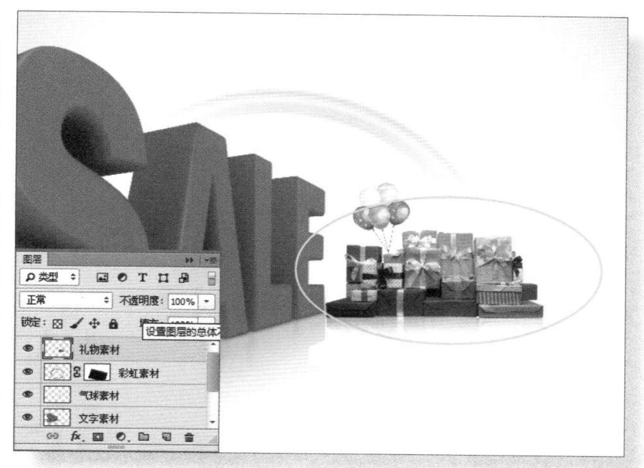

06 执行“文件 > 打开”命令，在弹出的“打开”对话框中选择“礼物素材.png”文件，将其拖到页面之上并调整其位置。效果如图所示。

07 执行“文件 > 打开”命令，在弹出的“打开”对话框中选择“文字素材.png”文件，将其拖到页面之上并调整其位置。效果如图所示。

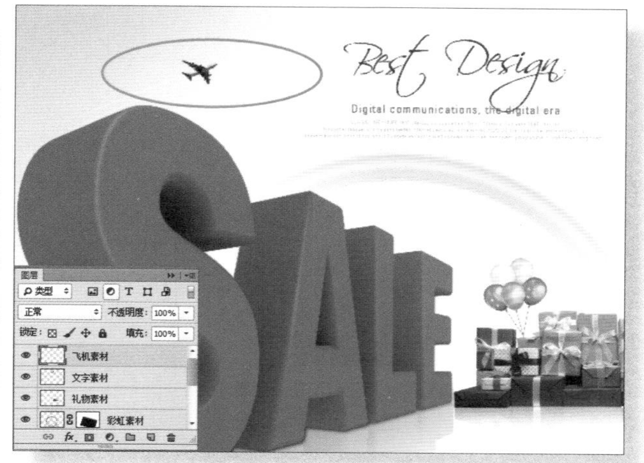

08 执行“文件 > 打开”命令，在弹出的“打开”对话框中选择“飞机素材.png”文件，将其拖到页面之上并调整其位置。效果如图所示。

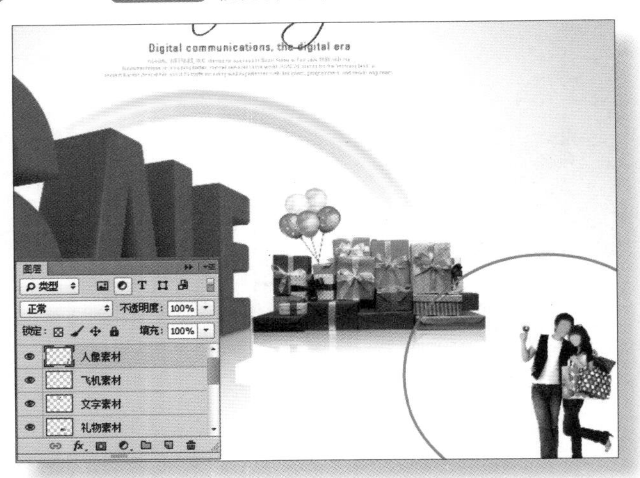

09 执行“文件 > 打开”命令，在弹出的“打开”对话框中选择“人像素材 .png”文件，将其拖到页面之上并调整其位置。效果如图所示。

10 复制人像素材并进行垂直翻转处理。单击“图层”面板下方的“添加图层蒙版”按钮，用“画笔工具”擦除人像倒影在页面中不需要显示的部分。效果如图所示。

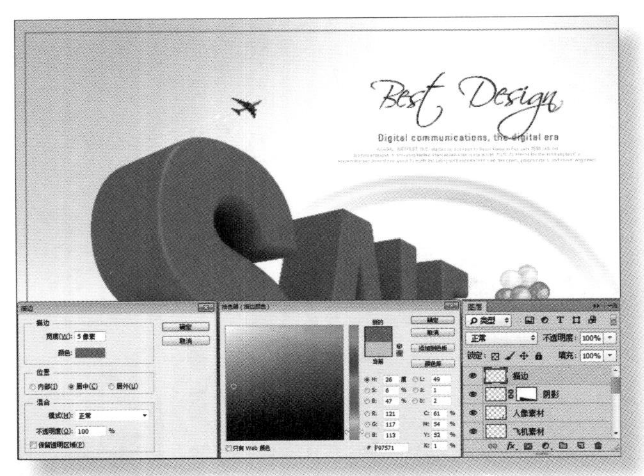

11 执行“图层 > 新建 > 图层”命令，新建一个图层并将其命名为“描边”。用“矩形选框工具”在页面上绘制选区。执行“编辑 > 描边”命令，在弹出的“描边”对话框中对其参数进行设置。效果如图所示。

12 单击“图层”面板下方的“创建新的填充或者调整图层”按钮，在弹出的下拉菜单中选择“色彩平衡”选项，对其参数进行设置。最终效果如图所示。

3.12.5　制作店招动画

本案例以商铺开业宣传为主题进行店招的设计，在制作中以明快的黄色为主色调，这样很容易吸引消费者的眼球。除此之外，创意的设计加上感召力较强的宣传语使该店招更加醒目。

- **实例位置：** DVD\ 实例文件 \ 第 3 章 \3.12.5
- **素材位置：** DVD\ 实例文件 \ 第 3 章 \3.12.5
- **视频位置：** DVD\ 视频文件 \ 第 3 章 \3.12.5

01 执行“文件 > 新建”命令（快捷键〈Ctrl+N〉），在弹出的“新建”对话框中对其参数进行设置，完成后单击“确定”按钮。效果如图所示。

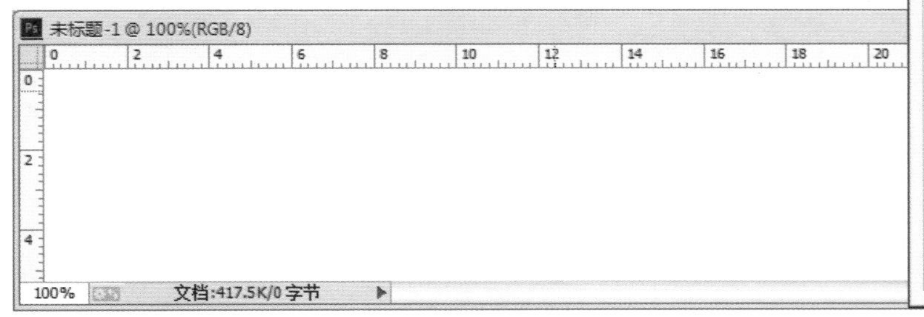

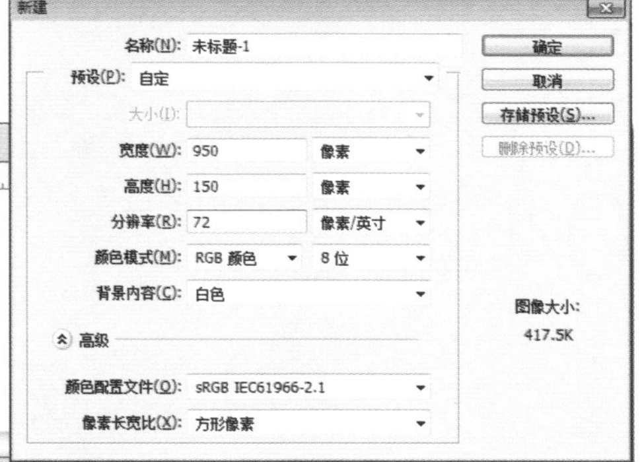

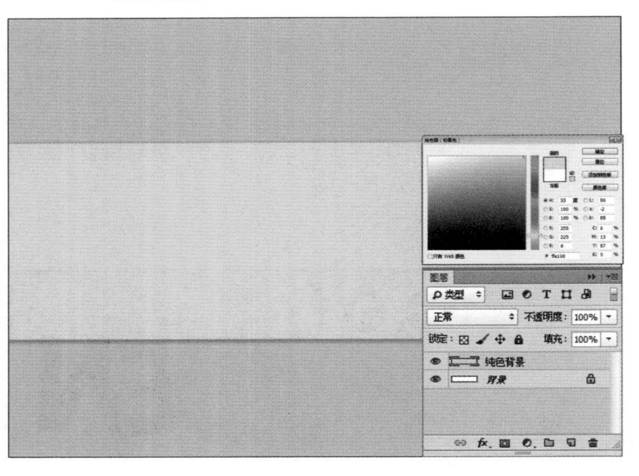

02 新建图层并将其命名为“纯色背景”，将“前景色”设置为黄色后按下快捷键〈Alt+Delete〉进行填充。效果如图所示。

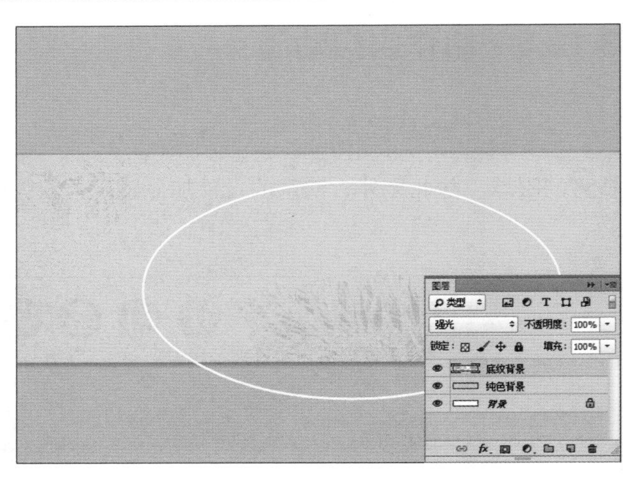

03 执行“文件 > 打开”命令，在弹出的“打开”对话框中选择“底纹背景.jpg”文件，将其拖到页面之上并调整其位置。效果如图所示。

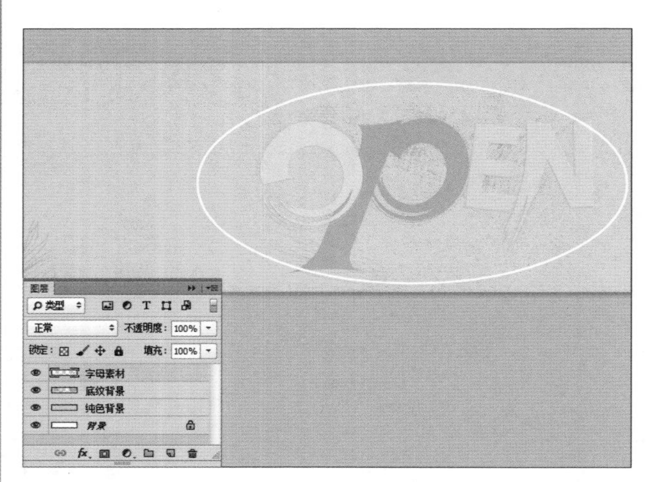

04 按照上述方式添加字母素材到页面上，效果如图所示。

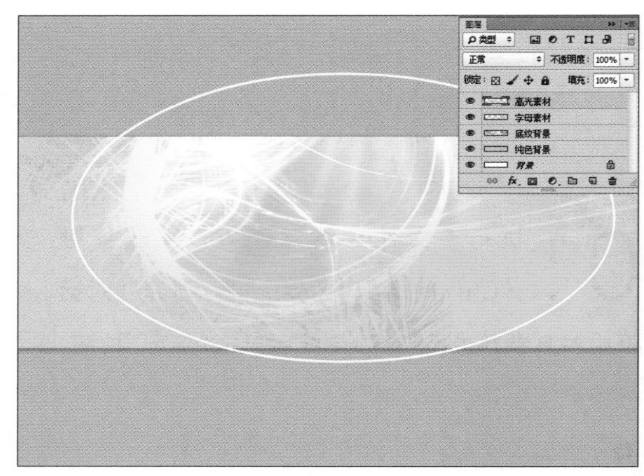

05 按照上述方式添加高光素材到页面上，效果如图所示。

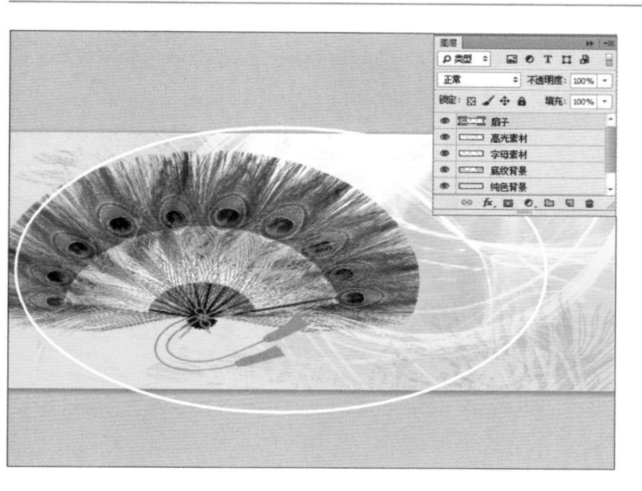

06 执行“文件 > 打开”命令，在弹出的“打开”对话框中选择“扇子素材.png”文件，将其拖到页面之上并调整其位置。效果如图所示。

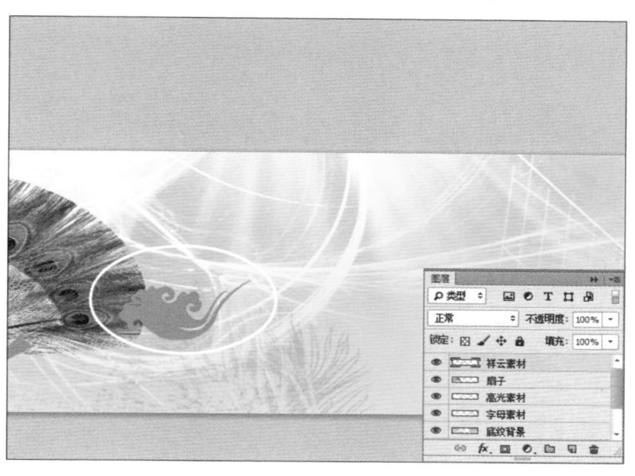

07 执行“文件 > 打开”命令，在弹出的“打开”对话框中选择“祥云素材.png”文件，将其拖到页面之上并调整其位置。效果如图所示。

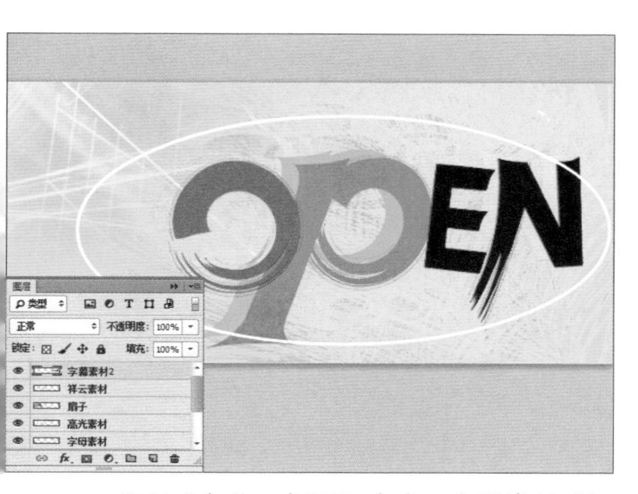

08 执行“文件 > 打开”命令，在弹出的“打开”对话框中选择“字幕素材 2.png”文件，将其拖到页面之上并调整其位置。效果如图所示。

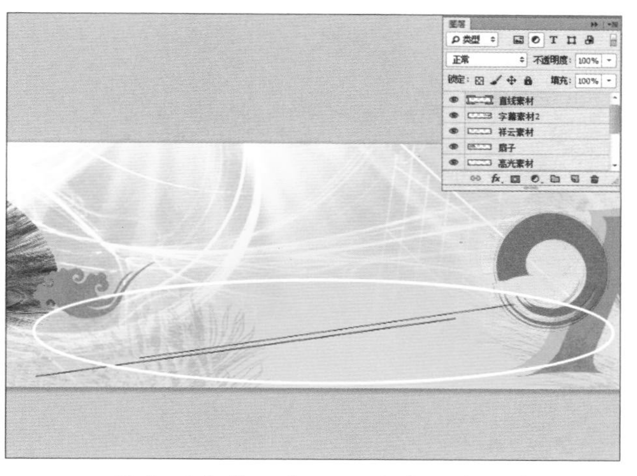

09 执行“文件 > 打开”命令，在弹出的“打开”对话框中选择“直线素材.png”文件，将其拖到页面之上并调整其位置。效果如图所示。

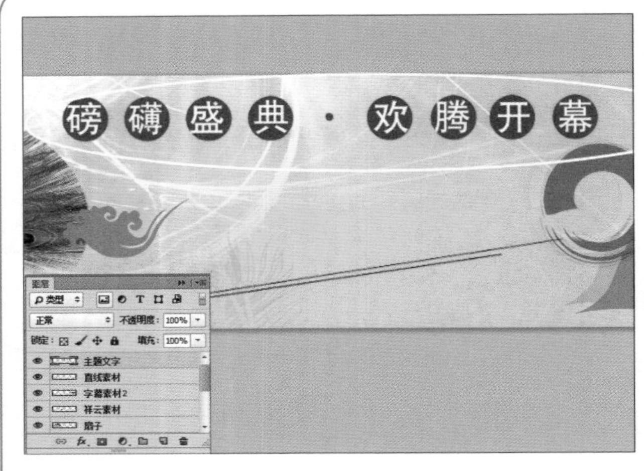

10 执行“文件 > 打开”命令，在弹出的“打开”对话框中选择“主题文字.png”文件，将其拖到页面之上并调整其位置。效果如图所示。

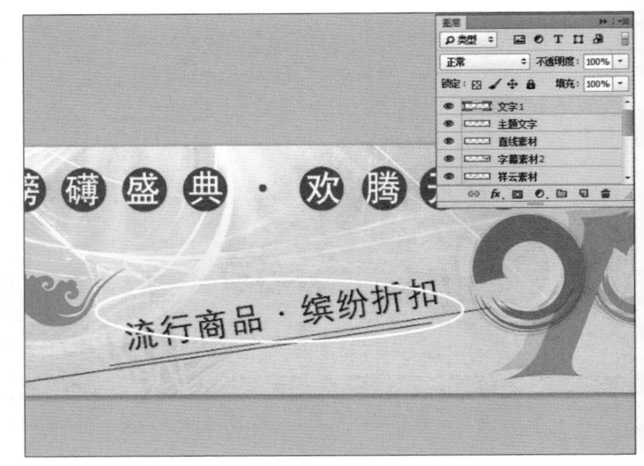

11 执行“文件 > 打开”命令，在弹出的“打开”对话框中选择“文字 1.png”文件，将其拖到页面之上并调整其位置。效果如图所示。

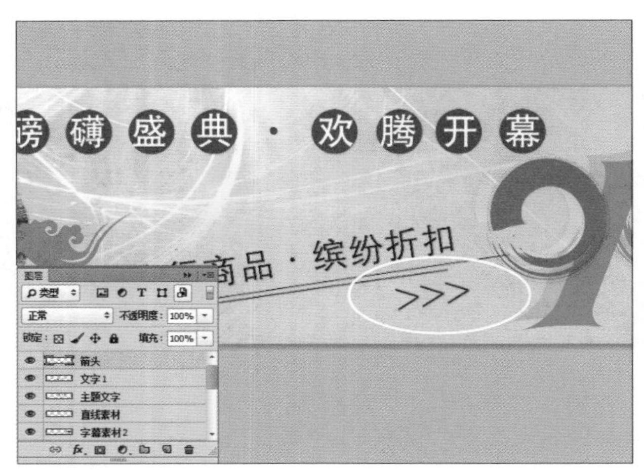

12 执行“文件 > 打开”命令，在弹出的“打开”对话框中选择“箭头.png”文件，将其拖到页面之上并调整其位置。效果如图所示。

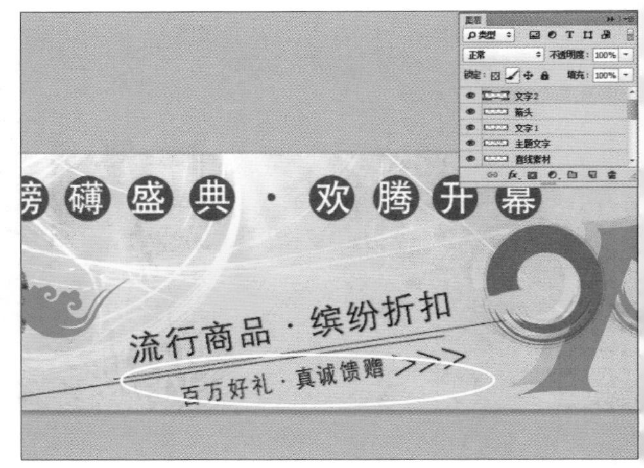

13 执行“文件 > 打开”命令，在弹出的“打开”对话框中选择“文字 2.png”文件，将其拖到页面之上并调整其位置。最终效果如图所示。

第4章

店铺装修的营销设计

网店运营成功需要五大要素，以产品为核心，辅以店铺设计、营销推广、服务/物流、客户黏性共同拼成一个热销店铺的成功体系。其中营销推广的设计会为店铺带来流量和人气。

4.1 客服无处不在

“顾客就是上帝”这句话对淘宝店主来说也是不变的真理。遇到买家询价、咨询宝贝详情时，客服一定要恪尽职守，保持谦恭的态度，尽心尽力地为顾客排忧解难。

客服是店主跟客户沟通的主要途径，所以熟悉客服的相关工作那是理所当然的。在熟悉的过程中，需要学会如何快捷传达产品或者店铺信息，学会如何快速回复客户的疑难问题，以及学会快速帮客户操作订单等。

客服的操作主要涉及常见操作、设置自动回复与快捷回复、设置个性签名、客户分组操作、设置客户排序、订单的操作等，接下来具体介绍。

（1）常见操作

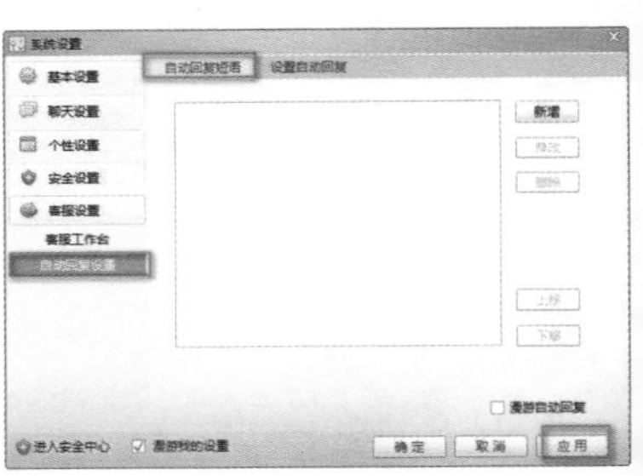

主要包括查询好友、批量管理好友、查找消息、聊天设置、个性设置、安全设置。其中，聊天设置与安全设置相对比较重要。

① “聊天设置”中的消息提醒建议是“联系人下线”界面中的浮出和“声音”这两个选项不用勾选，“震屏”界面中的“浮出”选项不用勾选。

② 在“安全设置”中取消选中“不接收陌生人子账号的消息”复选框，因为有些卖家会用自己店铺的子账号来购买东西，这也是一种客源。

（2）设置自动回复

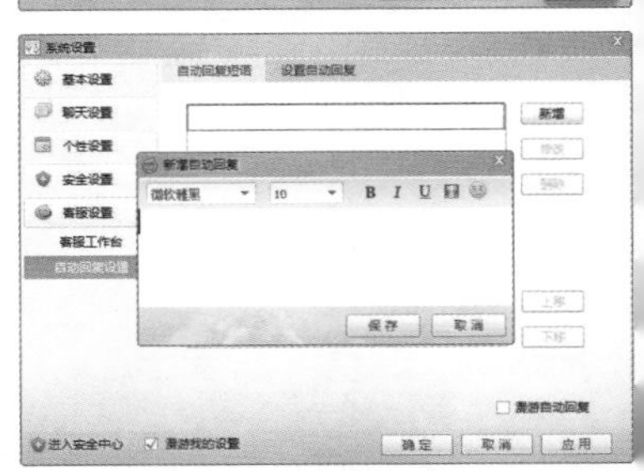

单击“设置”按钮，进行“客服设置”中的自动回复设置，选择相应的复选框可以修改添加自动回复内容了。

① 字数：在聊天窗口全屏的时候内容不要超过3行，这样不会引起客户反感，而是会让客户有看下去的欲望。

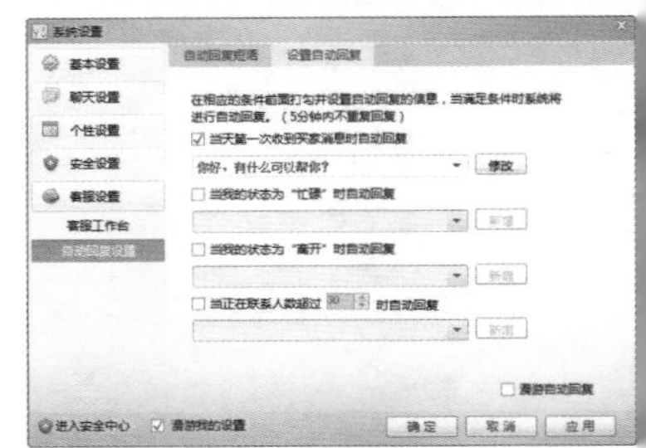

② 建议不要直接说：“亲，您好，很高兴为您服务！”要学会把握主动权，例如：“亲，您好，很高兴为您服务，有什么可以帮到您的呢？”咨询客户要什么或者不懂什么，引导客人回答，促进话题。

③ 字体颜色：如果设置一些店铺活动的通知，重要的信息可以标注明显的颜色，让客户一目了然。

（3）设置快捷回复

单击联系人，选择“快捷短语”按钮，选择“新建”就可以设置快捷短语内容了。

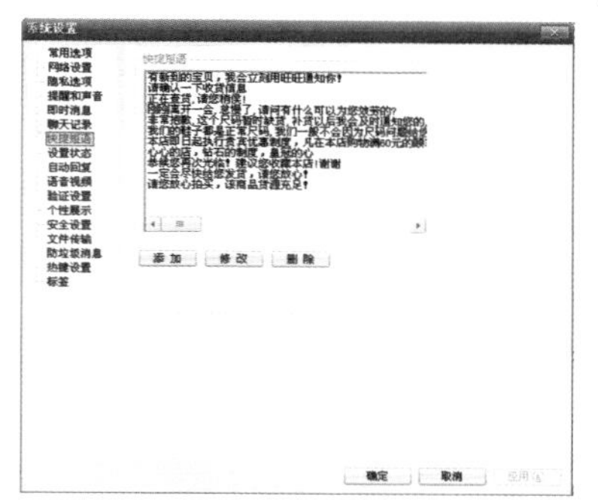

① 分组。一般店铺的快捷用语可以分为以下几组：通用快捷用语（快递、发货时间、退换货时间等）、产品信息（热卖宝贝的产品介绍）、店铺活动（店铺活动内容）、常用话语（问候语、欢送语等）

② 字数。在聊天窗口全屏的情况下内容不要超过 3 行，这样效果较好，不会让客户感觉像跟机器人聊天一样而引起反感。

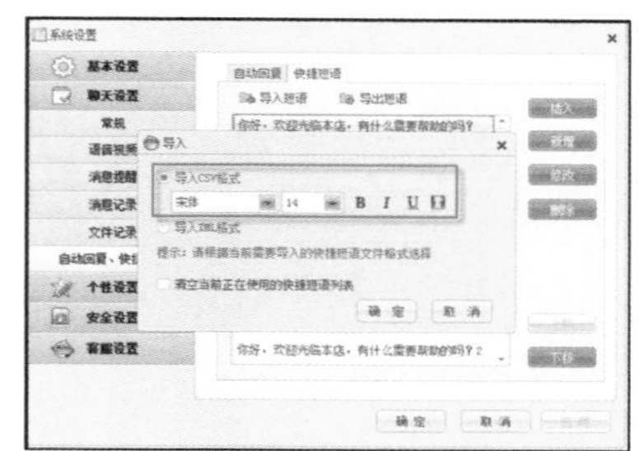

③ 内容。风格要跟平时聊天一致。例如，活动通告快捷用语写“现在店铺满 49 包邮”，文字显得太过死板。改进后：“您好，现在店铺的宝贝都符合满 49 包邮，时间有限，亲喜欢的都是可以拍下哦！”

④ 字体颜色。跟聊天过程中的字体颜色一致，更能模拟出手动编写的效果。

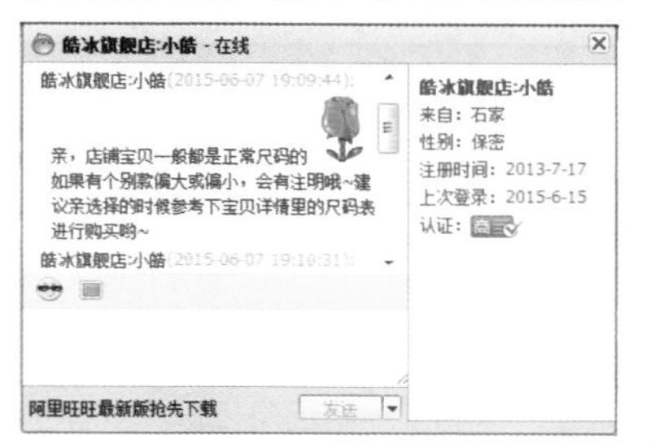

⑤ 使用频率。不建议频繁使用快捷用语，能手动编写就尽量手动编写，增强与客户之间的信任感。

（4）设置个性签名

单击“个性设置”按钮，可以新增、修改和删除，也支持轮播个性签名，并且可以自己选择间隔时间。

（5）客户分组

把鼠标移到任何一个组，右击就可以进行新建组、重命名组、删除组、创建多人聊天、向组员群发短信、向组员群发消息等操作。

可以按照对商品的理解、对价格的要求、客户本身的性格等来分组。

（6）设置客户排序

在旺旺联系中的客户左上角有排序设置，可以看到有 3 种选择方式：按照联系时间、等待分钟、未回复数排序，可以选择其中一种方式来排序。

一般建议选择按照等待分钟排序，这样可以知道哪些客户等待较久，从而优先回复，避免由于回复慢导致流失客户或者引来投诉及中、差评。

4.2 活动的设置

作为卖家，一定要积极参加淘宝店铺活动，做活动时首先必须明确做活动的目的。店铺活动就等于人体的新陈代谢，好的店铺活动可以帮卖家留住目标客户，当然同时店铺活动也是和客户最直接的互动方式。

4.2.1 满就送（减）

“满就送”是淘宝官方营销工具之一，其优惠的吸引力并不亚于折上折、买一送一等，满就送支持多种玩法，主要有满就减、满就送礼、满就包邮、满就送优惠券、满就送彩票、满就换购、满就送电子书等，作为卖家的一种促销手段，很受顾客们的欢迎。

“满就送”活动的作用如下。

① 当卖家使用“满就送”工具时，促销广告会在每一个宝贝的介绍页面都显示出来。当买家浏览到商品并看到促销广告时，可提高其下单率，达成促销的目的。

② 在淘宝网的宝贝搜索结果页面中，有个“满就送”的促销商品页面。如果买家仅仅搜索参加了促销的商品，将大大提高宝贝的曝光率。

4.2.2　迎新春，更优惠

本案例以“迎新春，更优惠”为主题制作了一则促销的宣传页面，在制作的过程中通过大面积红色元素的应用，以及文字素材的制作、装饰性素材的添加等，最终实现了非常好的宣传效果。

● **实例位置：** DVD\ 实例文件 \ 第 4 章 \4.2.2

● **素材位置：** DVD\ 实例文件 \ 第 4 章 \4.2.2

● **视频位置：** DVD\ 视频文件 \ 第 4 章 \4.2.2

01 执行“文件 > 新建”命令（快捷键〈Ctrl+N〉），在弹出的“新建”对话框中对其参数进行设置，完成后单击“确定”按钮。

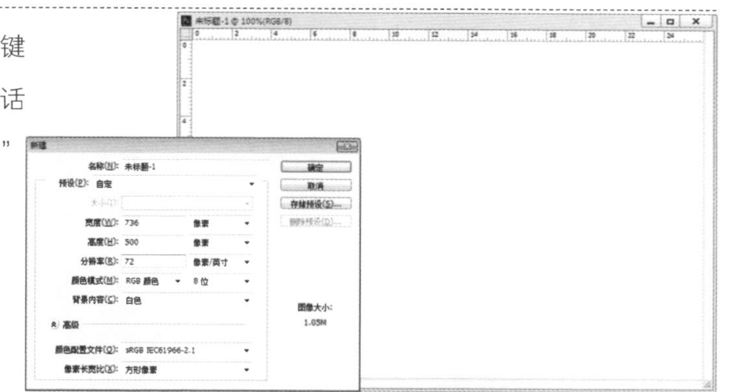

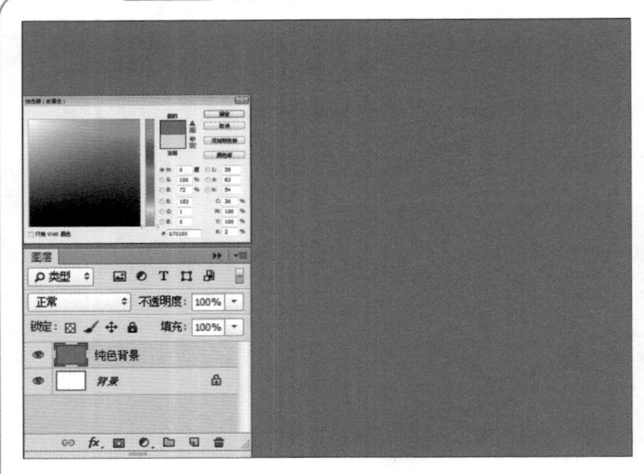

02 新建图层后将其命名为“纯色背景”。将“前景色”设置为红色后按下快捷键〈Alt+Delete〉进行填充。效果如图所示。

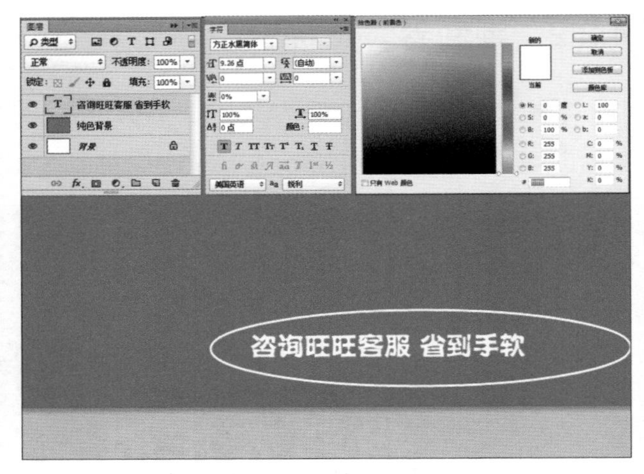

03 单击工具箱中的“文字工具”按钮，在页面中绘制文本框输入对应的文字。执行“窗口 > 字符”命令，在弹出的“字符”面板中对其参数进行设置，在文本框中输入相应的文字。

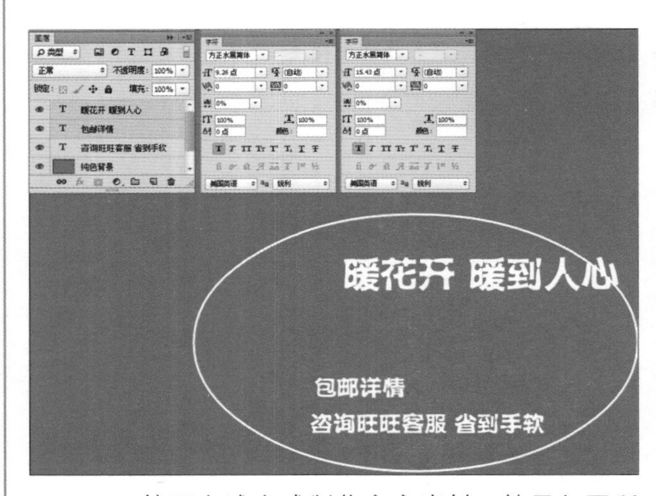

04 按照上述方式制作文字素材，效果如图所示。

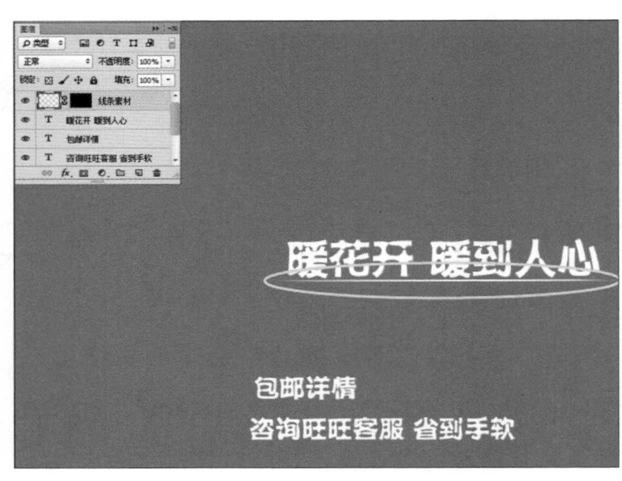

05 执行“文件 > 打开”命令，在弹出的“打开”对话框中选择“线条素材.png”文件，将其拖到页面之上并调整其位置。效果如图所示。

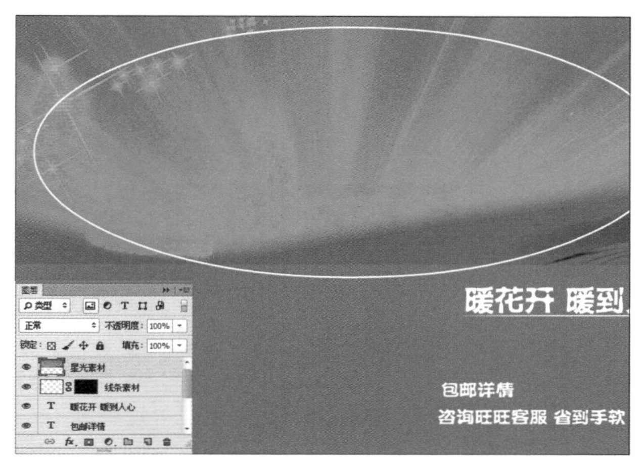

06 执行“文件 > 打开”命令，在弹出的“打开”对话框中选择“星光素材 .png”文件，将其拖到页面之上并调整其位置。效果如图所示。

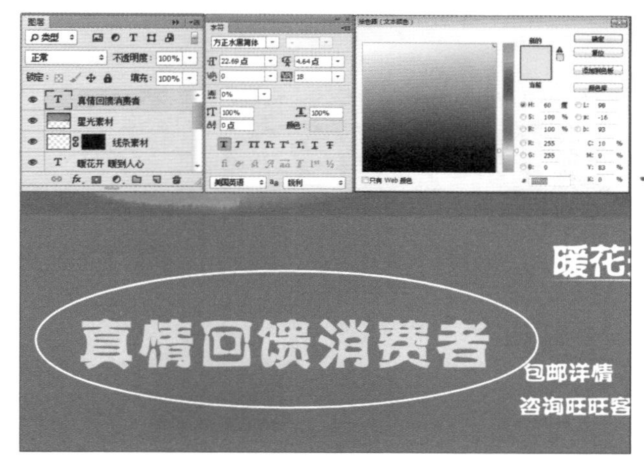

07 按单击工具箱中的“文字工具” 按钮，在页面中绘制文本框输入对应的文字。执行“窗口 > 字符”命令，在弹出的“字符”面板中对其参数进行设置，在文本框中输入相应的文字。

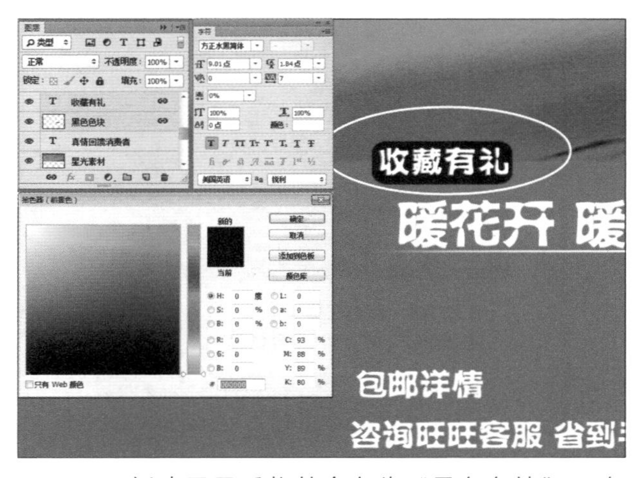

08 新建图层后将其命名为“黑色色块”，确定选区后将“前景色”设置为黑色，按下快捷键〈Alt+Delete〉进行填充。再通过“文字工具”的使用制作出文字素材。效果如图所示。

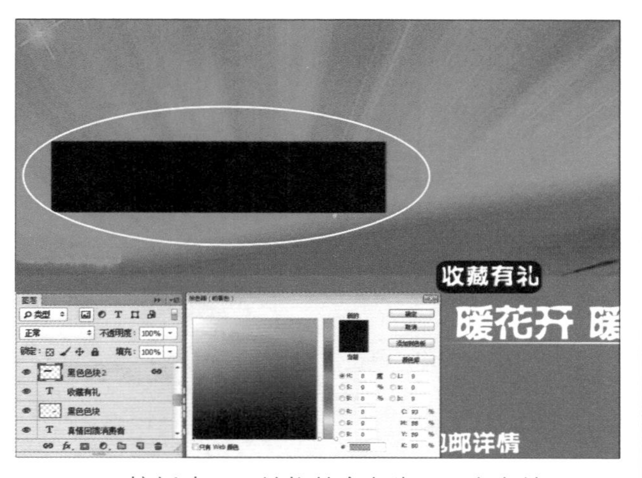

09 按新建图层并将其命名为“黑色色块 2”，单击工具箱中的“矩形选框工具”按钮，在页面上绘制矩形选区。将“前景色”设置为黑色后按下快捷键〈Alt+Delete〉进行填充。效果如图所示。

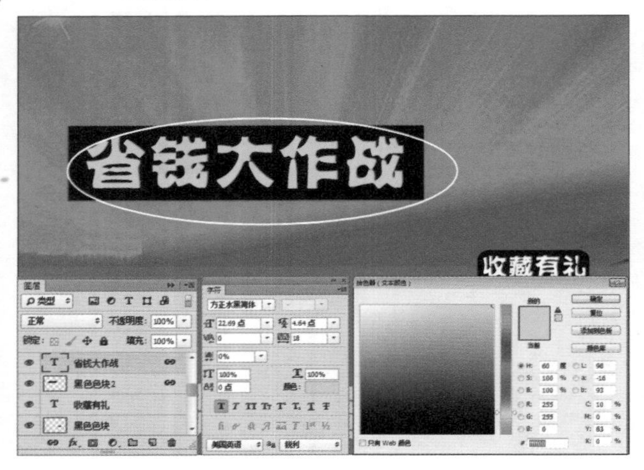

10 单击工具箱中的“文字工具”按钮，在页面中绘制文本框输入对应的文字。执行“窗口 > 字符”命令，在弹出的“字符”面板中对其参数进行设置，在文本框中输入相应的文字。

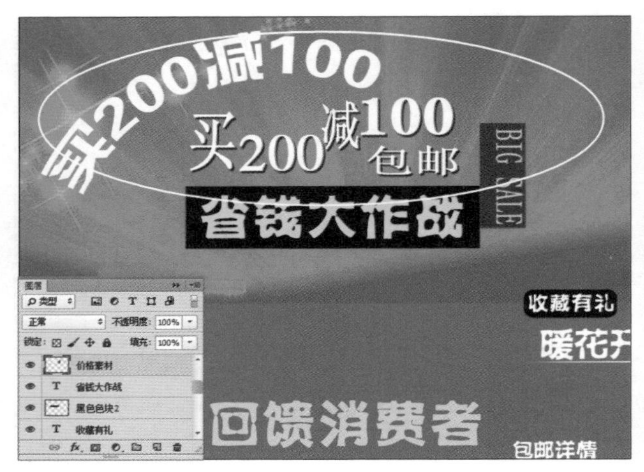

11 执行“文件 > 打开”命令，在弹出的“打开”对话框中选择“价格素材 .png”文件，将其拖到页面之上并调整其位置。效果如图所示。

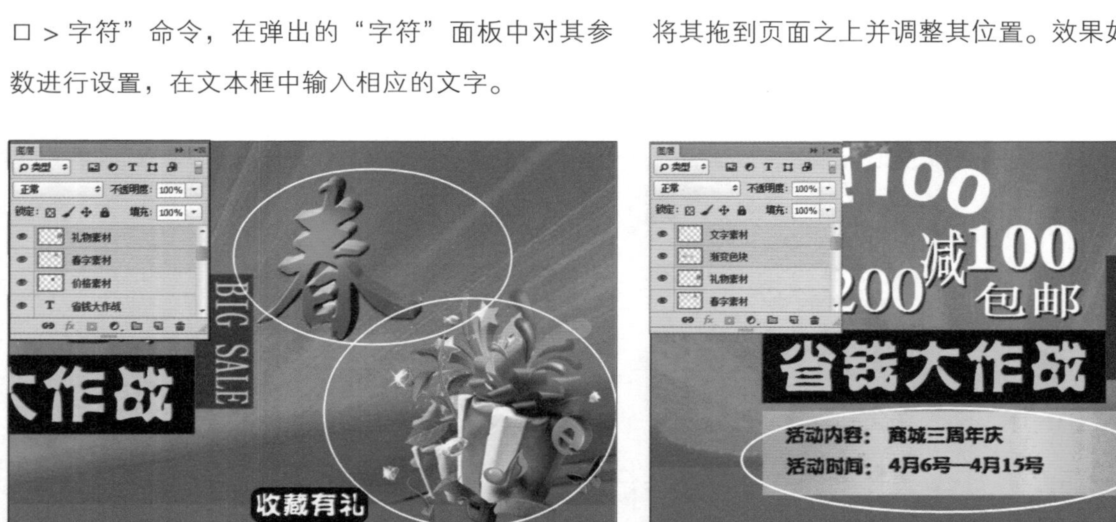

12 执行“文件 > 打开”命令，在弹出的“打开”对话框中选择“春字素材 .png”和“礼物素材 .png”文件，将其拖到页面之上并调整其位置。效果如图所示。

13 执行“文件 > 打开”命令，在弹出的“打开”对话框中选择“文字素材 .png”和“渐变素材 .png”文件，将其拖到页面之上并适当地调整其位置。最终效果如图所示。

第5章 网店页面创意和风格

网店的整体风格及其创意设计是美工最希望掌握，也是最难以学习的。风格是有人性的。通过统一设计出的首页与子页面间相互呼应的那些布局、内容、文字、颜色等元素，从而可以让买家感受到一个店铺的整体风格和特点。

5.1 页面的设计创意

如何才能突破淘宝店铺原有的固定格局和固定销售设计模式，用简洁的创意与层次创造出新的网站呢？作为淘宝的页面设计师，最苦恼的就是没有好的创意来源，那么怎样才能产生创意呢？

5.1.1 创意思维的要求

（1）背景要求

① 背景使用能凸显整体气氛，不要有太过华丽的元素，不得大面积使用灰黑色背景。

② 背景不得太过复杂。

③ 背景不得有太明显的色块分割，不得使用过于突出的撞色。

（2）构图要求

① 突出卖点，信息不得太分散，文字/LOGO不得太贴边。

② 深色背景使用浅色文字，浅色背景使用深色文字。

③ 文字字体不超过3种，保持易读性。

④ 文字识别需清晰，不得有发光、浮雕、描边等粗糙效果。

（3）图片要求

① 清晰可读，避免模糊、边缘锯齿，以及像素杂点。

② 商品主体建议占图片50%以上，整体呈现饱满的感觉，避免留白过多。

5.1.2　创意的联想线索

创意思考的方法最常用的是联想，这里提供了店铺设计创意的 21 种联想线索仅供参考。

① 把它颠倒。

② 把它缩小。

③ 把颜色换一下。

④ 使它更长。

⑤ 使它倾斜。

⑥ 把它放进底图里。

⑦ 结合文字图画。

⑧ 使它产生与年轻人共鸣的感觉。

⑨ 使它重复。

⑩ 使它变得立体。

⑪ 分裂它。

⑫ 使它更显得罗曼蒂克。

⑬ 使它看起来流行。

⑭ 使它对称。

⑮ 价格更低。

⑯ 给它取个好名字。

⑰ 把它打散。

⑱ 增加质感。

⑲ 底纹化。

⑳ 突出局部。

㉑ 以上各项延伸组合。

5.2 网店的页面风格

网店风格是指网店界面给顾客的直观感受，顾客在此过程中所感受到的店主品位、艺术气氛等。在网上经营店铺的过程中，就要让你的风格最大限度地符合大众的审美观，赢得顾客的一致好评。

5.2.1 大众型的风格偏好

在网站众多不同的设计元素中，每一种风格都有自己特殊的顾客群，即使不能争取到所有的顾客，但尽量让顾客群更大，大到能够实现预定目标，这样的风格才值得坚持。

人们对于事物的偏好是有集中度的，在网页中，下面这些元素就是大家关注的重点：色彩格调、篇幅长短、图片多寡、页面宽窄、文字大小、元素布局、超链接。

在这些内容之中，大众型的偏好表现在哪里呢?

① 在色彩上，人们最易接受的就是喜庆的和有生命的色彩。另外，在特殊的季节对色彩有一些特殊要求。

② 篇幅越是简短的页面，人们越会把它所有的信息都扫描一遍；相反，无论多么有名气的网站，若篇幅过长，分类不明晰，人们很难在短时间内找到需要的内容。

③ 图片多少直接影响着一个网页是否会被浏览完，人们更喜欢浏览速度快又美观的网页。

④ 页面宽窄是指一个网页传递有效信息的页面宽度，通常人们更喜欢只在中间有内容的网页。

⑤ 文字大小是使人产生疏远、亲近、疲劳的直接原因，不过在很多情况下，默认的都是五号字体，该字号能让人们必须提起注意力，还可以调节视力。

⑥ 一个好的元素布局不仅会让网店视觉上更美观，还可以使店铺更具有层次感。

⑦ 超链接是一个网页设计的功能体现。

5.2.2　卡哇伊风格的玩偶店铺

本案例主要讲解了卡哇伊风格玩偶店的装修方法，具体的制作过程主要包括文字素材的制作、图像素材的添加及特效的制作等等。最终使整体页面呈现靓丽的色调及可爱的效果。

- **实例位置：** DVD\ 实例文件 \ 第 5 章 \5.2.2
- **素材位置：** DVD\ 实例文件 \ 第 5 章 \5.2.2
- **视频位置：** DVD\ 视频文件 \ 第 5 章 \5.2.2

01 执行“文件 > 新建”命令（快捷键〈Ctrl+N〉），在弹出的“新建”对话框中对其参数进行设置，完成后单击“确定”按钮。

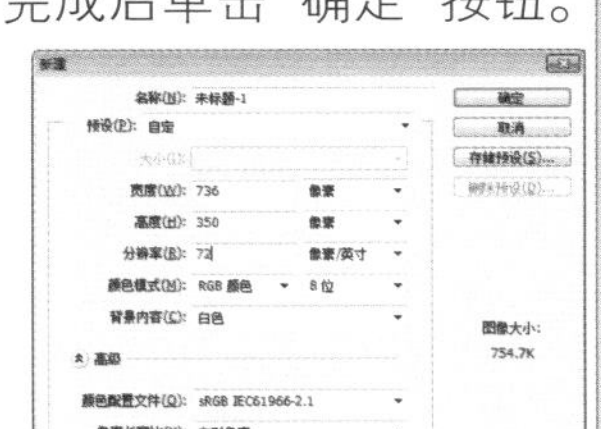

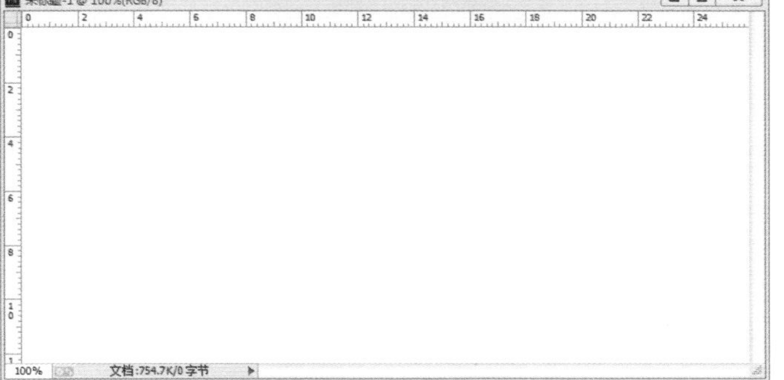

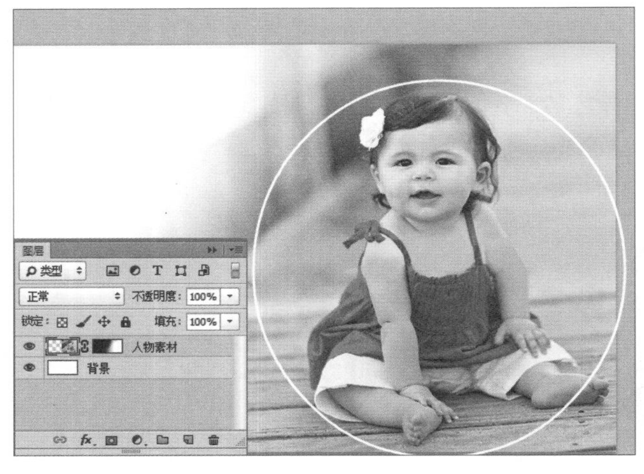

02 添加人物素材后通过图层蒙版结合“画笔工具”的使用，实现人物素材与背景图层的相互融合。效果如图所示。

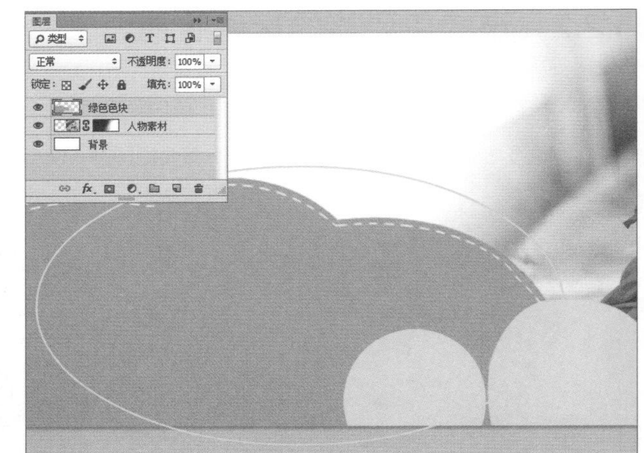

03 执行“文件 > 打开”命令，在弹出的“打开”对话框中选择“绿色色块 .png”文件，将其拖到页面之上并调整其位置。效果如图所示。

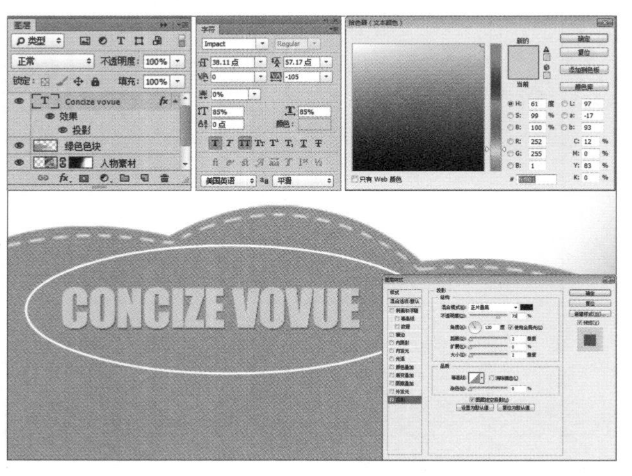

04 按照上述方式制作文字素材后，在“图层”面板中，单击“添加图层样式” 按钮，在弹出的下拉列表中选择“投影”选项，在弹出的“图层样式”对话框中对其参数进行设置，完成后单击“确定”按钮。

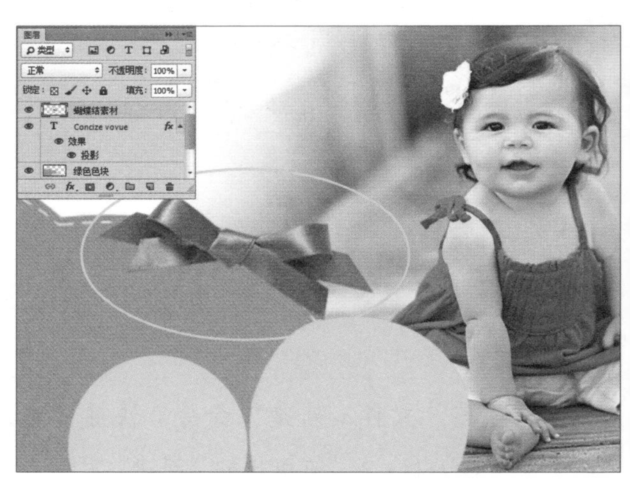

05 执行“文件 > 打开”命令，在弹出的“打开”对话框中选择“蝴蝶结素材 .png”文件，将其拖到页面之上并调整其位置。效果如图所示。

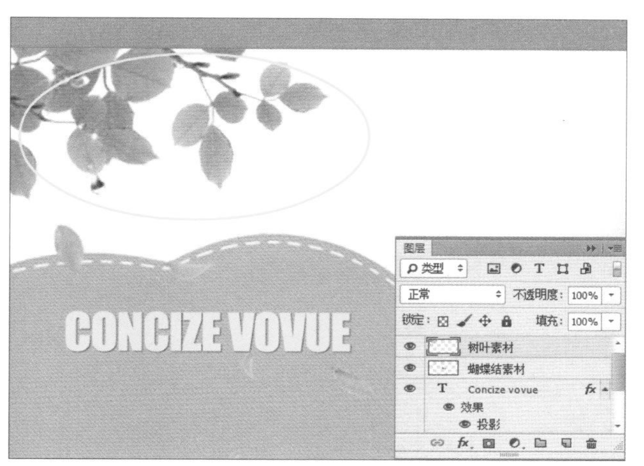

06 执行“文件 > 打开”命令，在弹出的“打开”对话框中选择“树叶素材 .png”文件，将其拖到页面之上并调整其位置。效果如图所示。

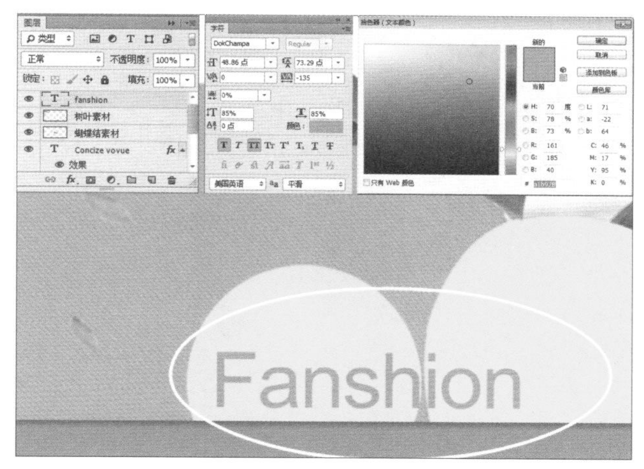

07 单击工具箱中的“文字工具” 按钮，在页面中绘制文本框输入对应的文字。执行“窗口 > 字符”命令，在弹出的“字符”面板中对其参数进行设置，在文本框中输入相应文字。

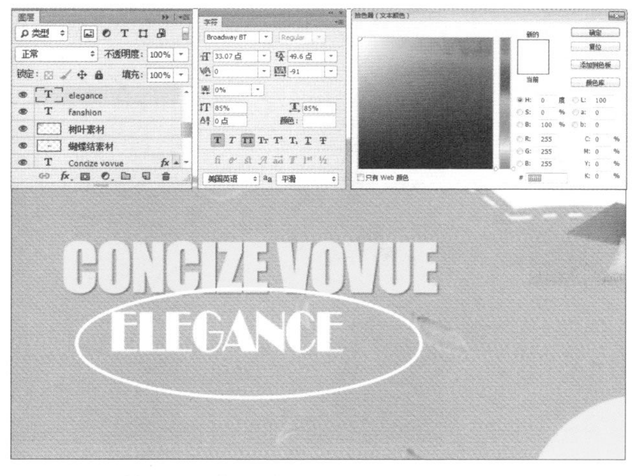

08 按照上述方式制作需要的文字素材，效果如图所示。

09 执行“文件 > 打开”命令，在弹出的“打开”对话框中选择“拼图素材 .png”文件，将其拖到页面之上并调整其位置。效果如图所示。

10 按下快捷键〈Ctrl+J〉复制图层，并将复制的图层命名为“拼图素材 复制”。通过“移动工具”调整其在页面中的位置。效果如图所示。

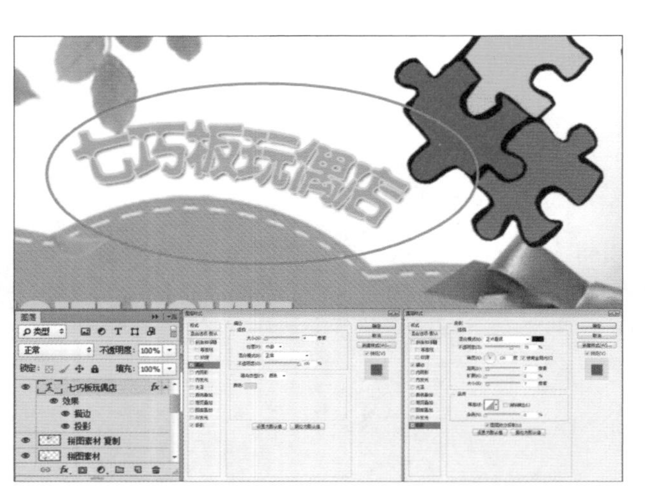

12 在“图层”面板中，单击“添加图层样式”按钮，在弹出的下拉列表中分别选择“描边”和“投影”选项，在弹出的“图层样式”对话框中对其参数进行设置，完成后单击“确定”按钮。效果如图所示。

11 单击工具箱中的“文字工具”按钮，在页面中绘制文本框输入对应的文字。执行“窗口 > 字符”命令，在弹出的“字符”面板中对其参数进行设置，在文本框中输入相应的文字。

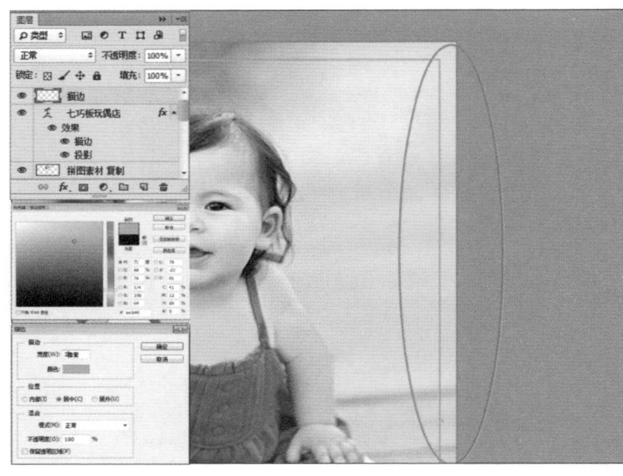

13 新建图层并命名为“描边”。用“矩形选框工具”绘制出矩形选区。执行“编辑 > 描边”命令，在弹出的“描边”对话框中对其参数进行设置，完成后单击“确定”按钮。最终效果如图所示。

第6章 店铺综合装修

本章通过综合性实例的讲解使读者对淘宝店铺装修有了一个更为直观的认识，在具体的操作中通过应用可以学到的相关知识，再结合店铺本身的实际情况，就可以装修出更有特色、更有吸引力的淘宝店铺。

6.1 花花地多肉馆

本案例主要介绍了名为“花花地”多肉植物店铺的装修流程，在制作过程中通过装修模板的选择及对各个模块的灵活应用，最终使该店铺呈现出了较为新颖的风格。

- **实例位置：** DVD\ 实例文件 \ 第 6 章 \6.1
- **素材位置：** DVD\ 实例文件 \ 第 6 章 \6.1
- **视频位置：** DVD\ 视频文件 \ 第 6 章 \6.1

01　这一步的主要目的在于通过选择装修模板来确定后面的店铺装修中需要多少张图片。登录淘宝网账户后单击“卖家中心”，通过“我是卖家 > 店铺管理 > 店铺装修 > 装修 > 模板管理 > 装修市场”的途径选择适合店铺风格的装修模板。

02　在 Photoshop 中制作出或者修改调整出店铺装修所需要的图片，使其达到更佳的视觉效果。在这里主要以“优惠券”和“温馨提示”的制作为例，具体地讲解一下淘宝店铺中图片的制作方法。效果如图所示。

效果图一

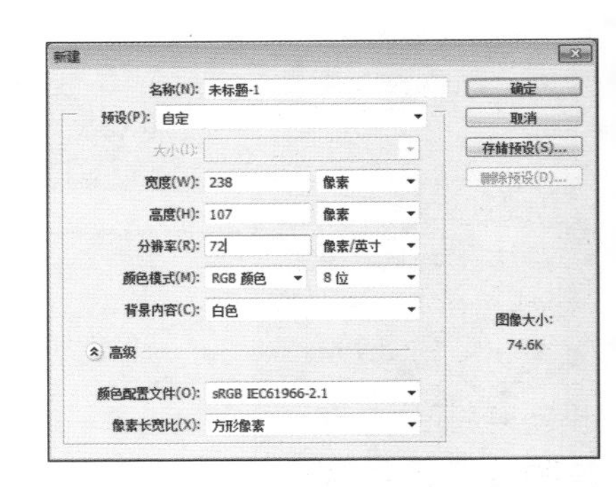

001 执行“文件 > 新建”命令（快捷键〈Ctrl+N〉），在弹出的“新建”对话框中对其参数进行设置，完成后单击“确定”按钮。效果如图所示。

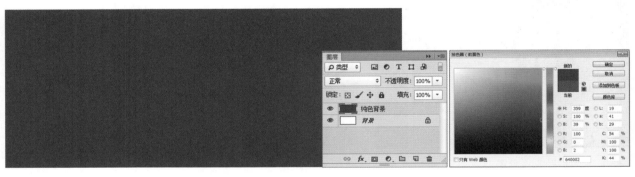

002 新建图层并将其命名为“纯色背景”，将“前景色”设置为红色后按下快捷键〈Alt+Delete〉对新建的图层进行填充。效果如图所示。

003 新建图层并将其命名为“描边”，执行“编辑 > 描边”命令，在弹出的“描边”对话框中对其参数进行设置，完成后单击“确定”按钮。效果如图所示。

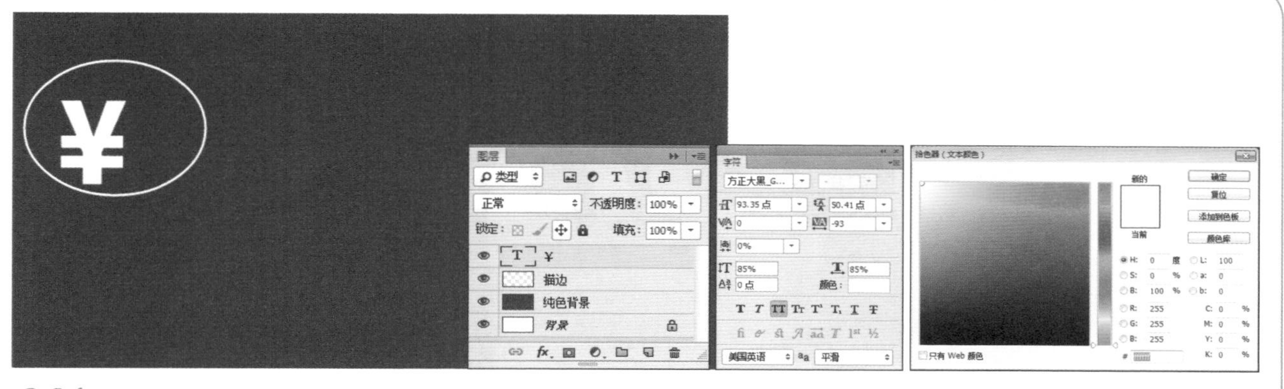

004 单击工具箱中的“文字工具”按钮，在页面中绘制文本框输入对应的文字。执行“窗口 > 字符”命令，在弹出的“字符”面板中对其参数进行设置，在文本框中输入相应的文字。效果如图所示。

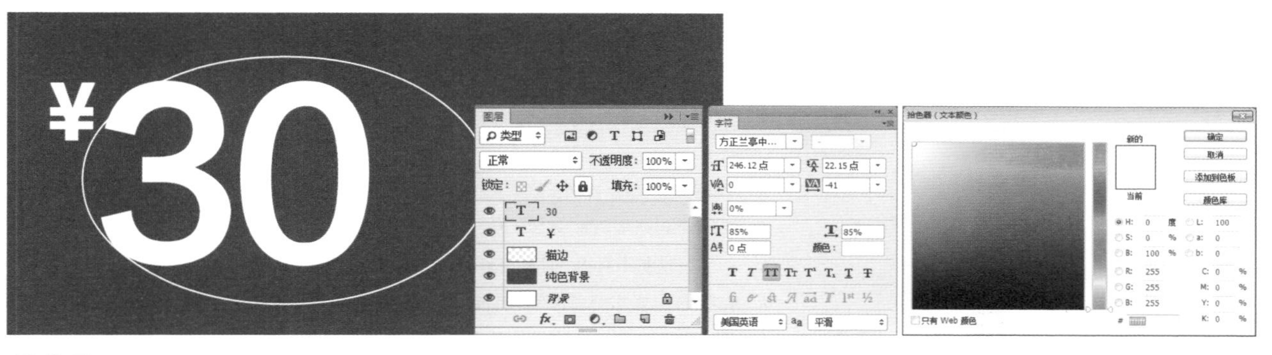

005 单击工具箱中的“文字工具”按钮，在页面中绘制文本框输入对应的文字。执行“窗口 > 字符”命令，在弹出的“字符”面板中对其参数进行设置，在文本框中输入相应的文字。效果如图所示。

006 单击工具箱中的“文字工具”按钮，在页面中绘制文本框输入对应的文字。执行“窗口 > 字符”命令，在弹出的“字符”面板中对其参数进行设置，在文本框中输入相应的文字。效果如图所示。

007 按照上述方式进行文字效果的制作。最终效果如图所示。

温馨提示

* 因包装成本较高，小店货款满30元发货(不包括快递费)望谅解。
* 由于本店付款减库存，请您在拍下宝贝后的24小时内付款。
* 发货时间为拍下后48小时内（植物会进行延迟），周日只接单不发货。
* 本店由于包装成本及现货物的原因，不接受7天无理由退换。
* 请购买前看清宝贝详情的具体尺寸。

效果图二

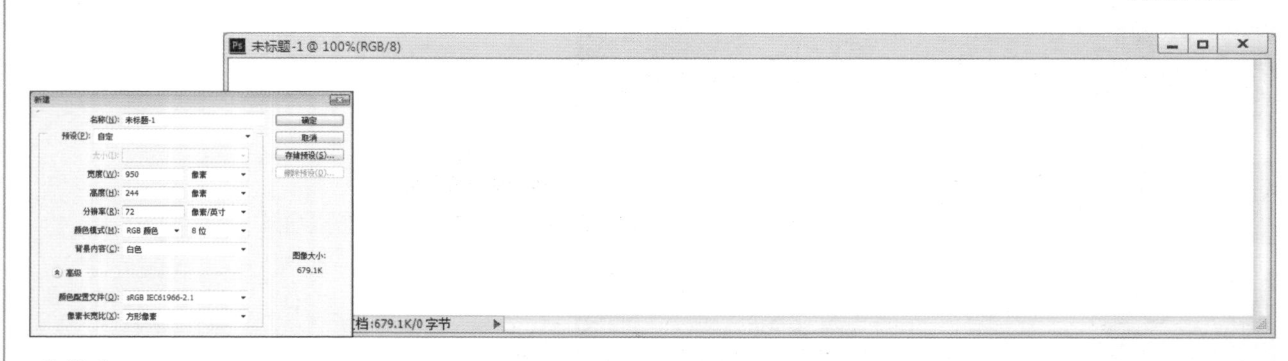

001 执行“文件 > 新建”命令（快捷键〈Ctrl+N〉），在弹出的“新建”对话框中对其参数进行设置，完成后单击“确定”按钮。效果如图所示。

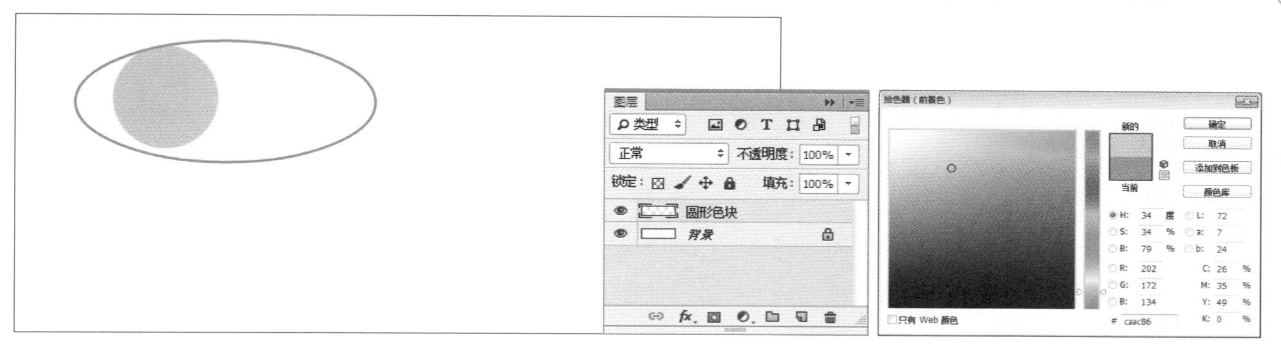

002 新建图层并将其命名为“圆形色块”，单击工具箱中的“矩形选框工具”按钮，在弹出的下拉菜单中选择“椭圆形”选项，在页面上绘制正圆形选区。将“前景色”设置为黄色后按下快捷键〈Alt+Delete〉进行填充。然后按下快捷键〈Ctrl+D〉取消选区。效果如图所示。

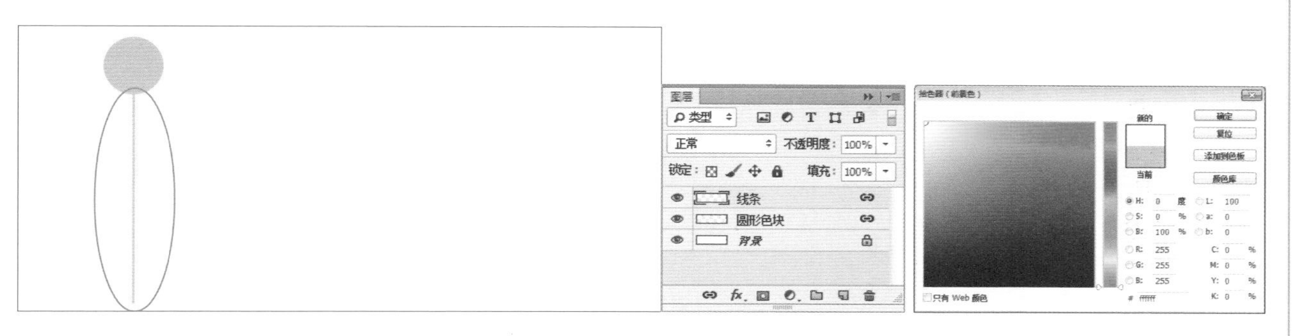

003 新建图层并将其命名为“线条”，单击工具箱中的“矩形选框工具”按钮，在页面上绘制出矩形选区。将“前景色”设置为黄色后按下快捷键〈Alt+Delete〉进行填充。然后按下快捷键〈Ctrl+D〉取消选区。效果如图所示。

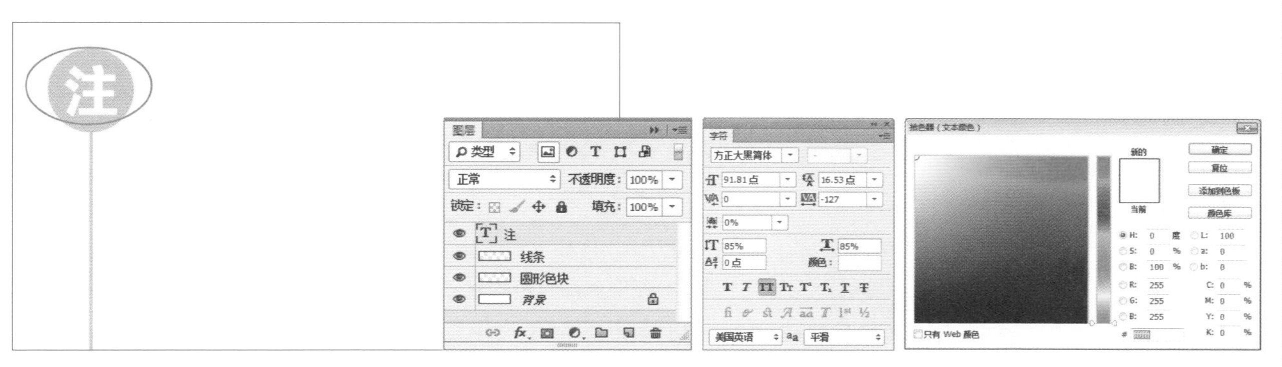

004 单击工具箱中的“文字工具”按钮，在页面中绘制文本框输入对应的文字。执行“窗口 > 字符”命令，在弹出的“字符”面板中对其参数进行设置，在文本框中输入相应的文字。效果如图所示。

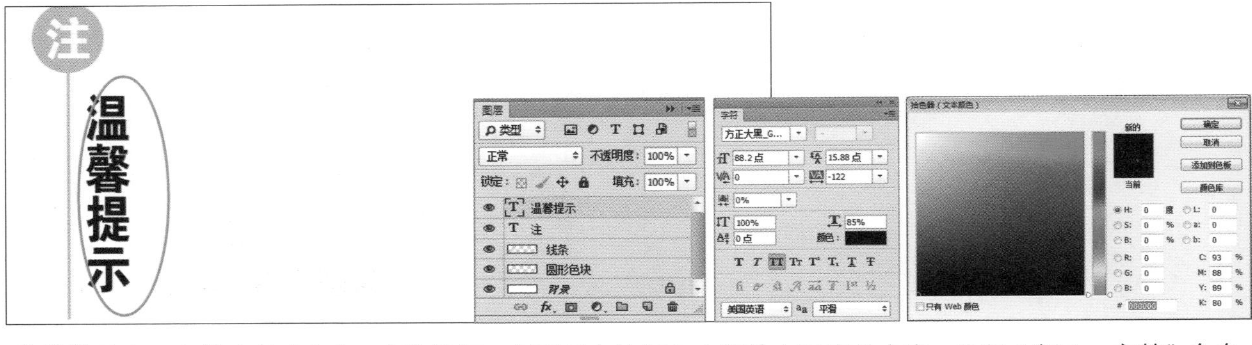

005 单击工具箱中的“文字工具”按钮，在页面中绘制文本框输入对应的文字。执行“窗口 > 字符”命令，在弹出的“字符”面板中对其参数进行设置，在文本框中输入相应的文字。效果如图所示。

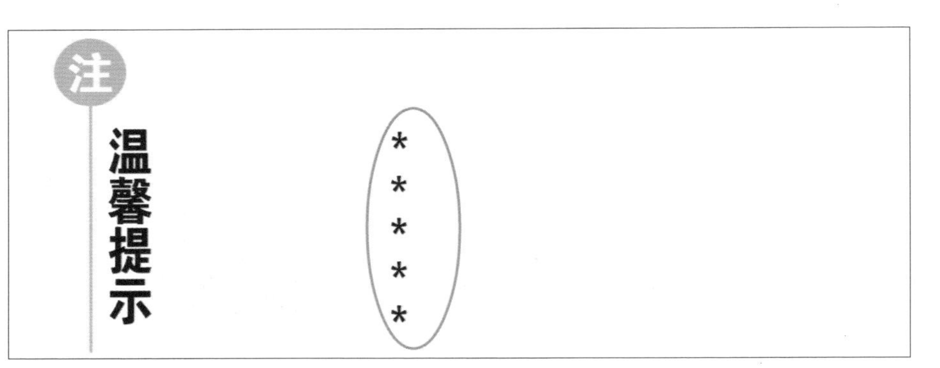

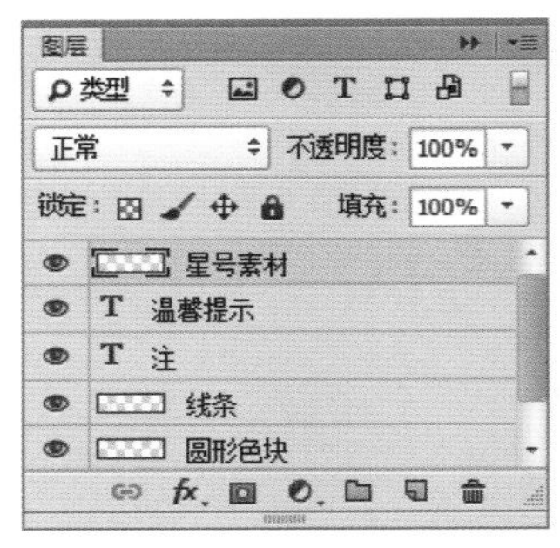

006 执行“文件 > 打开”命令，在弹出的“打开”对话框中选择“星号素材 .png”文件，将其拖到页面之上并调整其位置。效果如图所示。

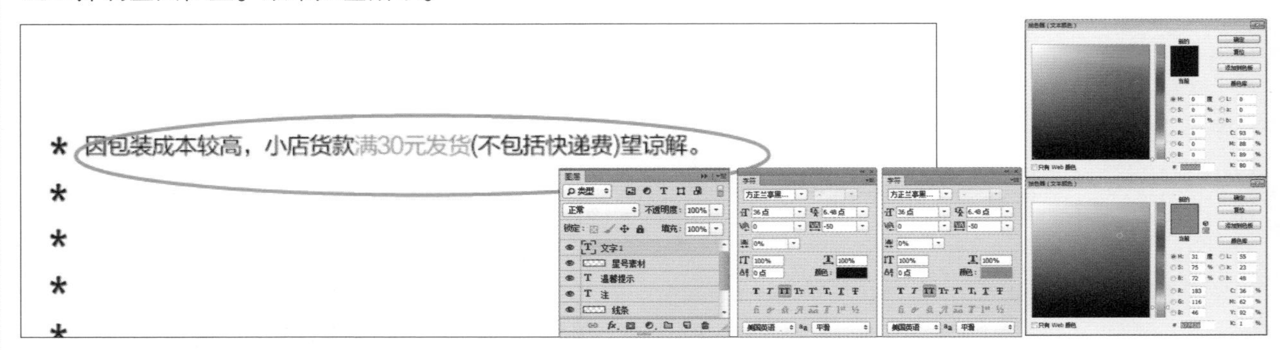

007 按照上述方式进行文字素材的制作，与此同时对其中的重点语句进行颜色转换，使其看起来更加醒目。移动光标选择需要变换颜色的文字，单击拾色器，在弹出的对话框中对颜色参数进行设置后单击“确定”按钮。效果如图所示。

* 因包装成本较高，小店货款满30元发货（不包括快递费）望谅解。
* 由于本店付款减库存，请您在拍下宝贝后的24小时内付款。
* 发货时间为拍下后48小时内（植物会进行延迟），周日只接单不发货。
* 本店由于包装成本及现货物的原因，不接受7天无理由退换。
* 请购买前看清宝贝详情的具体尺寸。

008 按照上述方式进行温馨提示条款的制作。至此“优惠券”及“温馨提示”的制作即完成了。效果如图所示。

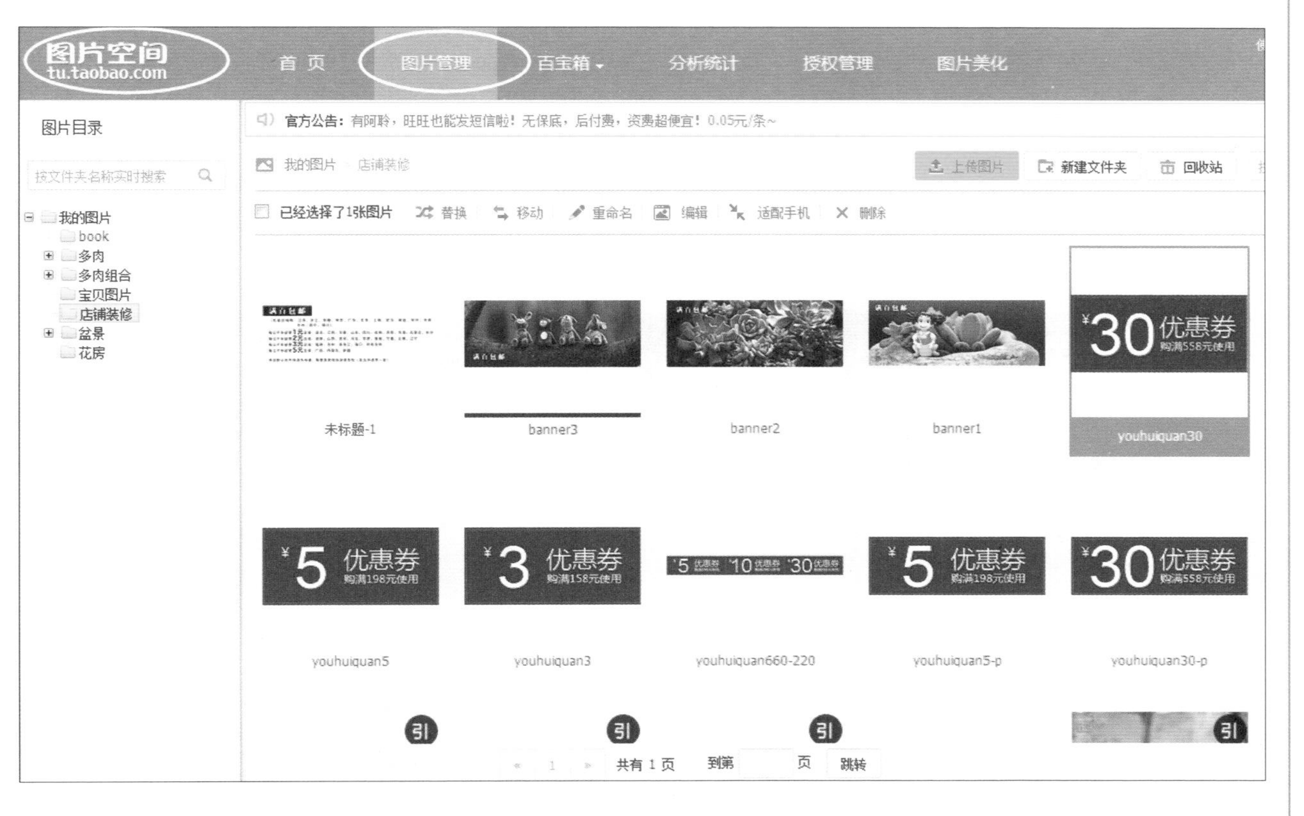

03 将调整后的照片上传至“图片空间”中，以便在装修的过程中可以随时调出来使用。通过“店铺管理 > 图片空间”的途径将调整好的照片上传。效果如图所示。

04 对店铺模板中的各个模块进行设置，包括文字的描述及参数的调整等。首先是店铺招牌的编辑，在“店铺装修”面板中将鼠标移至“店铺招牌”区域，单击“编辑”按钮，在弹出的“店铺招牌”对话框中，通过在“（店招）图片”文本框中复制链接并粘贴的方式来添加店铺招牌的图片。除此之外，其他参数的设置保持默认。效果如图所示。

05 单击页面右上角的“预览”按钮，在对店铺装修效果进行检查，确认无误后进行确定。最终效果如图所示。

6.2 甜美主义女装

本节以女装店铺的装修为例给读者详细地讲解店铺模板的具体用法，以及淘宝图片的修饰与调整。通过本案例的学习读者可以对女装类店铺的装修有了更为全面的认识。

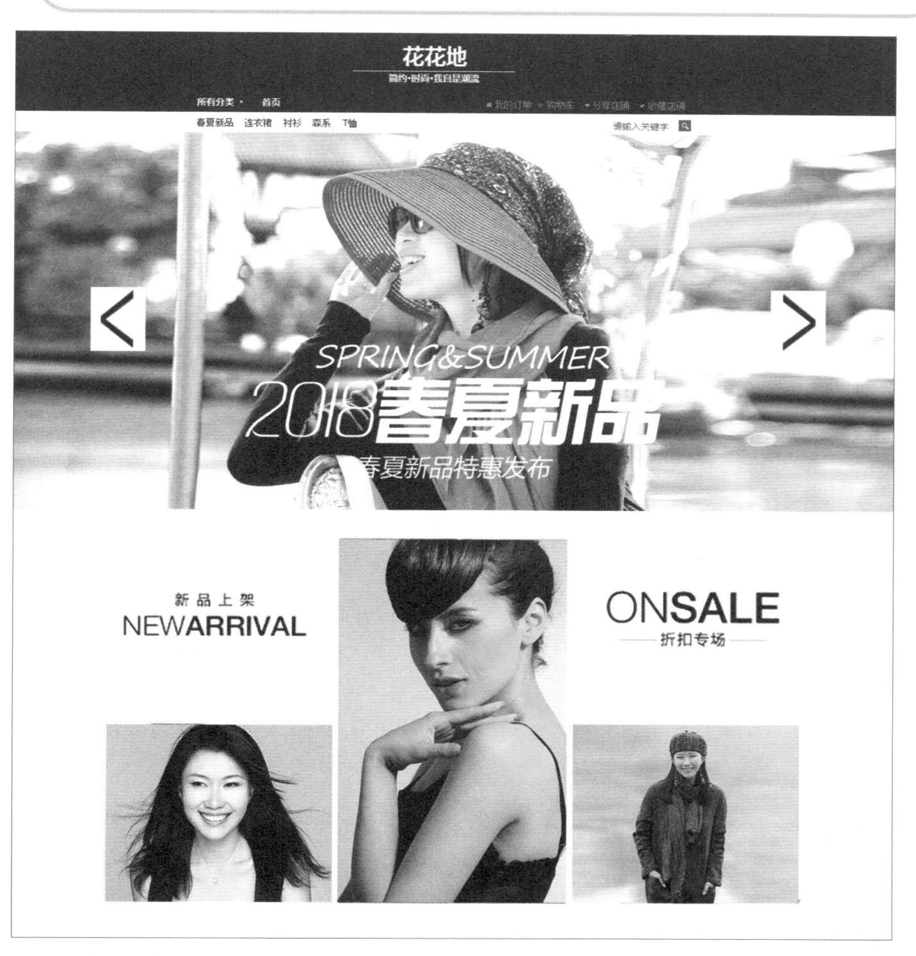

- **实例位置：** DVD\ 实例文件 \ 第 6 章 \6.2
- **素材位置：** DVD\ 实例文件 \ 第 6 章 \6.2
- **视频位置：** DVD\ 视频文件 \ 第 6 章 \6.2

01 这一步的主要目的在于通过选择装修模板来确定后面的店铺装修中需要多少张图片。登录淘宝网账户后单击“卖家中心”，通过“我是卖家 > 店铺管理 > 店铺装修 > 装修 > 模板管理 > 装修市场”的途径选择适合店铺风格的装修模板。

02 在 Photoshop 中制作出店铺装修所需要的图片，使其达到更佳的视觉效果。在这里主要以两张人像修图的制作为例，具体地讲解淘宝店铺中图片的修调方法。效果如图所示。

效果图一

001 在 Photoshop 中导入原始照片后按下快捷键〈Ctrl+J〉进行复制，复制的图层名称为“背景 复制”。效果如图所示。

002 单击“图层”面板下方的“创建新的填充或者调整图层”按钮，在弹出的下拉菜单中选择“黑白”选项，并对其参数进行设置。效果如图所示。

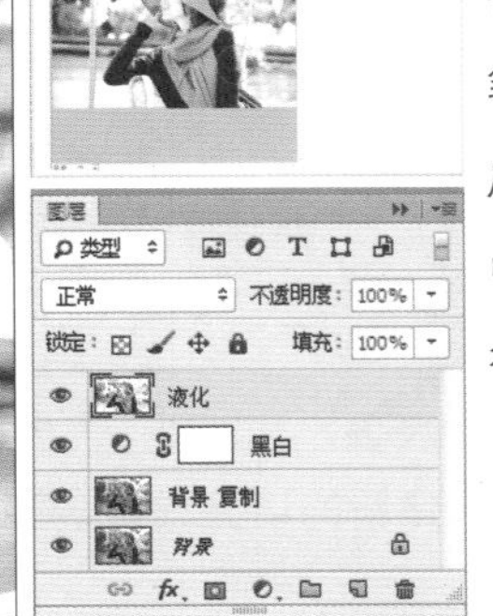

003 执行“滤镜 > 液化”命令，在弹出的“液化”对话框中对画笔大小及画笔压力进行设置，完成后单击“确定”按钮，在图像中对人物的胳膊及脸型等部分进行液化处理。效果如图所示。

004 单击“图层”面板下方的“创建新的填充或者调整图层”按钮，在弹出的下拉菜单中选择“亮度对比度”选项，对其参数进行设置。效果如图所示。

005 执行“滤镜 > 锐化 >USM 锐化”命令，在弹出的“USM 锐化”对话框中对其参数进行设置，完成后单击“确定”按钮。效果如图所示。

006 单击“图层”面板下方的“创建新的填充或者调整图层”按钮，在弹出的下拉菜单中选择“曲线”选项，对其参数进行设置。效果如图所示。

效果图二

001 在 Photoshop 中导入原始照片后按下快捷键〈Ctrl+J〉进行复制，复制的图层名称为“背景 复制”。效果如图所示。

002 执行“滤镜 > 液化”命令，在弹出的“液化”对话框中对画笔大小及画笔压力进行设置，完成后单击“确定”按钮，在图像中对人物的面部及身形进行液化处理。效果如图所示。

003 单击工具箱中的“修补工具” 按钮，对图像中人物面部所存在的瑕疵部分进行适当的修整。效果如图所示。

004 新建图层并命名为“纯色背景”，将“前景色”设置为白色后按下快捷键〈Alt+Delete〉进行填充。在“图层”面板中将该图层的“不透明度”调整为59%。

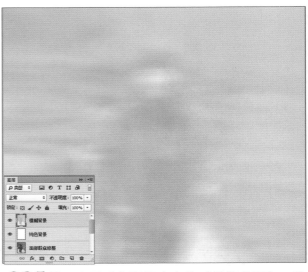

005 盖印图层后将图层命名为“模糊背景”，执行“滤镜 > 模糊 > 高斯模糊”命令，在弹出的“高斯模糊”对话框中对其参数进行设置。效果如图所示。

006 复制“面部瑕疵修整”图层后将其移至“图层”面板的最上方，通过“钢笔工具”的使用对人像进行抠图处理。效果如图所示。

007 单击“图层”面板下方的“创建新的填充或者调整图层”按钮，在弹出的菜单中选择“亮度对比度”选项，对其参数进行设置。效果如图所示。

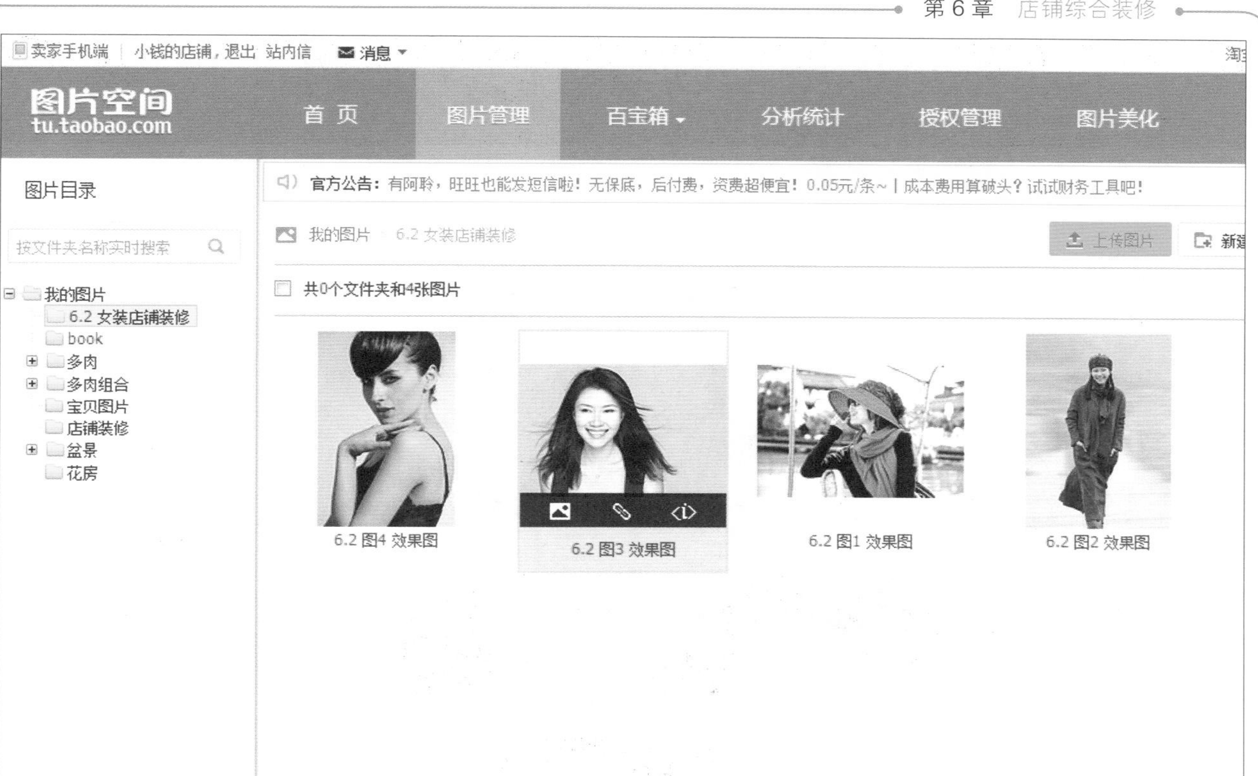

03 将调整后的照片上传至“图片空间”中，以便在装修的过程中可以随时调出来使用。通过“店铺管理 > 图片空间”的途径上传调整好的照片。效果如图所示。

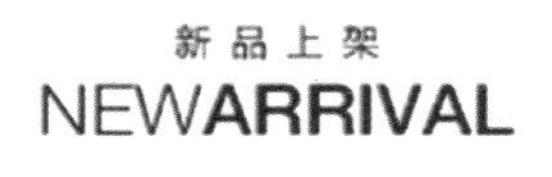

ONSALE
折扣专场

04 对店铺模板中的各个模块进行设置，包括文字的描述及参数的调整等。效果如图所示。

ONSALE
折扣专场

05 单击页面右上角的“预览”按钮，在对店铺装修效果进行检查，确认无误后进行确定。最终效果如图所示。

6.3 琳琅满目美食店

在零食店铺的装修中，应该将宣传的重点放在突出食物本身的色泽及美味上，再通过文字素材及装饰性素材的添加使整体页面看起来更加清新。

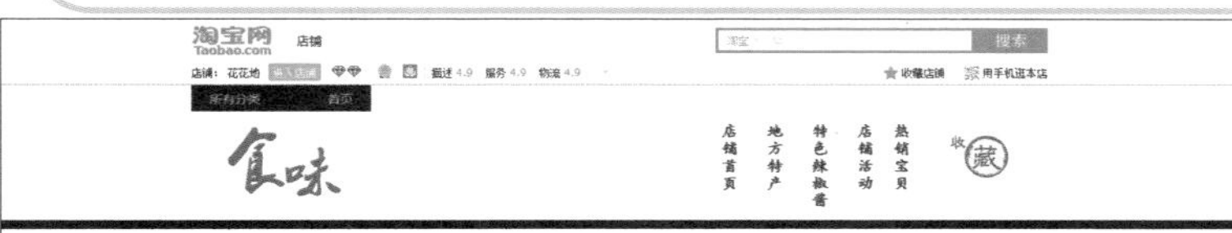

● **实例位置：** DVD\实例文件\第6章\6.12

● **素材位置：** DVD\实例文件\第6章\6.12

● **视频位置：** DVD\视频文件\第6章\6.12

01 这一步的主要目的在于通过选择装修模板来确定后面的店铺装修中需要多少张图片。登录淘宝网账户后单击“卖家中心”，通过“我是卖家 > 店铺管理 > 店铺装修 > 装修 > 模板管理 > 装修市场”的途径选择适合店铺风格的装修模板。

02 在 Photo-shop 中对图像进行处理并且适当地排版设计，使画面具有更强的宣传性。效果如图所示。

效果图一

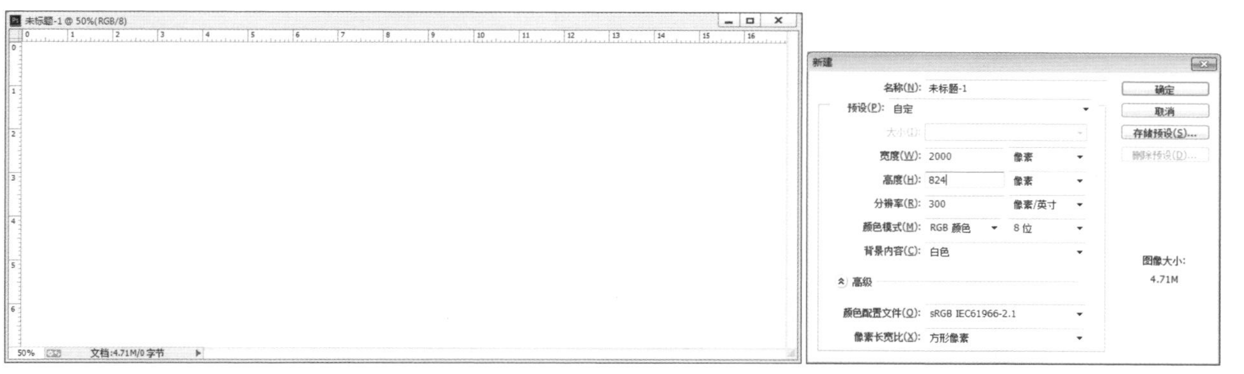

001 执行“文件 > 新建”命令，在弹出的“新建”对话框中对其参数进行设置，完成后单击“确定”按钮。效果如图所示。

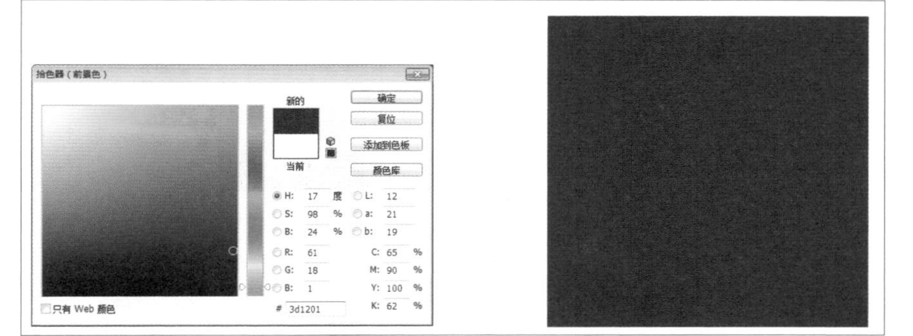

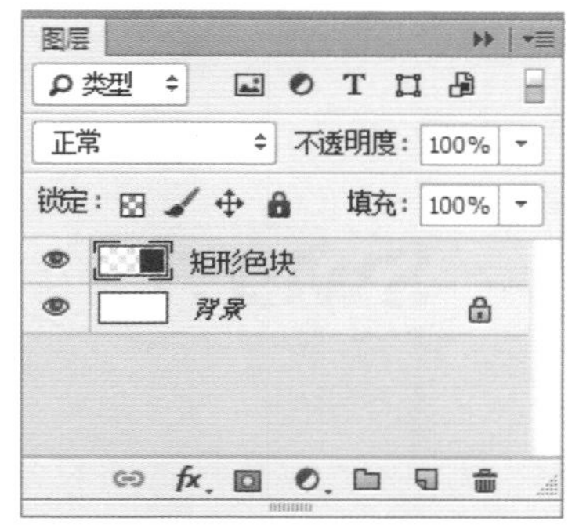

002 新建图层并将其命名为“矩形色块”，使用“矩形选框工具”在页面上绘制出矩形选区，将“前景色”设置为棕色后按下快捷键〈Alt+Delete〉进行填充。然后按下快捷键〈CtrL+D〉取消选区。效果如图所示。

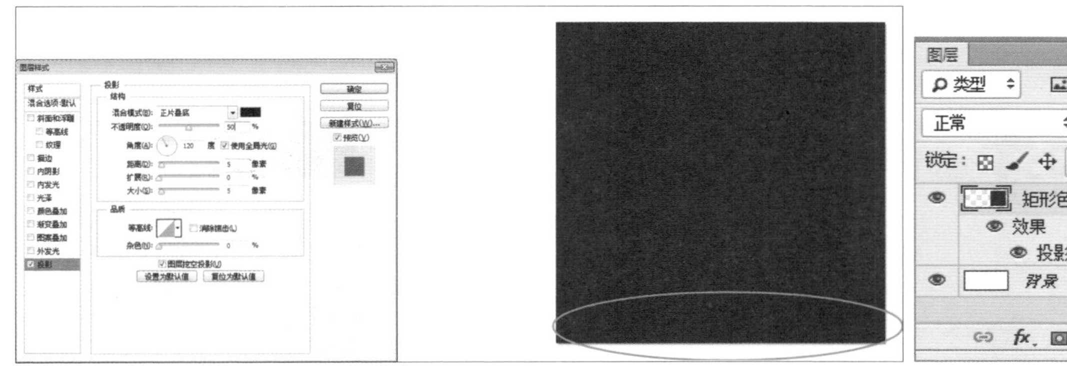

003 在“图层”面板中，单击“添加图层样式”按钮，在弹出的下拉列表中选择“投影”选项，在弹出的“图层样式”对话框中对其参数进行设置，完成后单击“确定”按钮。效果如图所示。

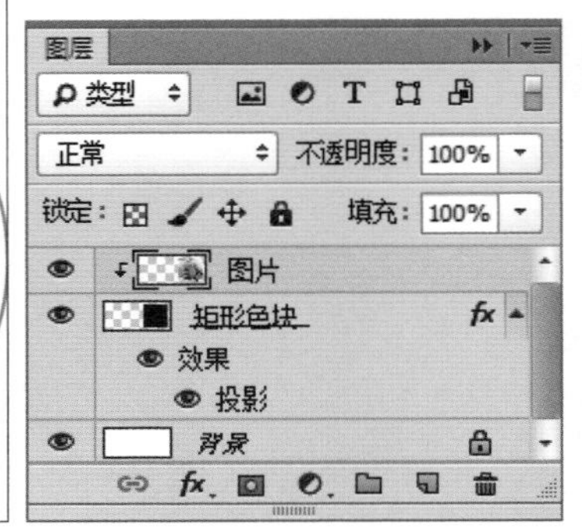

004 执行“文件 > 打开”命令，在弹出的“打开”对话框中选择“图片 .png”文件，将其拖到页面之上并调整其位置。执行“图层 > 创建剪贴蒙版”命令，将所选图层置入目标图层中。效果如图所示。

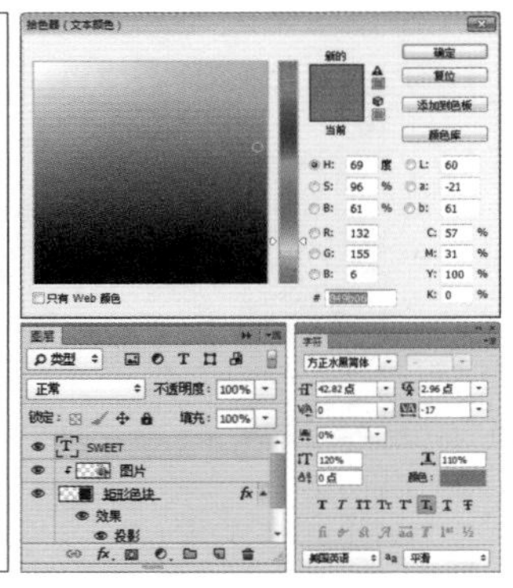

005 单击工具箱中的“文字工具”按钮，在页面中绘制文本框输入对应的文字。执行“窗口 > 字符”命令，在弹出的“字符”面板中对其参数进行设置，在文本框中输入相应的文字。效果如图所示。

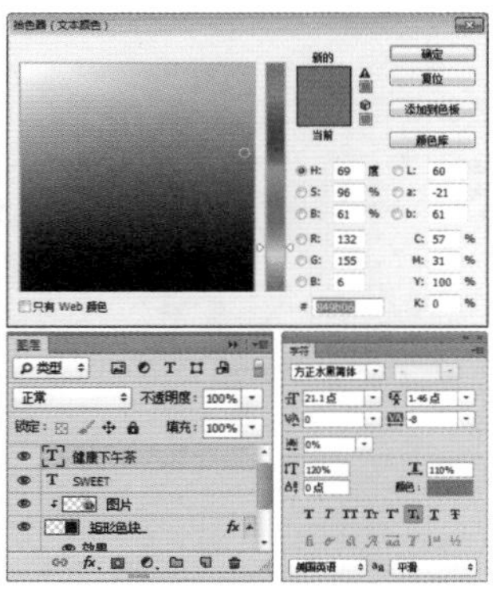

006 单击工具箱中的“文字工具”按钮，在页面中绘制文本框输入对应的文字。执行“窗口 > 字符”命令，在弹出的“字符”面板中对其参数进行设置，在文本框中输入相应的文字。效果如图所示。

007 单击工具箱中的“文字工具”按钮，在页面中绘制文本框输入对应的文字。执行“窗口 > 字符”命令，在弹出的“字符”面板中对其参数进行设置，在文本框中输入相应的文字。效果如图所示。

008 按照上述方式进行文字素材的制作。效果如图所示。

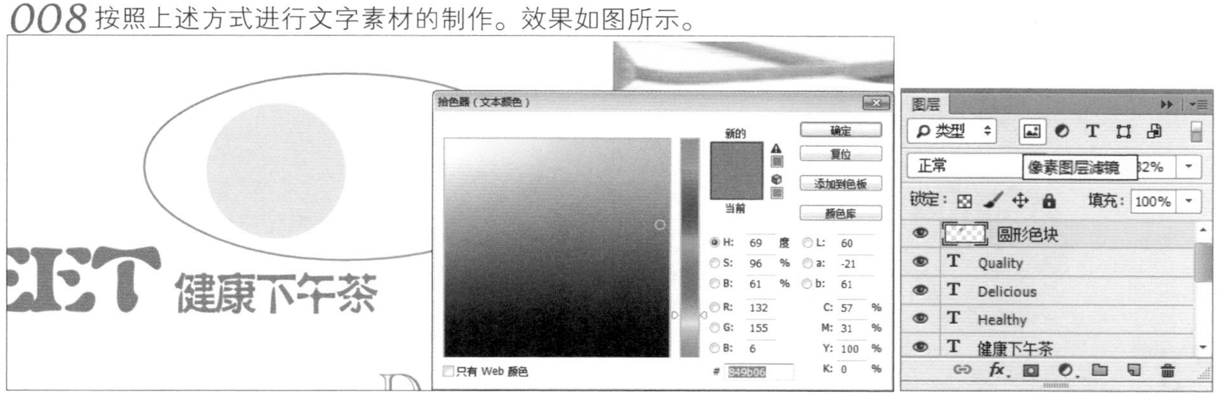

009 新建图层并将其命名为“圆形色块”，通过“椭圆选框工具”在页面上绘制出圆形选区，将“前景色”设置为绿色后按下快捷键〈Alt+Delete〉进行填充。然后按下快捷键〈CtrL+D〉取消选区。在“图层”面板中将该图层的“不透明度”更改为 32%。效果如图所示。

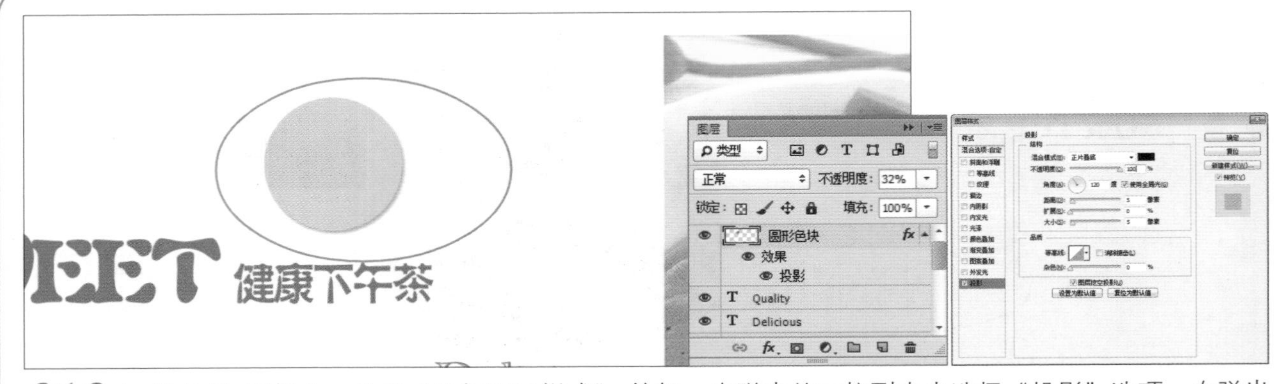

010 在“图层”面板中，单击“添加图层样式” 按钮，在弹出的下拉列表中选择“投影”选项，在弹出的“图层样式”对话框中对其参数进行设置，完成后单击“确定”按钮。效果如图所示。

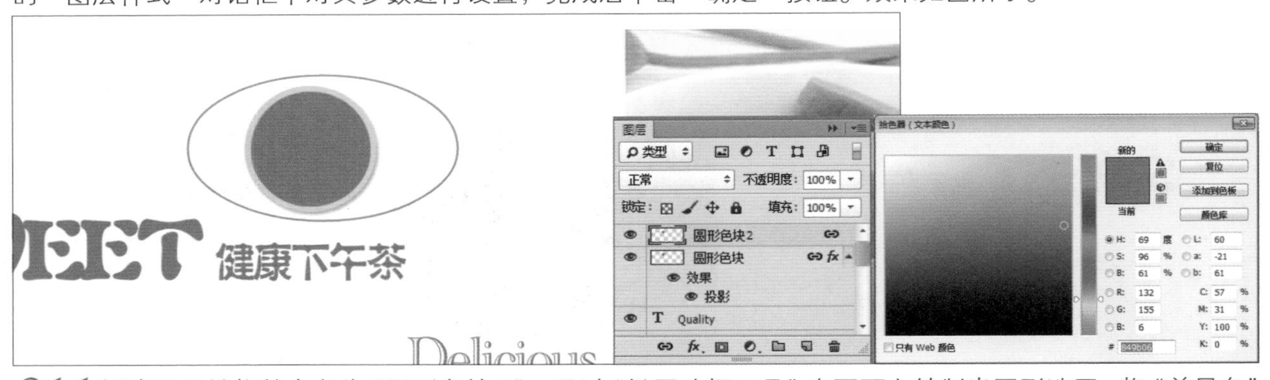

011 新建图层并将其命名为“圆形色块 2”，通过“椭圆选框工具”在页面上绘制出圆形选区，将“前景色”设置为绿色后按下快捷键〈Alt+Delete〉进行填充。然后按下快捷键〈CtrL+D〉取消选区。效果如图所示。

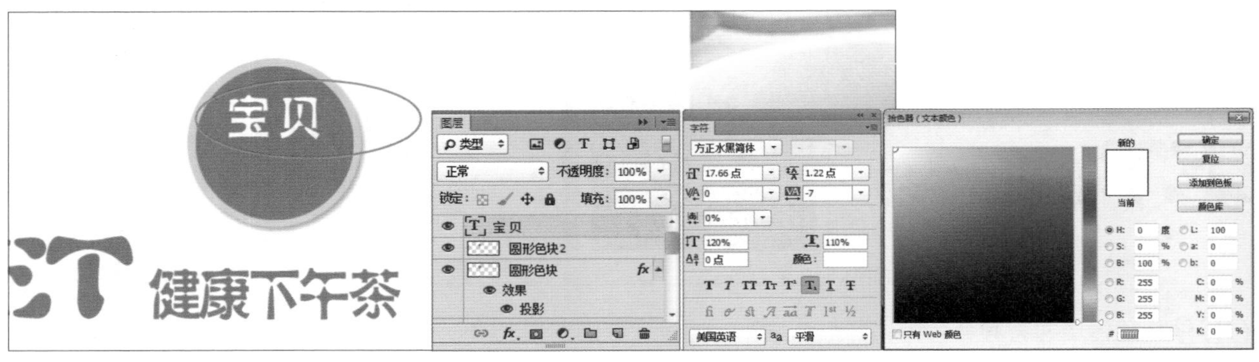

012 单击工具箱中的“文字工具”按钮，在页面中绘制文本框输入对应的文字。执行“窗口 > 字符”命令，在弹出的“字符”面板中对其参数进行设置，在文本框中输入相应的文字。效果如图所示。

013 按照上述方式进行文字素材的制作。最终效果如图所示。

效果图二

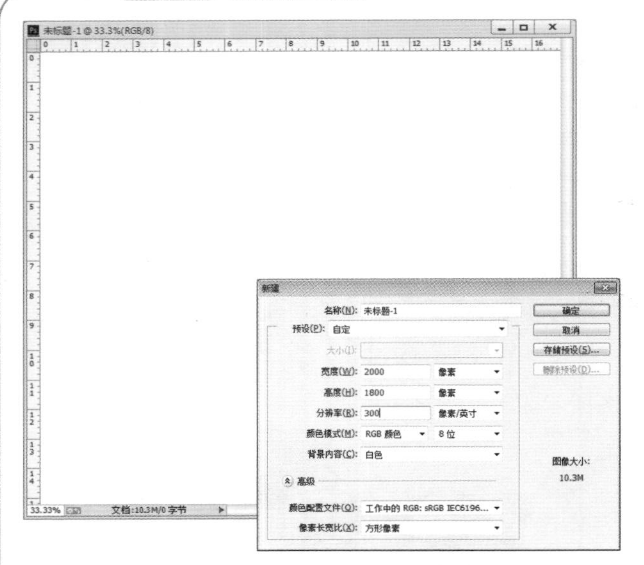

001 执行“文件 > 新建”命令，在弹出的“新建”对话框中对其参数进行设置，完成后单击“确定”按钮。效果如图所示。

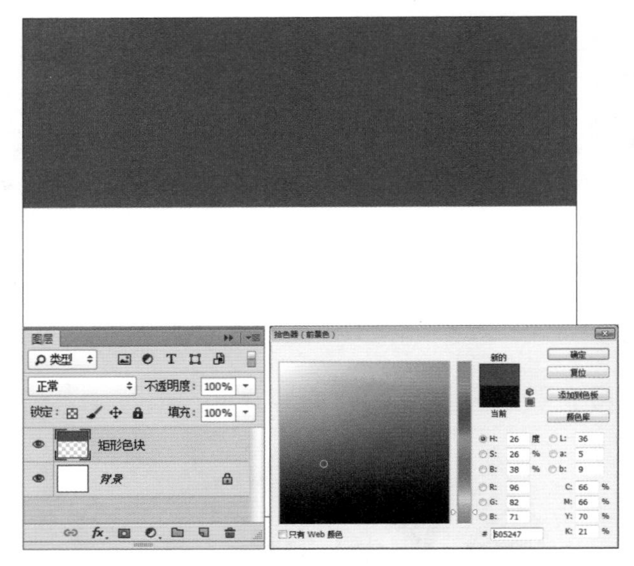

002 新建图层并将其命名为“矩形色块”，通过“矩形选框工具”在页面上绘制出矩形选区，将“前景色”设置为灰色后按下快捷键〈Alt+Delete〉进行填充。然后按下快捷键〈CtrL+D〉取消选区。

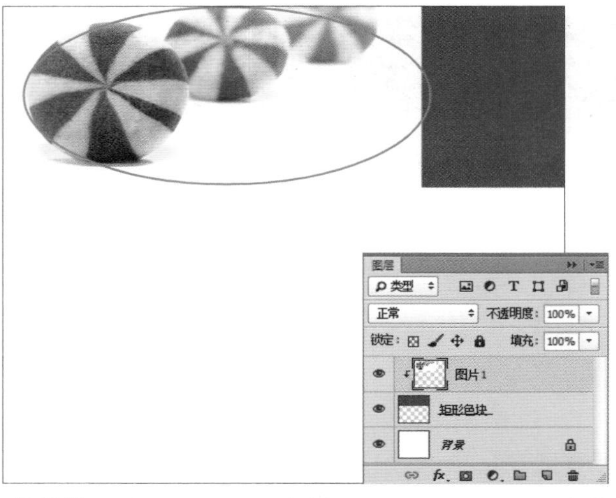

003 添加“图片 1”素材，执行“图层 > 创建剪贴蒙版”命令，将所选图层置入目标图层中。

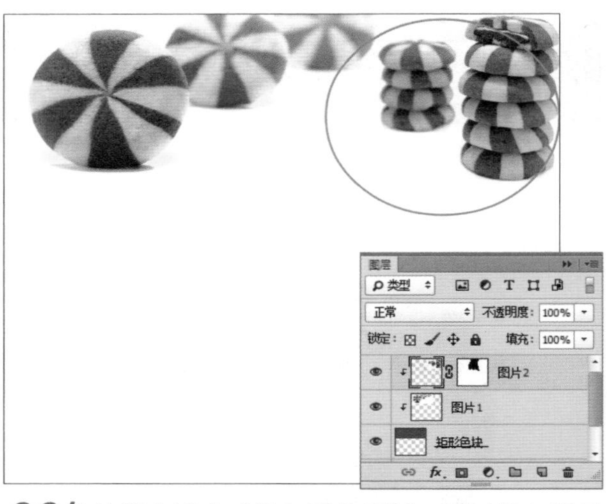

004 按照上述方式添加图片素材，通过添加图层蒙版并结合“画笔工具”的使用，擦除画面中不需要作用的部分。效果如图所示。

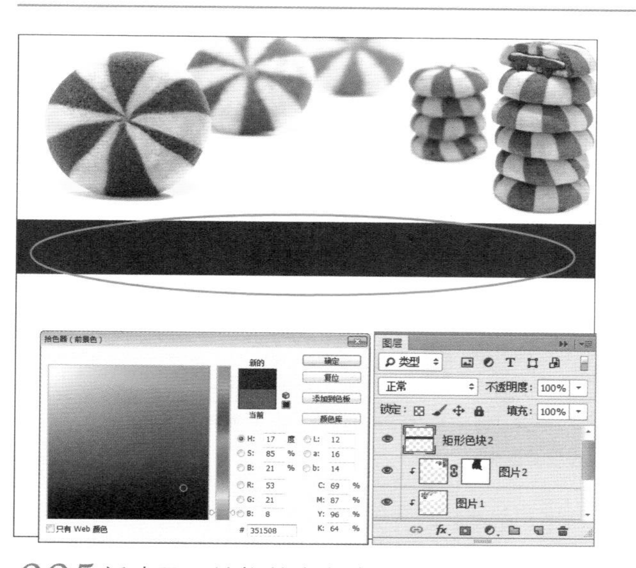

005 新建图层并将其命名为“矩形色块 2”，通过“矩形选框工具”在页面上绘制出矩形选区，将“前景色”设置为咖色后按下快捷键〈Alt+Delete〉进行填充。然后按下快捷键〈CtrL+D〉取消选区。

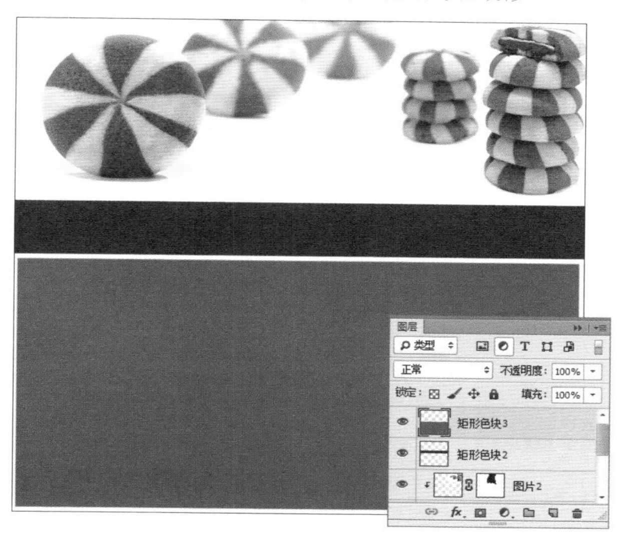

006 按照上述方式绘制灰色的矩形色块，效果如图所示。

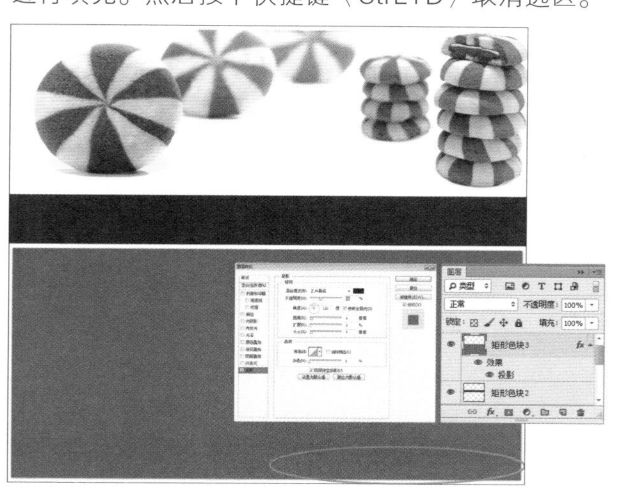

007 在“图层”面板中单击“添加图层样式”按钮，在弹出的下拉列表中选择“投影”，在弹出的“图层样式”对话框中设置好参数并单击“确定”按钮。效果如图所示。

008 添加“图片 3”素材后执行“图层 > 创建剪贴蒙版”命令，将所选图层置入目标图层中。效果如图所示。

009 单击“文字工具”按钮，在页面中绘制文本框输入对应的文字。执行“窗口 > 字符”命令，在弹出的“字符”面板中设置相关参数，完成后单击“确定”按钮，在文本框中输入相应的文字。效果如图所示。

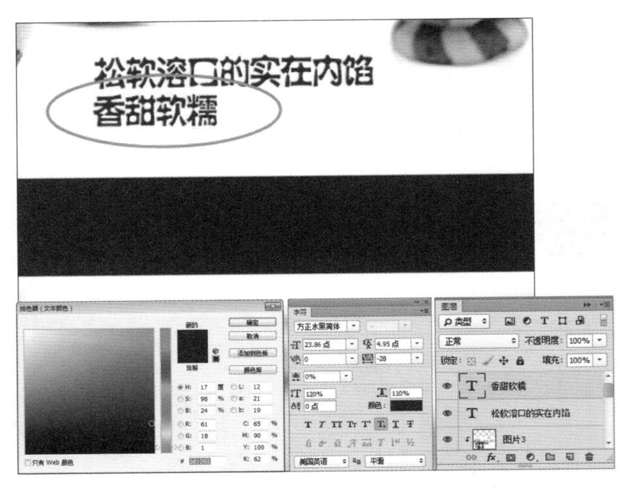

010 按照上述方式进行文字素材的制作。效果如图所示。

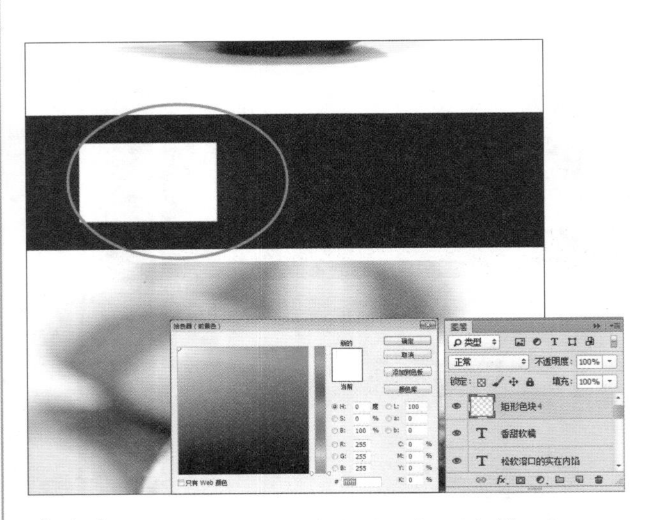

011 新建图层并将其命名为“矩形色块 4”，通过“矩形选框工具”的在页面上绘制出矩形选区，将“前景色”设置为白色后按下快捷键〈Alt+Delete〉进行填充。然后按下快捷键〈CtrL+D〉取消选区。

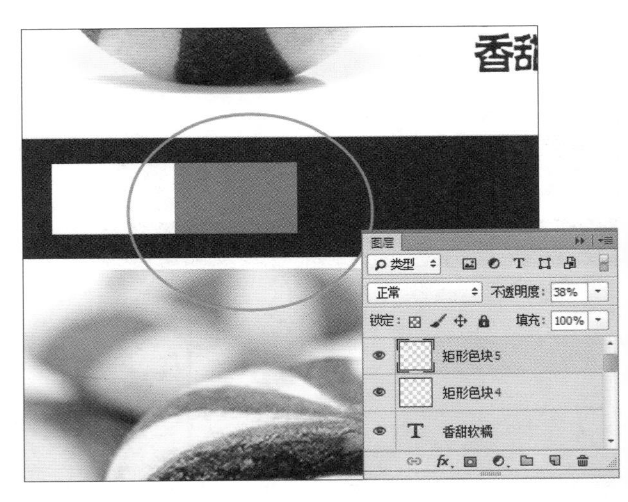

012 按照上述方式进行白色矩形色块的绘制，在“图层”面板中将该图层的“不透明度”更改为“38%”，效果如图所示。

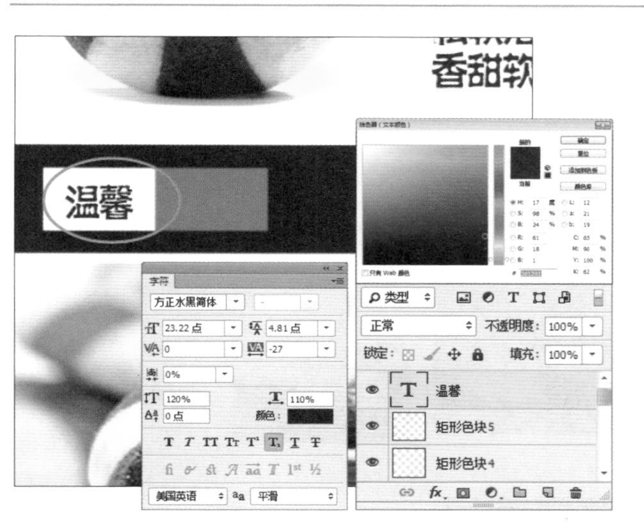

013 单击“文字工具” 按钮，在页面中绘制文本框输入对应的文字。执行“窗口 > 字符”命令，在弹出的“字符”面板中对其参数进行设置，完成后单击“确定”按钮，在文本框中输入相应的文字。效果如图所示。

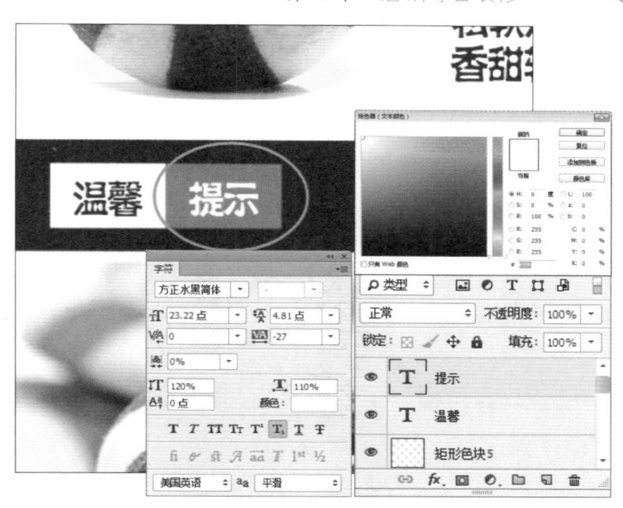

014 按照上述方式进行文字素材的制作，效果如图所示。

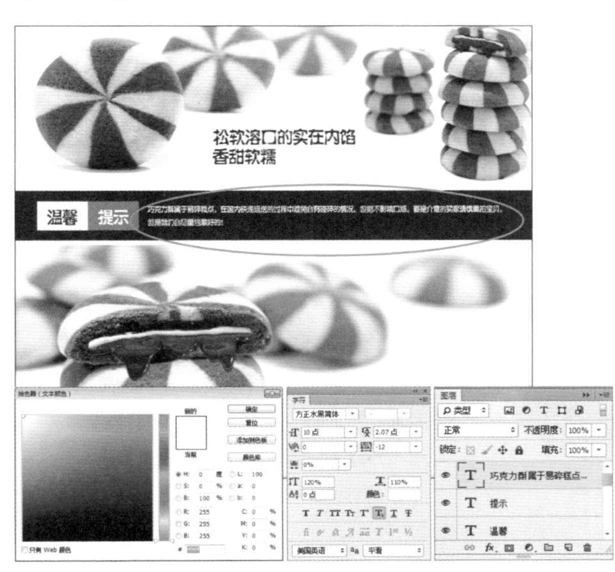

015 继续进行文字素材的制作，效果如图所示。

016 按照上述方式继续进行文字素材的制作，最终效果如图所示。

03 将调整后的照片上传至“图片空间”中，以便在装修的过程中可以随时调出来使用。通过“店铺管理 > 图片空间”的途径将调整好的照片上传。效果如图所示。

04 对店铺模板中的各个模块进行设置。效果如图所示。

05 单击页面右上角的“预览”按钮，在对店铺装修效果检查无误的情况下进行确定。最终效果如图所示。

6.4 时尚饰品店

本案例中，在店铺图片的调试中主要涉及了对偏色照片的调整，它可以作为一个重点来学习。在调整过程中主要涉及对曲线、色阶等调色工具的应用。

● **实例位置:** DVD\实例文件\第6章\6.4

● **素材位置:** DVD\实例文件\第6章\6.4

● **视频位置:** DVD\视频文件\第6章\6.4

01 这一步的主要目的在于通过选择装修模板来确定后面的店铺装修中需要多少张图片。登录淘宝网账户后单击“卖家中心”，通过“我是卖家 > 店铺管理 > 店铺装修 > 装修 > 模板管理 > 装修市场”的途径选择适合店铺风格的装修模板。

02 在 Photoshop 中对图片的色调进行调整，使其呈现出更加唯美的色调。在这里以一张发饰的照片为例，具体讲解淘宝店铺中图片色调的转换。效果如图所示。

效果图一

001 按下快捷键〈Ctrl+J〉对“背景”图层进行复制，并将复制的图层命名为“背景 复制”。效果如图所示。

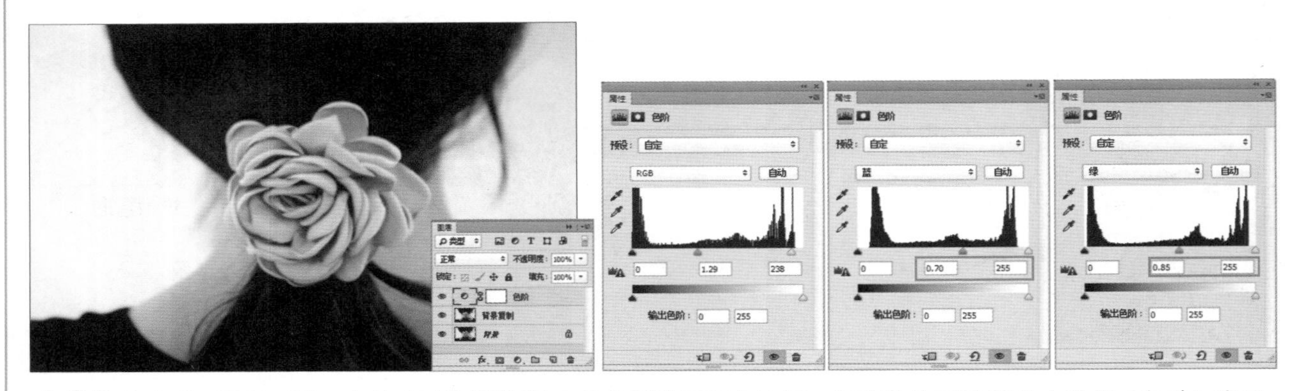

002 单击“图层”面板下方的“创建新的填充或者调整图层”按钮，在弹出的下拉菜单中选择“色阶”选项，对其参数进行设置。效果如图所示。

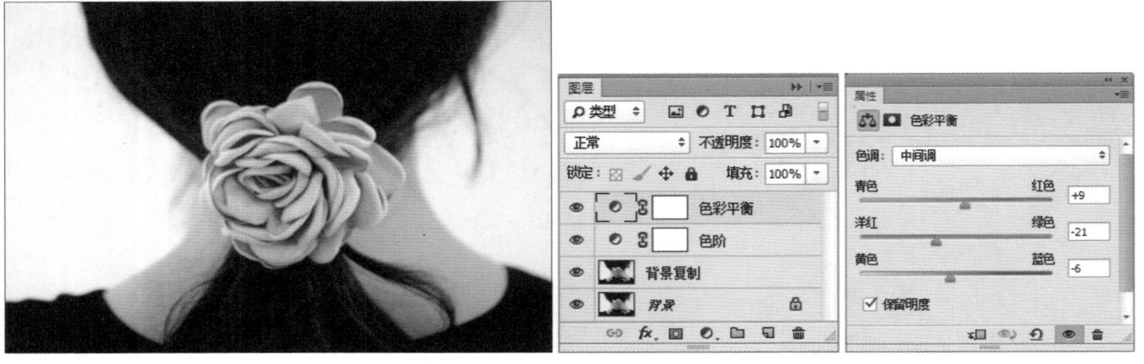

003 单击“图层”面板下方的“创建新的填充或者调整图层”按钮，在弹出的下拉菜单中选择“色彩平衡”选项，对其参数进行设置。效果如图所示。

004 按快捷键〈Ctrl+Shift+Alt+E〉盖印可见图层，得到“盖印”图层。以便进行后续调整。效果如图所示。

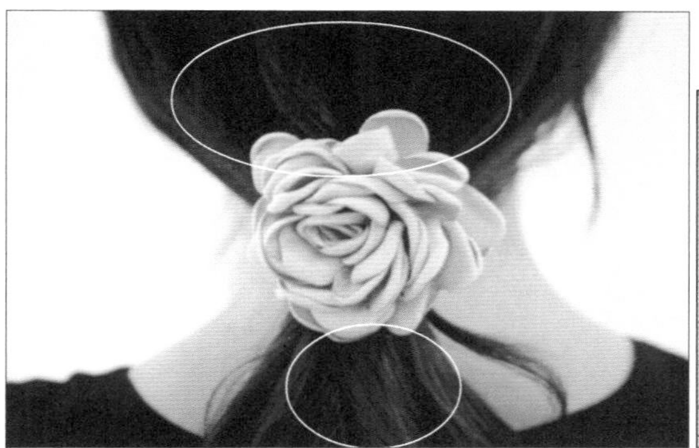
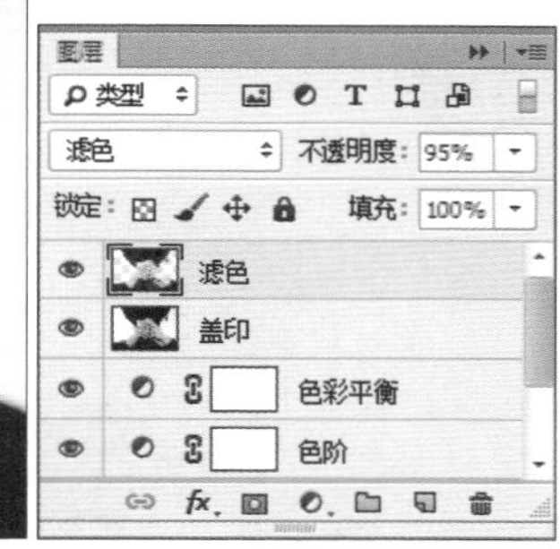

005 单击工具箱中的“魔棒工具”按钮，设置容差数值为 25，对画面中人物的头发区域进行选择。确定选区后执行“选择 > 修改 > 羽化”命令，在弹出的“羽化选区”对话框中对羽化参数进行设置后单击“确定”按钮。按下快捷键〈Ctrl+J〉复制选区并将该图层命名为“滤色”。在“图层”面板中将该图层的“混合模式”更改为“滤色”、“不透明度”更改为“95%”。效果如图所示。

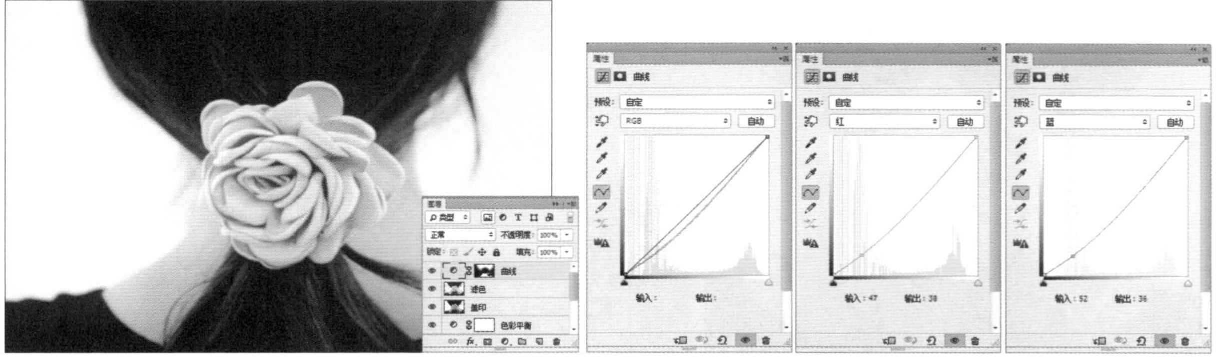

006 单击“图层”面板下方的“创建新的填充或者调整图层”按钮，在弹出的下拉菜单中选择“曲线”选项，对其参数进行设置，再用“画笔工具”擦出画面中需要作用的部分。效果如图所示。

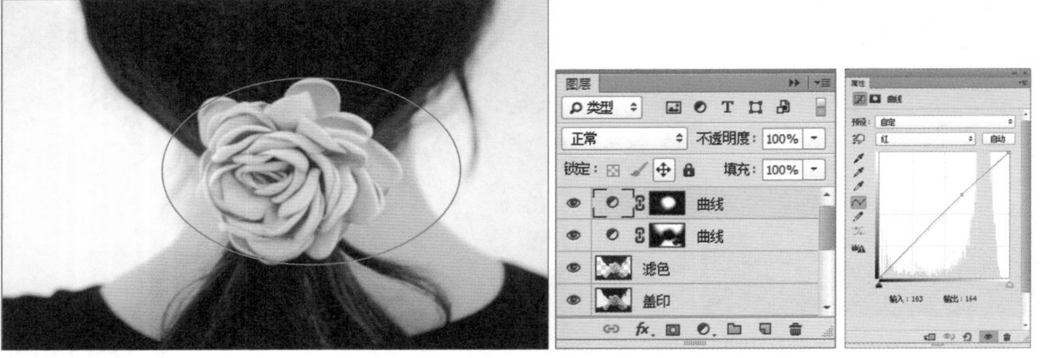

007 单击“图层”面板下方的“创建新的填充或者调整图层”按钮，在弹出的下拉菜单中选择“曲线”选项，对其参数进行设置，再用“画笔工具”擦出画面中需要作用的部分。效果如图所示。

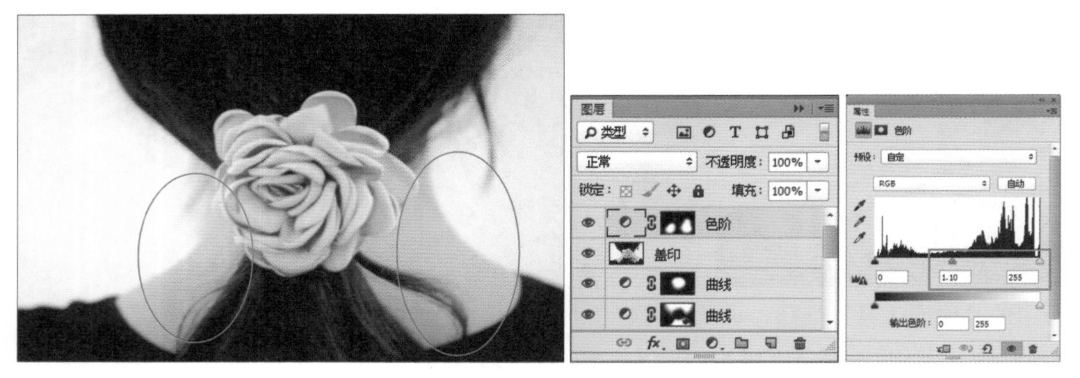

008 单击“图层”面板下方的“创建新的填充或者调整图层”按钮，在弹出的下拉菜单中选择“色阶”选项，对其参数进行设置，再用画笔工具擦出画面中需要作用的部分。效果如图所示。

009 执行“滤镜 > 锐化 >USM 锐化”命令，在弹出的“USM 锐化”对话框中对其参数进行设置，完成后单击“确定”按钮。效果如图所示。

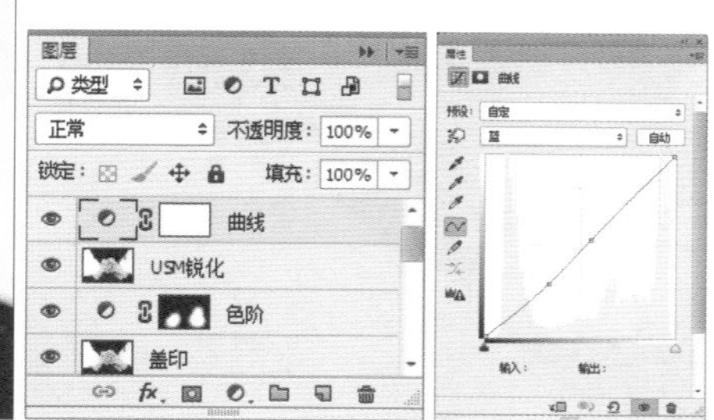

010 单击“图层”面板下方的“创建新的填充或者调整图层”按钮，在弹出的下拉菜单中选择“曲线”选项，对其参数进行设置。最终效果如图所示。

效果图二

001 按下快捷键〈Ctrl+J〉复制图层，复制的图层名称为“背景 复制”。效果如图所示。

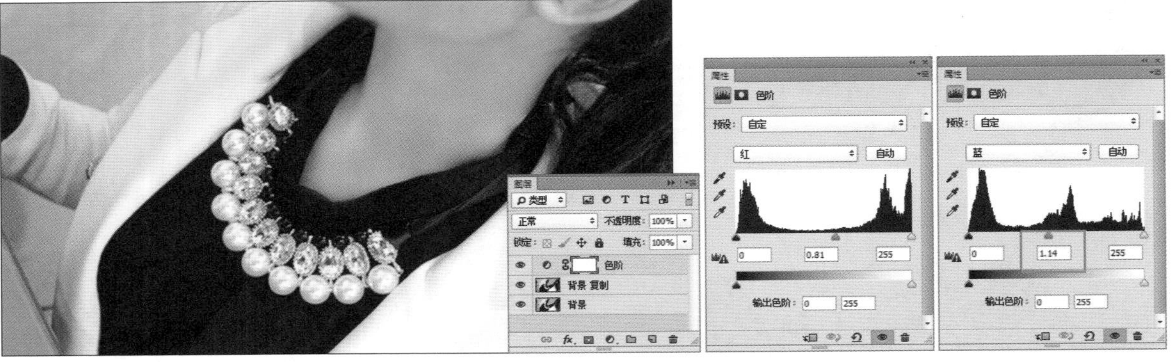

002 单击“图层”面板下方的“创建新的填充或者调整图层”按钮，在弹出的下拉菜单中选择“色阶”选项，对其参数进行设置。效果如图所示。

003 按快捷键〈Ctrl+Shift+Alt+E〉盖印可见图层，得到“盖印”图层，以便进行后续操作。效果如图所示。

004 单击工具箱中的“魔棒工具”按钮，设置容差数值为 25，对画面中人物黑色衣服部分进行选择。确定选区后执行“选择 > 修改 > 羽化”命令，在弹出的“羽化选区”对话框中对羽化参数进行设置后单击“确定”按钮。按下快捷键〈Ctrl+J〉复制选区并将该图层命名为“滤色”。在“图层”面板中将该图层的“混合模式”更改为“滤色”、“不透明度”更改为“25%”。效果如图所示。

005 单击“图层”面板下方的“创建新的填充或者调整图层”按钮，在弹出的下拉菜单中选择“曲线”选项，对其参数进行设置，再用画笔工具擦出图像中需要作用的部分。效果如图所示。

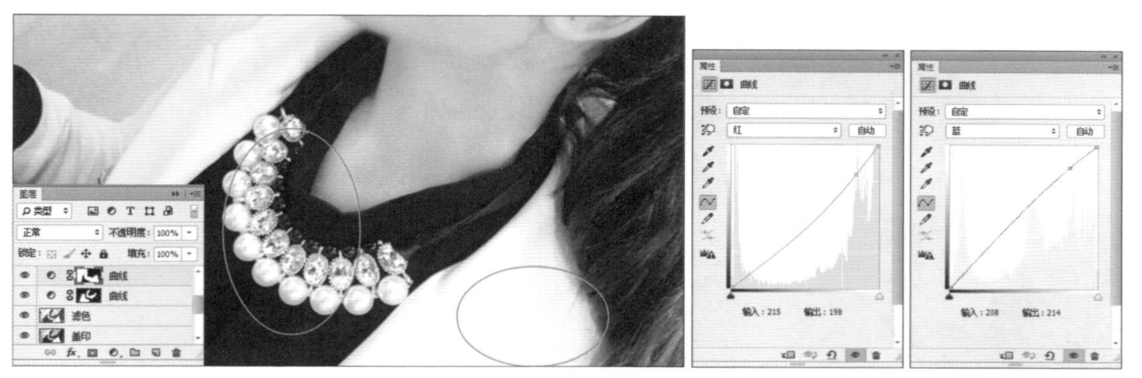

006 单击“图层”面板下方的“创建新的填充或者调整图层”按钮，在弹出的下拉菜单中选择“曲线”选项，对其参数进行设置，再用“画笔工具”擦出图像中需要作用的部分。效果如图所示。

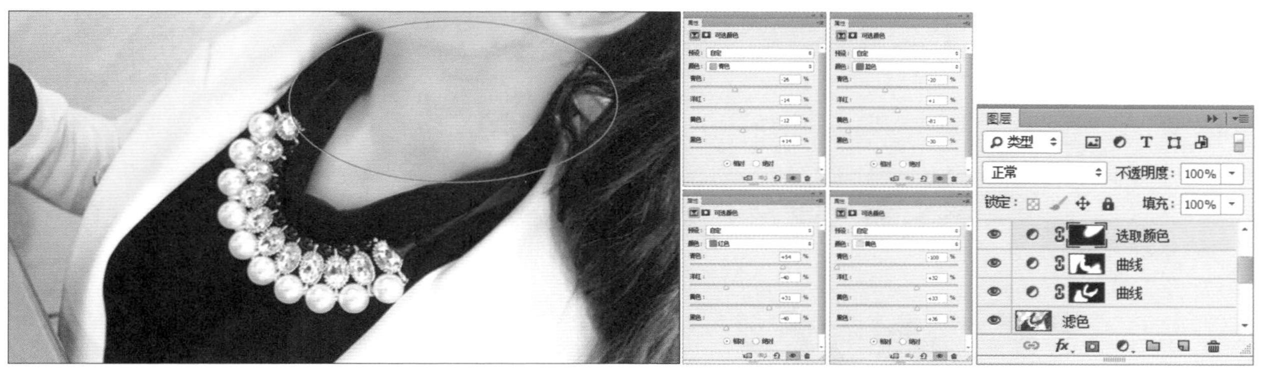

007 单击“图层”面板下方的“创建新的填充或者调整图层”按钮，在弹出的下拉菜单中选择“可选颜色”选项，对其参数进行设置，再用“画笔工具”擦出图像中需要作用的部分。效果如图所示。

008 单击“图层”面板下方的“创建新的填充或者调整图层”按钮，在弹出的下拉菜单中选择“曲线”选项，对其参数进行设置，再用“画笔工具”擦出图像中需要作用的部分。效果如图所示。

009 盖印可见图层后执行“滤镜 > 锐化 >USM 锐化”命令，在弹出的“USM 锐化”对话框中对其参数进行设置，完成后单击“确定”按钮。最终效果如图所示。

03

将调整后的照片上传至“图片空间”中，以便在装修的过程中可以随时调出来使用。通过“店铺管理 > 图片空间”的途径将调整好的照片上传。效果如图所示。

花朵戒指系列　璀璨彩宝系列　结婚套装系列　璀璨吊坠系列

04 对店铺模板中的各个模块进行设置，包括文字的描述及参数的调整等。效果如图所示。

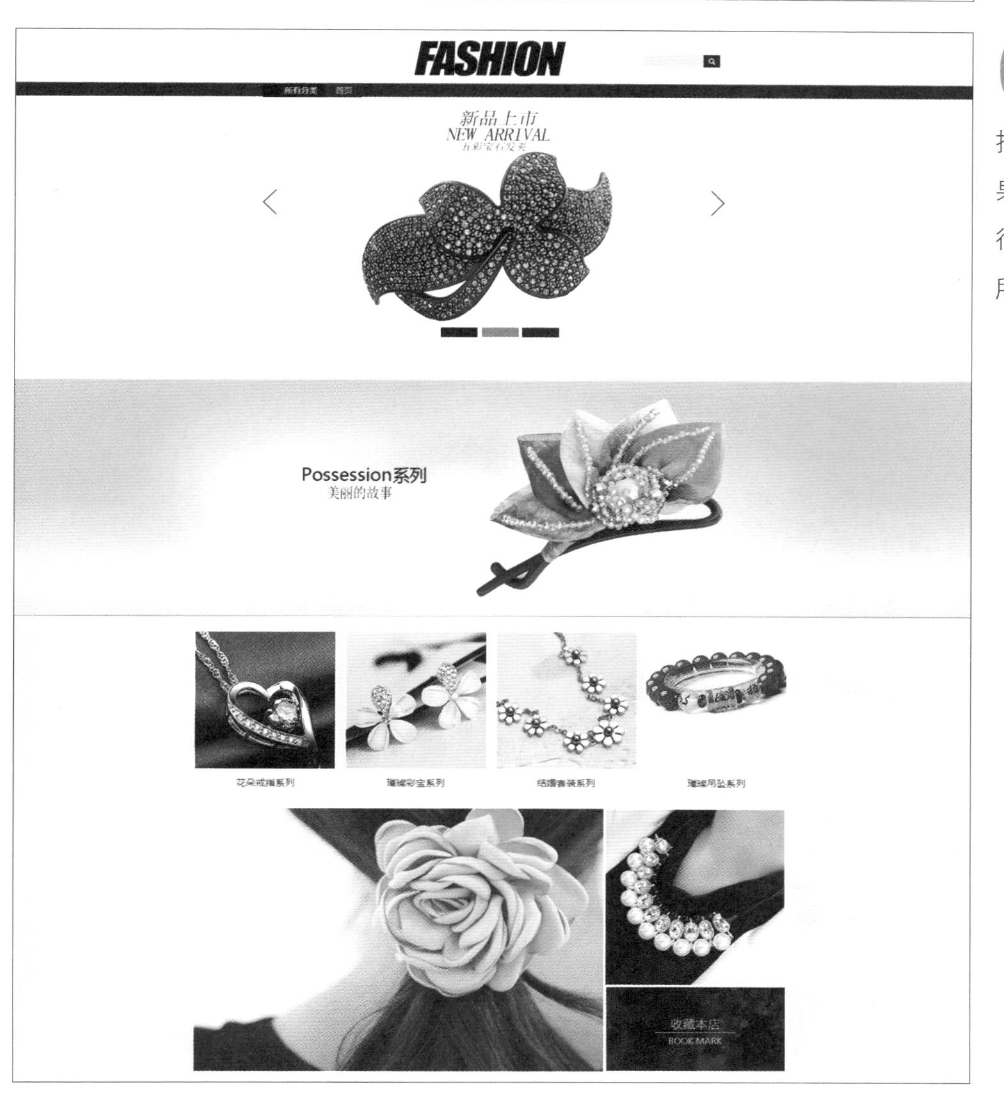

05 单击页面右上角的“预览”按钮，在对店铺装修效果检查无误的情况下进行确定。最终效果如图所示。

6.5 诚信家居店

本节主要讲解家居产品店铺的装修方法，以两件商品为例详尽地描述了产品修图的相关方式。

● **实例位置:** DVD\实例文件\第6章\6.5

● **素材位置:** DVD\实例文件\第6章\6.5

● **视频位置:** DVD\视频文件\第6章\6.5

01 这一步的主要目的在于通过选择装修模板来确定后面的店铺装修中需要多少张图片。登录淘宝网账户后单击“卖家中心”，通过“我是卖家 > 店铺管理 > 店铺装修 > 装修 > 模板管理 > 装修市场”的途径选择适合店铺风格的装修模板。

02 制作家居店的主图，在此处以小夜灯的单品展示为例，通过光影色调的调整，产品的抠图等一系列方法为读者具体地讲解了主图的设计制作。

效果图一

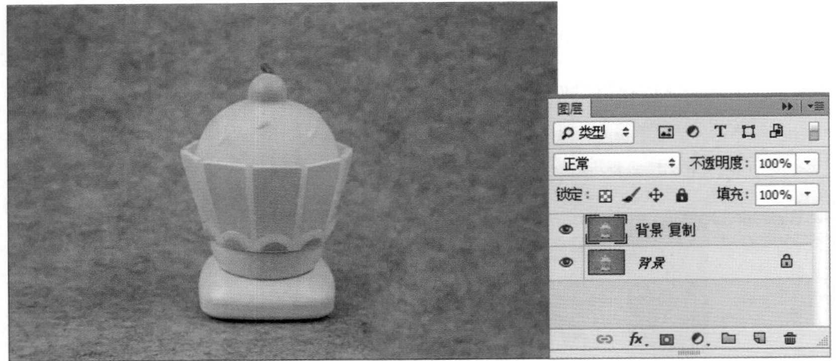

001 按下快捷键〈Ctrl+J〉对“背景”图层进行复制，复制的图层名称为“背景 复制”。效果如图所示。

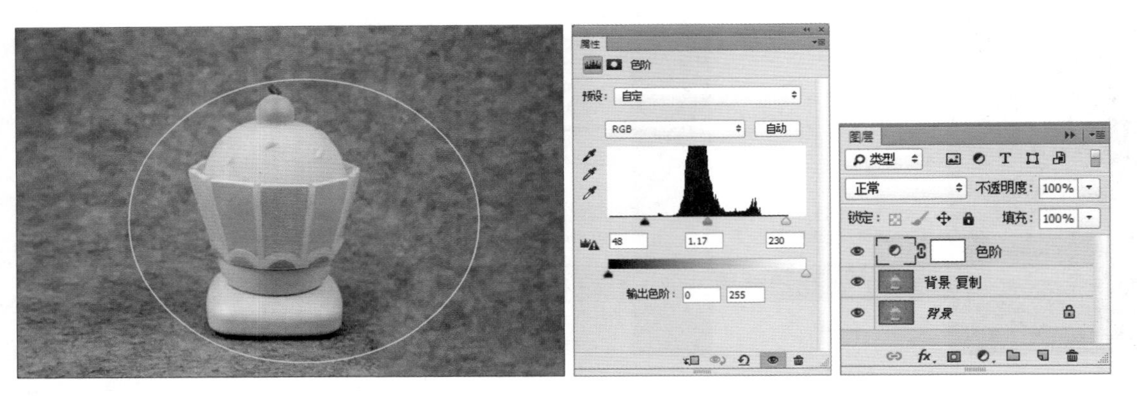

002 单击“图层”面板下方的“创建新的填充或者调整图层”按钮，在弹出的下拉菜单中选择“色阶”选项，对其参数进行设置。效果如图所示。

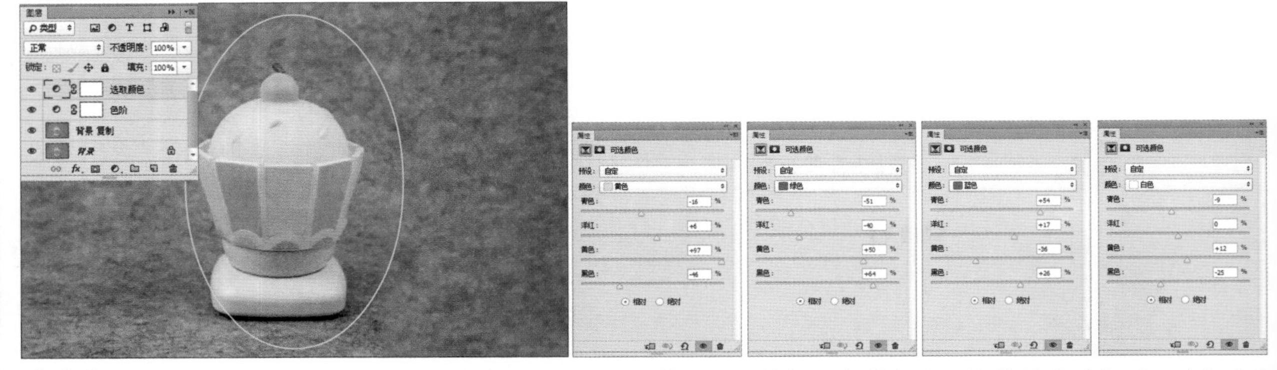

003 单击“图层”面板下方的“创建新的填充或者调整图层”按钮，在弹出的下拉菜单中选择“可选颜色”选项，对其参数进行设置。效果如图所示。

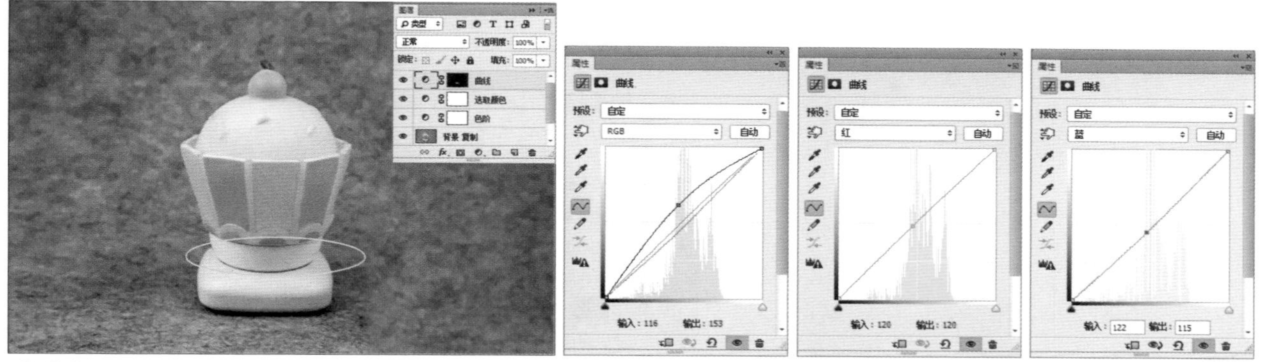

004 单击“图层”面板下方的“创建新的填充或者调整图层”按钮，在弹出的下拉菜单中选择“曲线”选项，对其参数进行设置，再用“画笔工具”擦除画面中不需要作用的部分。效果如图所示。

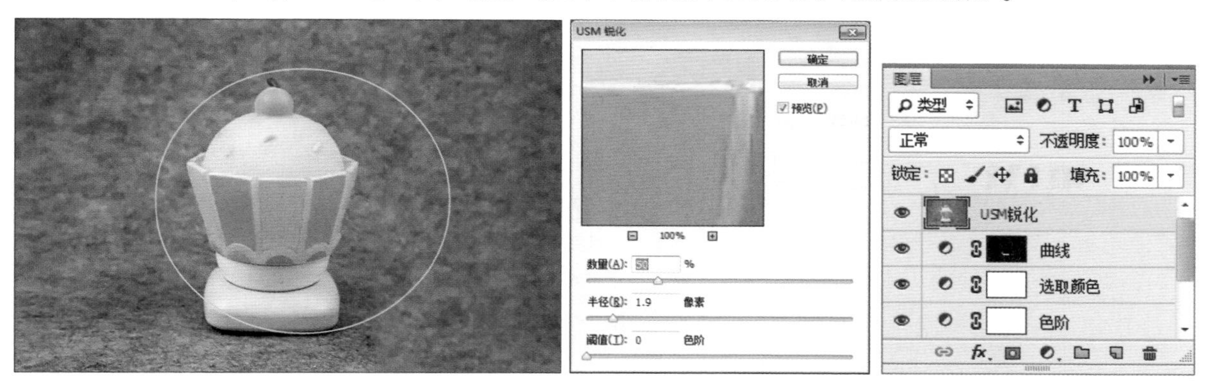

005 盖印可见图层后执行“滤镜 > 锐化 >USM 锐化”命令，在弹出的“USM 锐化”对话框中对其参数进行设置，完成后单击“确定”按钮。效果如图所示。

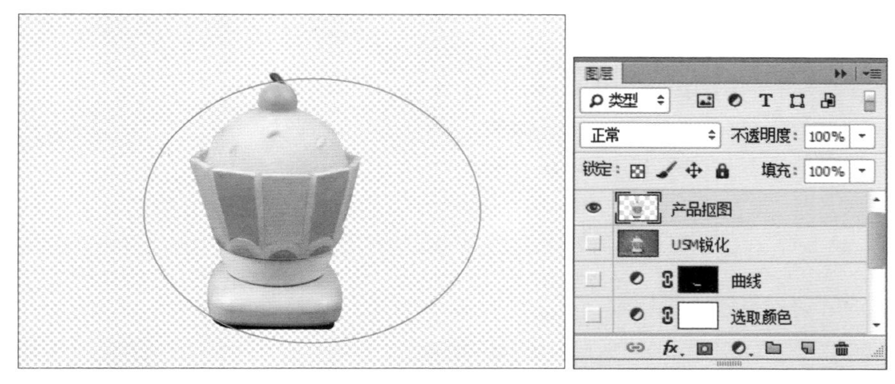

006 按下快捷键〈Ctrl+J〉复制图层，将该图层命名为“产品抠图”。然后用“钢笔工具”沿着产品外轮廓勾勒出闭合路径。按下快捷键〈Ctrl+Enter〉将路径转换为选区后删除产品背景部分。效果如图所示。

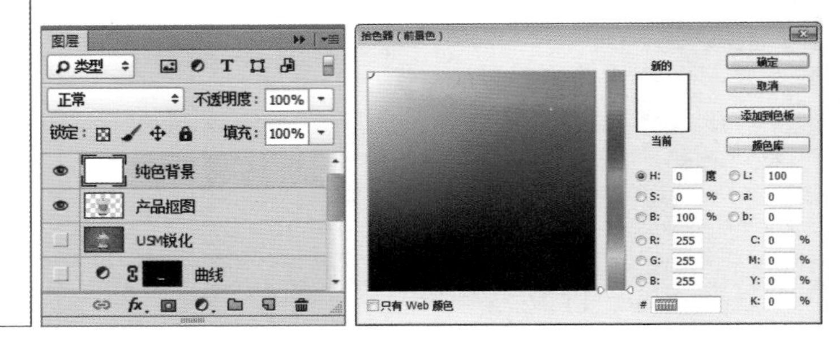

007 新建图层后将其命名为“纯色背景”，将“前景色”设置为白色后按下快捷键〈Alt+Delete〉进行填充。效果如图所示。

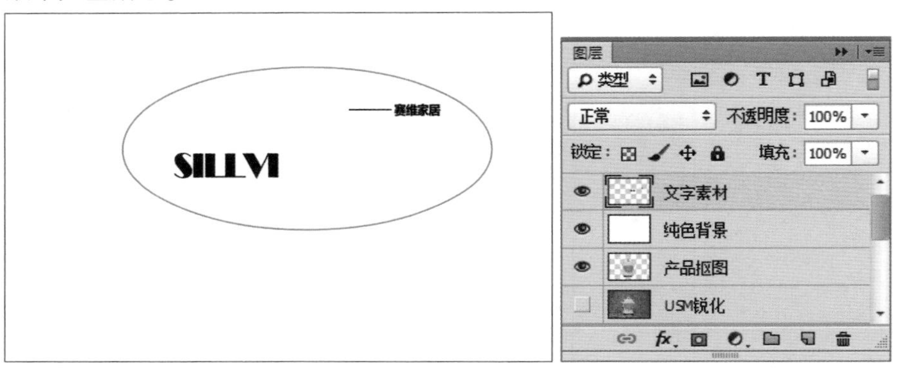

008 执行“文件 > 打开”命令，在弹出的“打开”对话框中选择“文字素材 .png”文件，将其拖到页面之上并调整其位置。效果如图所示。

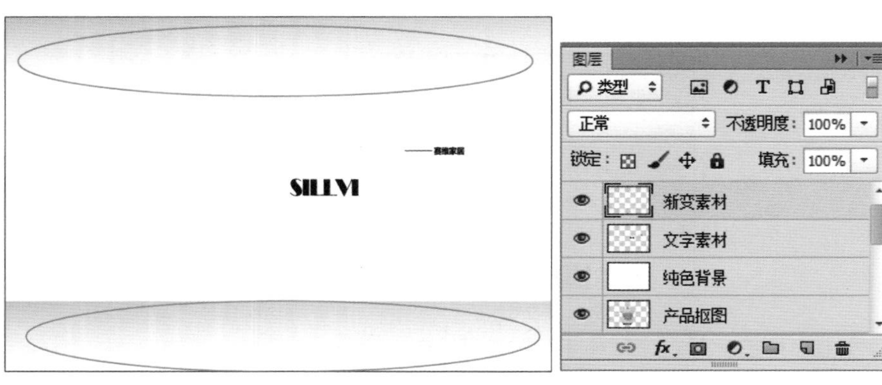

009 执行“文件 > 打开”命令，在弹出的“打开”对话框中选择“渐变素材 .png”文件，将其拖到页面之上并调整其位置。效果如图所示。

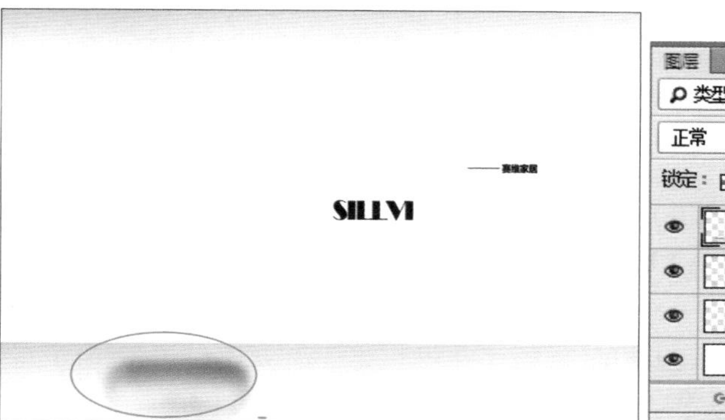

010 执行“文件 > 打开”命令，在弹出的“打开”对话框中选择“阴影素材 .png”文件，将其拖到页面之上并调整其位置。效果如图所示。

011 在“图层”面板中对“产品抠图”图层进行复制并将其调整至最上方，将该图层重新命名为“瑕疵修整”。单击工具箱中的“修补工具” 按钮，对图像中的瑕疵部分进行修整。效果如图所示。

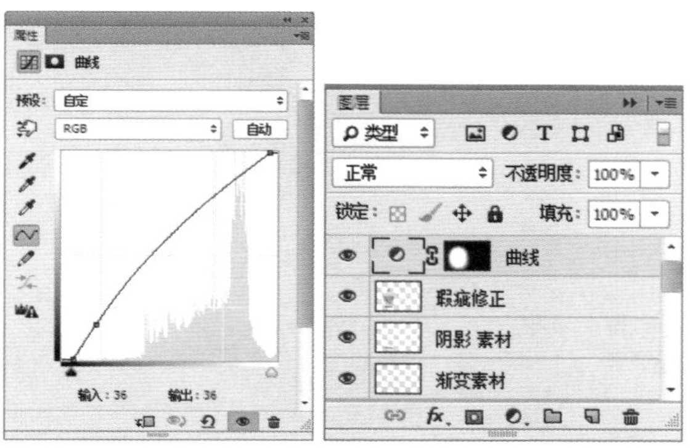

012 单击“图层”面板下方的“创建新的填充或者调整图层”按钮，在弹出的下拉菜单中选择“曲线”选项，对其参数进行设置，再用“画笔工具”擦除画面中不需要作用的部分。效果如图所示。

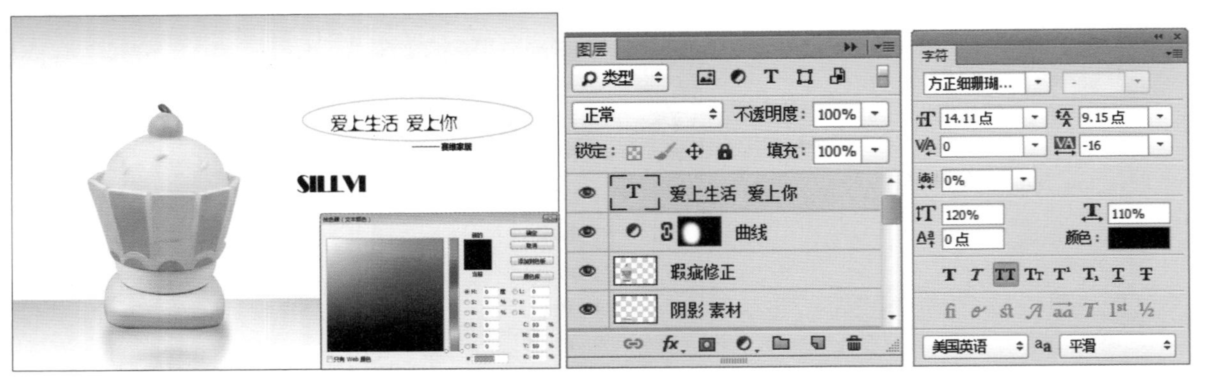

013 单击工具箱中的“文字工具” 按钮，在页面中绘制文本框输入对应的文字。执行“窗口 > 字符”命令，在弹出的“字符”面板中对其参数进行设置，在文本框中输入相应的文字。效果如图所示。

效果图二

001 按下快捷键〈Ctrl+J〉对“背景”图层进行复制，复制的图层名称为“背景 复制”。效果如图所示。

002 单击“图层”面板下方的“创建新的填充或者调整图层”按钮，在弹出的下拉菜单中选择“色阶”选项，对其参数进行设置。效果如图所示。

003 单击“图层”面板下方的“创建新的填充或者调整图层”按钮，在弹出的下拉菜单中选择“曲线”选项，对其参数进行设置，再用“画笔工具”擦除画面中不需要作用的部分。效果如图所示。

004 盖印可见图层后将该图层命名为“柔光”。在“图层”面板中将该图层的“混合模式”更改为“柔光”、“不透明度”更改为 83%，并用“画笔工具”擦除画面中不需要作用的部分。效果如图所示。

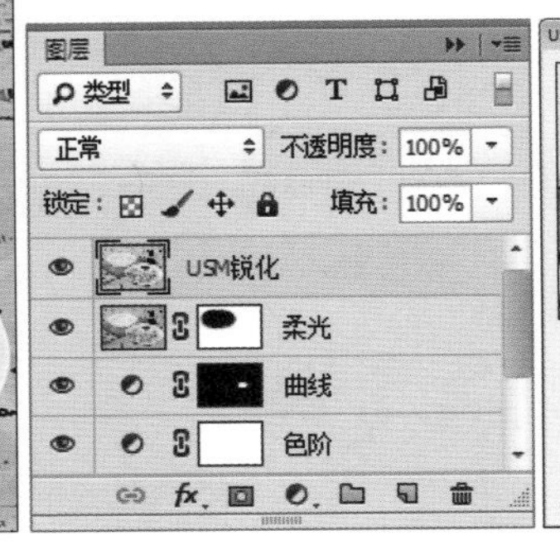

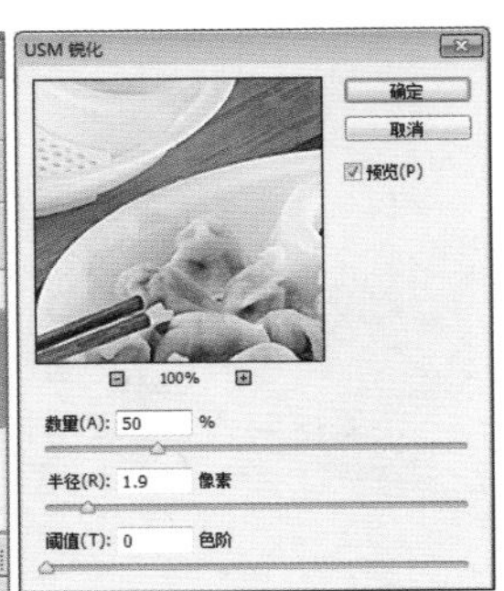

005 盖印可见图层后将该图层命名为“USM锐化”。执行“滤镜 > 锐化 >USM锐化”命令，在弹出的“USM锐化”对话框中对其参数进行设置，完成后单击“确定”按钮。最终效果如图所示。

03 将调整后的照片上传至“图片空间”中，以便在装修的过程中可以随时调出来使用。通过“店铺管理 > 图片空间”的途径将调整好的照片上传。效果如图所示。

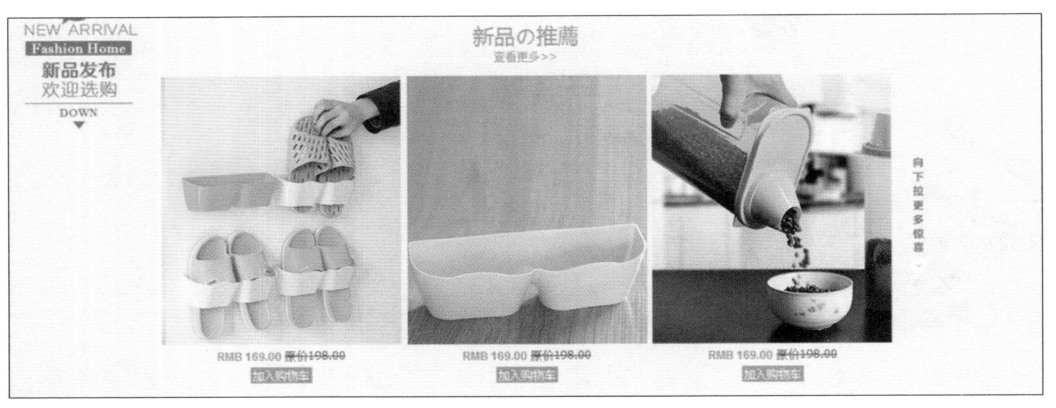

04 对店铺模板中的各个模块进行设置，包括文字的描述及参数的调整等。效果如图所示。

05 单击页面右上角的“预览”按钮，在对店铺装修效果检查无误的情况下进行确定。最终效果如图所示。

6.6 母婴用品——关爱之家

本案例主要讲解母婴用品店的装修，在具体的操作中由于店铺本身的特点，应该将装修的风格偏重于清新可爱这一类型。只有这样才能吸引更多消费者的眼球。

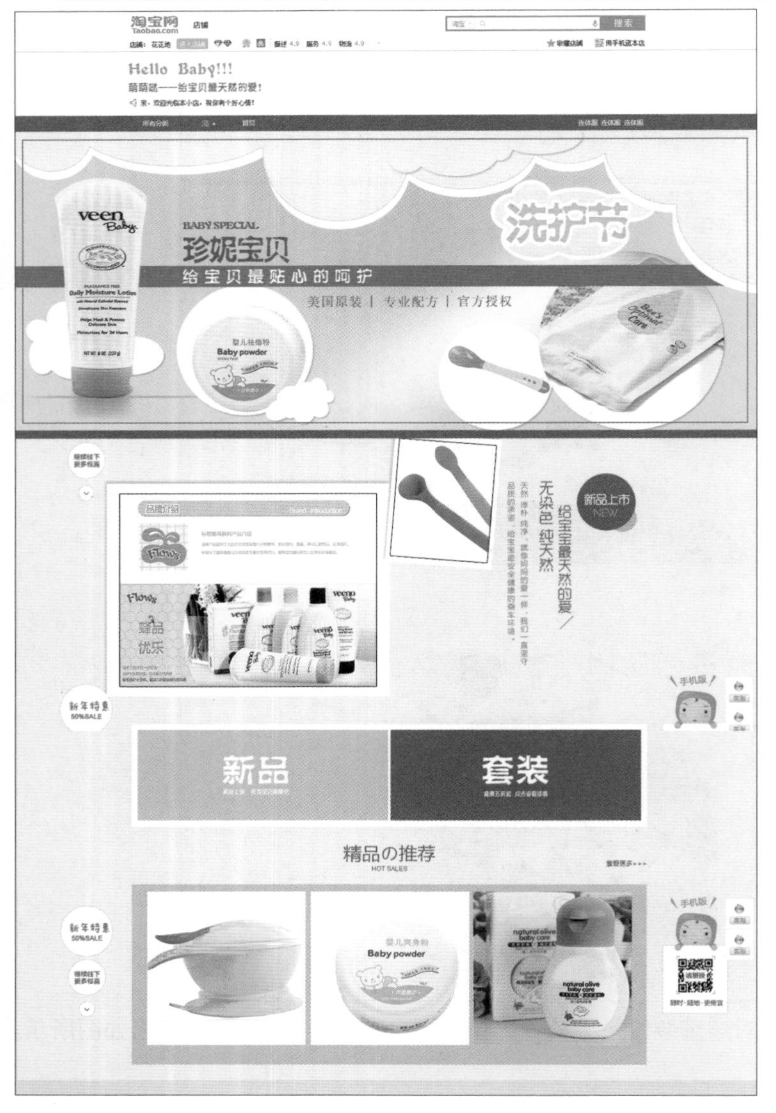

- **实例位置：** DVD\实例文件\第6章\6.6
- **素材位置：** DVD\实例文件\第6章\6.6
- **视频位置：** DVD\视频文件\第6章\6.6

01 这一步的主要目的在于通过选择装修模板来确定后面的店铺装修中需要多少张图片。登录淘宝网账户后单击“卖家中心”，通过“我是卖家 > 店铺管理 > 店铺装修 > 装修 > 模板管理 > 装修市场”的途径选择适合店铺风格的装修模板。

02 在 Photoshop 中对图像进行处理并且适当地排版、设计，使画面具有更强的宣传性。效果如图所示。

效果图一

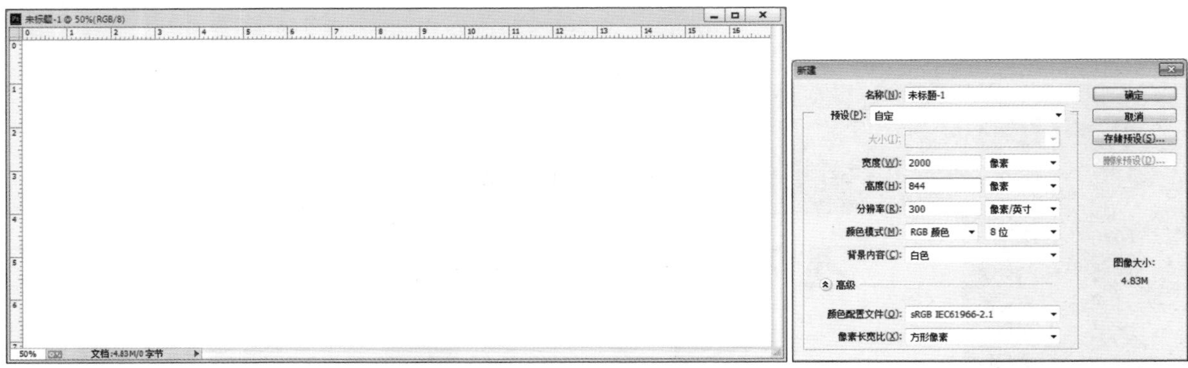

001 执行“文件 > 新建”命令，在弹出的“新建”对话框中对其参数进行设置，完成后单击“确定”按钮。效果如图所示。

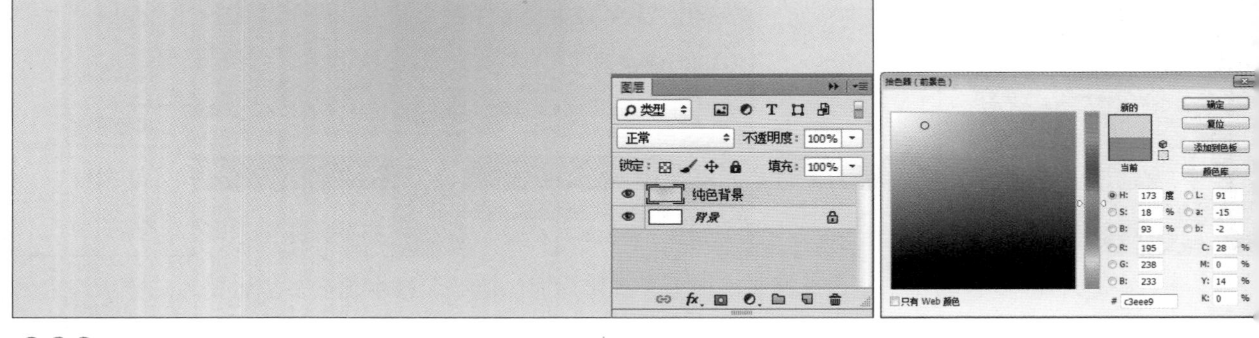

002 新建图层并将其命名为“纯色背景”，将“前景色”设置为青色后按下快捷键〈Alt+Delete〉进行填充。然后按下快捷键〈Ctrl+D〉取消选区。效果如图所示。

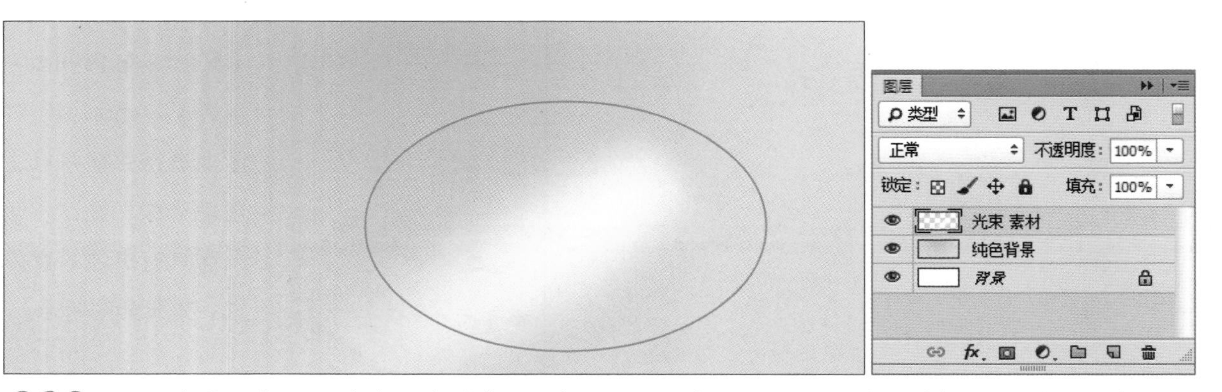

003 执行“文件 > 打开”命令，在弹出的“打开”对话框中选择“光束 素材 .png”文件，将其拖到页面之上并调整其位置。效果如图所示。

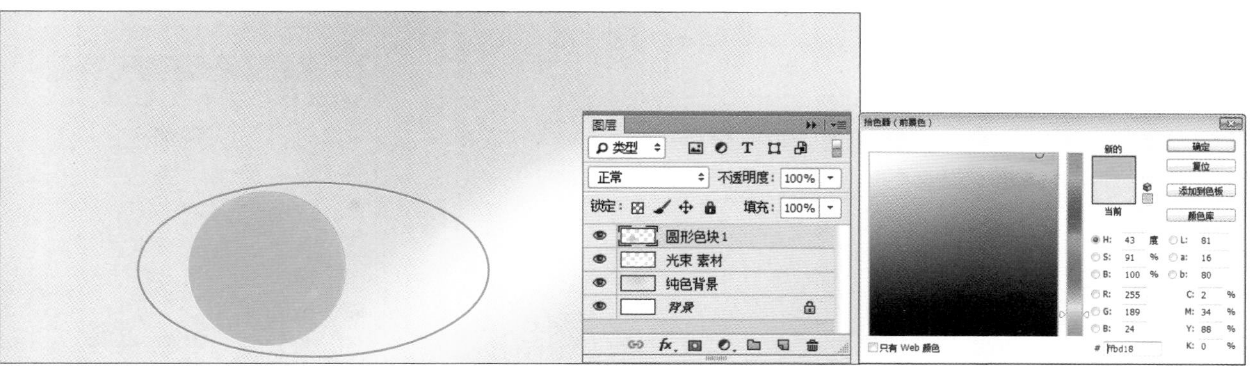

004 新建图层并将其命名为“圆形色块 1”图层，通过“椭圆选框工具”在页面上绘制出圆形选区。将“前景色”设置为黄色后按下快捷键〈Alt+Delete〉进行填充。然后按下快捷键〈Ctrl+D〉取消选区。效果如图所示。

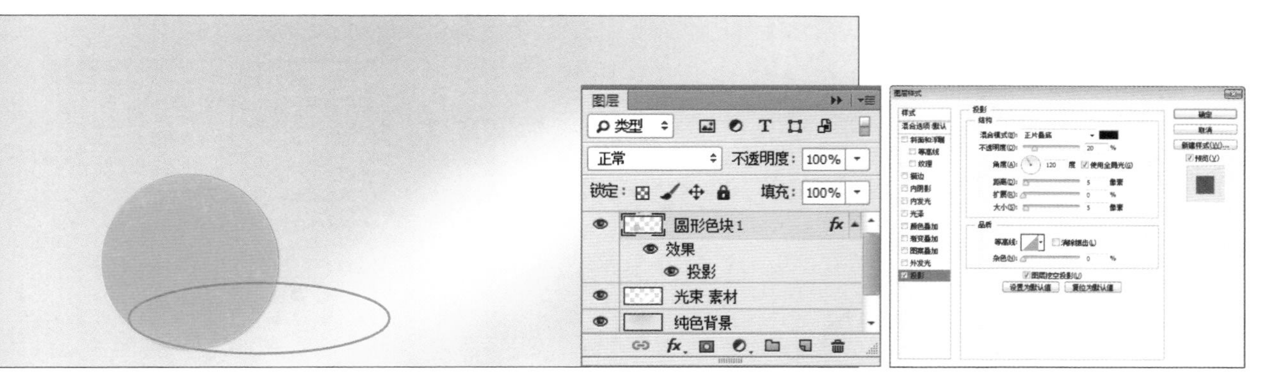

005 在“图层”面板中，单击“添加图层样式” 按钮，在弹出的下拉列表中选择“投影”选项，在弹出的“图层样式”对话框中对其参数进行设置，完成后单击“确定”按钮。效果如图所示。

006 执行“文件 > 打开”命令，在弹出的“打开”对话框中选择“产品 1.jpg”文件，将其拖到页面之上并调整其位置。执行“图层 > 创建剪贴蒙版”命令，将所选图层置入目标图层中。效果如图所示。

007 按照上述方式进行圆形色块的制作、阴影效果的添加及产品照片的嵌入等。效果如图所示。

008 执行“文件 > 打开”命令，在弹出的“打开”对话框中选择“文字 素材.png”文件，将其拖到页面之上并调整其位置。效果如图所示。

009 按照上述方式进行圆形色块的制作、阴影效果的添加及产品照片的嵌入等。效果如图所示。

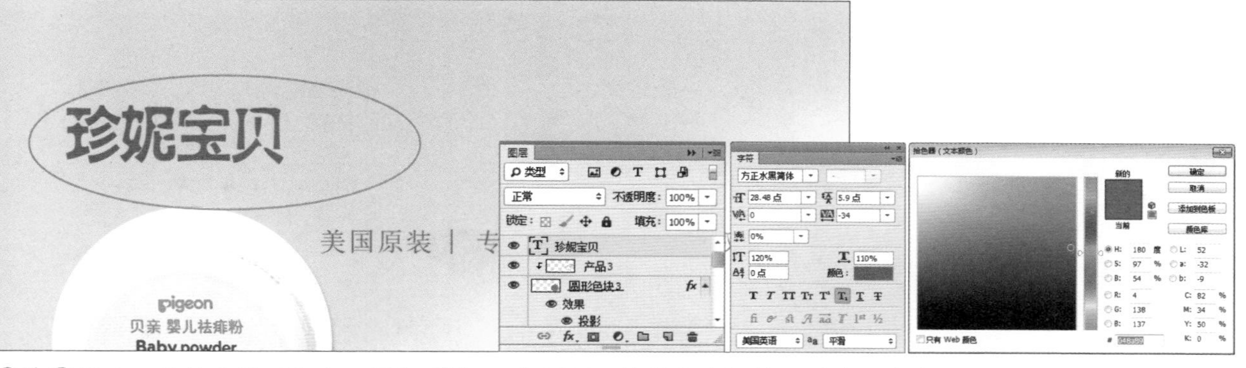

010 单击工具箱中的“文字工具” 按钮，在页面中绘制文本框输入对应的文字。执行“窗口 > 字符”命令，在弹出的“字符”面板中对其参数进行设置，在文本框中输入相应的文字。效果如图所示。

011 添加“云朵 素材 1”后在“图层”面板中，单击“添加图层样式” 按钮，在弹出的下拉列表中分别选择“描边”和“投影”选项，在弹出的“图层样式”对话框中对其参数进行设置，完成后单击“确定”按钮。效果如图所示。

012 单击工具箱中的“文字工具” 按钮，在页面中绘制文本框输入对应的文字。执行“窗口 > 字符”命令，在弹出的“字符”面板中对其参数进行设置，在文本框中输入相应的文字。效果如图所示。

013 在“图层”面板中，单击“添加图层样式” 按钮，在弹出的下拉列表中选择“描边”选项，在弹出的“图层样式”对话框中对其参数进行设置，完成后单击“确定”按钮。效果如图所示。

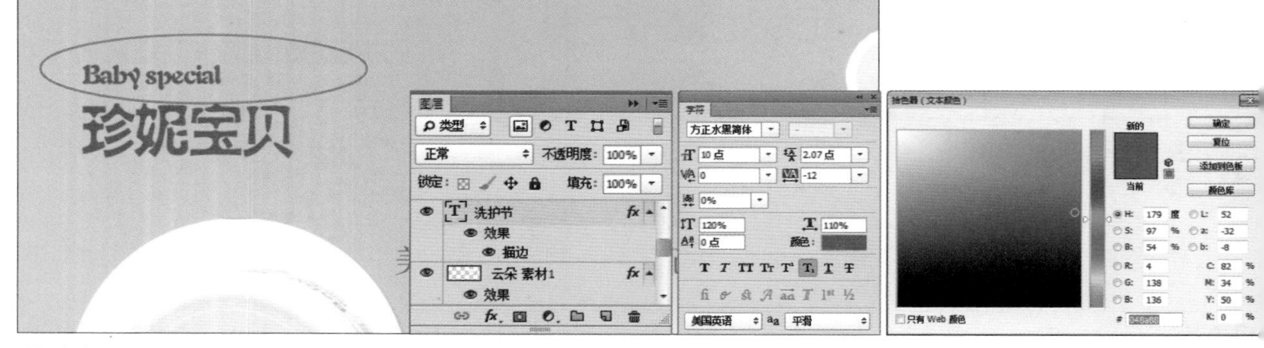

014 单击工具箱中的“文字工具” 按钮，在页面中绘制文本框输入对应的文字。执行“窗口 > 字符”命令，在弹出的“字符”面板中对其参数进行设置，在文本框中输入相应的文字。效果如图所示。

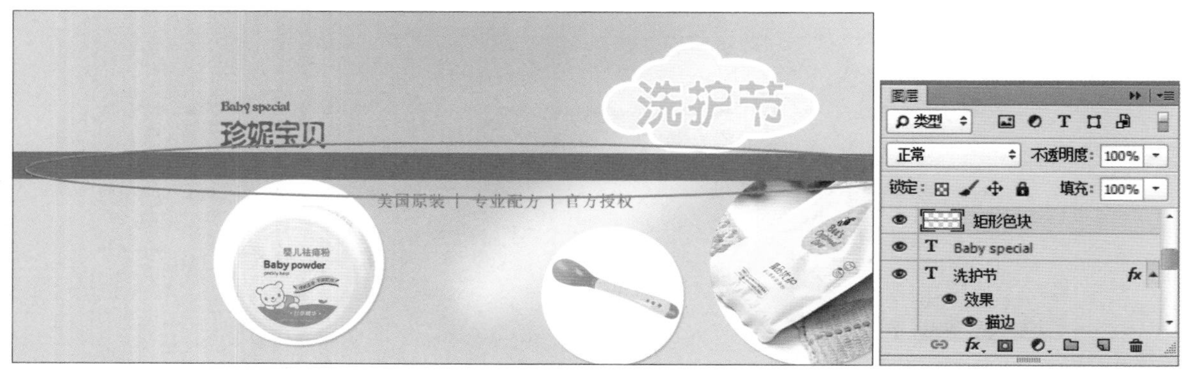

015 新建图层并将其命名为“矩形色块”图层，通过“矩形选框工具”在页面上绘制出矩形选区，将“前景色”设置为青色后按下快捷键〈Alt+Delete〉进行填充，然后按下快捷键〈Ctrl+D〉取消选区。效果如图所示。

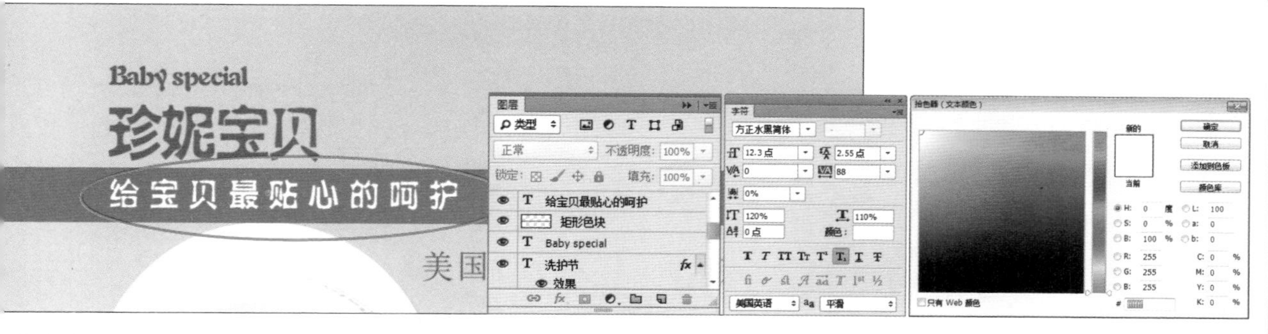

016 按照上述方式进行文字素材的制作，效果如图所示。

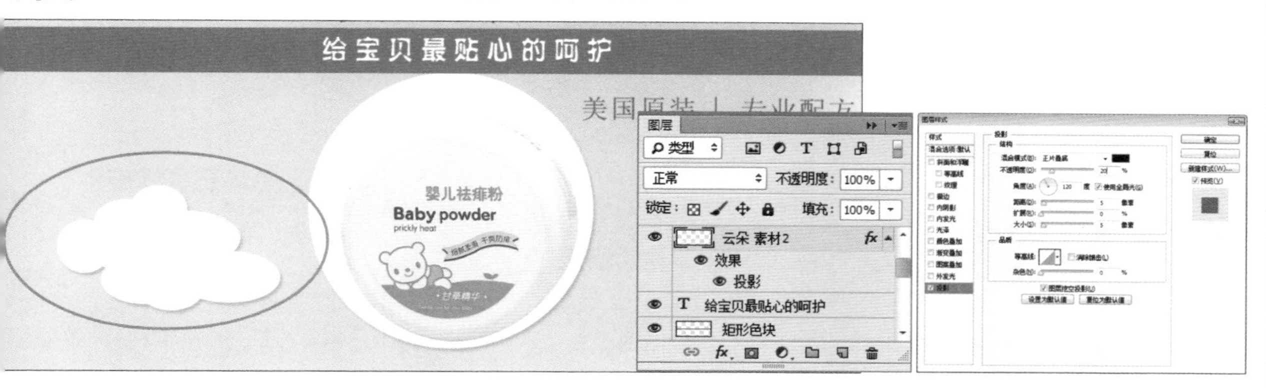

017 将“云朵 素材 2”添加到页面上后，在“图层”面板中，单击“添加图层样式” 按钮，在弹出的下拉列表中选择“投影”选项，在弹出的“图层样式”对话框中对其参数进行设置，完成后单击“确定”按钮。效果如图所示。

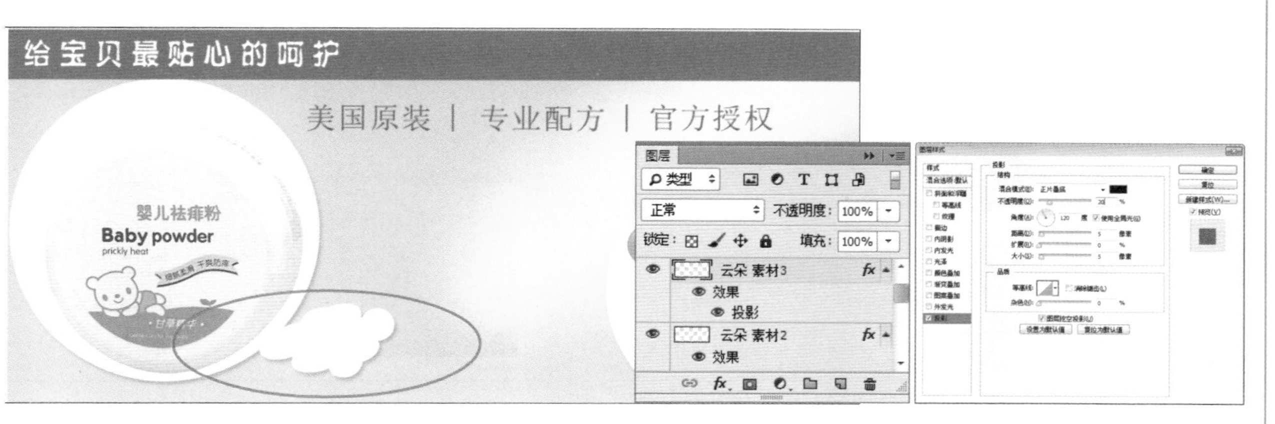

018 按照上述方式进行“云朵 素材 2”的添加及投影效果的制作。效果如图所示。

019 执行“文件 > 打开”命令，在弹出的“打开”对话框中选择“产品 4.png”文件，将其拖到页面之上并调整其位置。效果如图所示。

020 执行“文件 > 打开”命令，在弹出的“打开”对话框中选择“云朵 素材 4.png”文件，将其拖到页面之上并调整其位置。效果如图所示。

021 新建图层并将其命名为“描边”图层，通过“矩形选框工具”在页面上绘制出矩形选区。执行“编辑 > 描边”命令，在弹出的“描边”对话框中对其参数进行设置，完成后单击“确定”按钮。最终效果如图所示。

效果图二

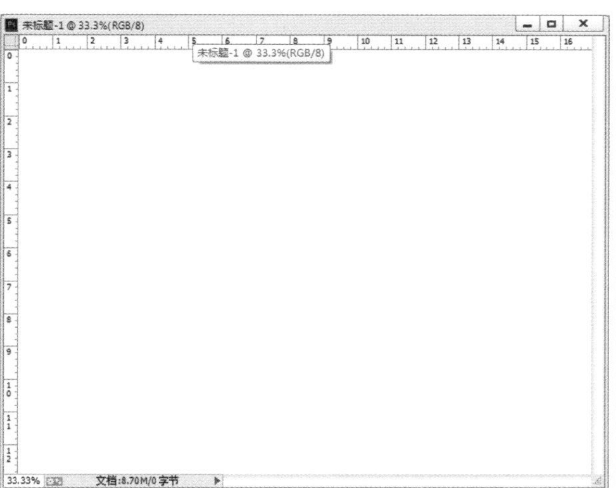

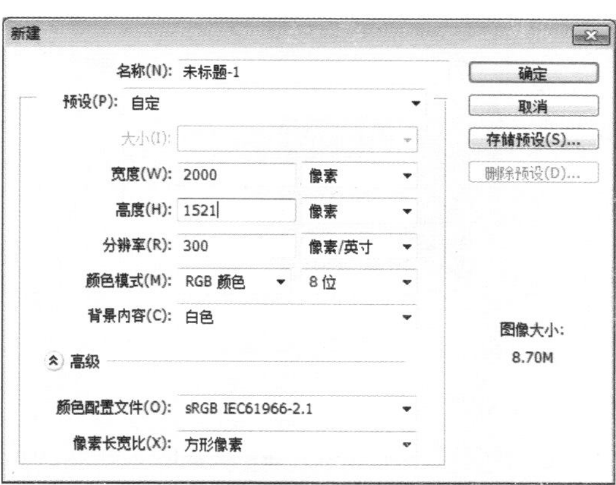

001 执行“文件 > 新建”命令，在弹出的“新建”对话框中对其参数进行设置，完成后单击“确定”按钮。效果如图所示。

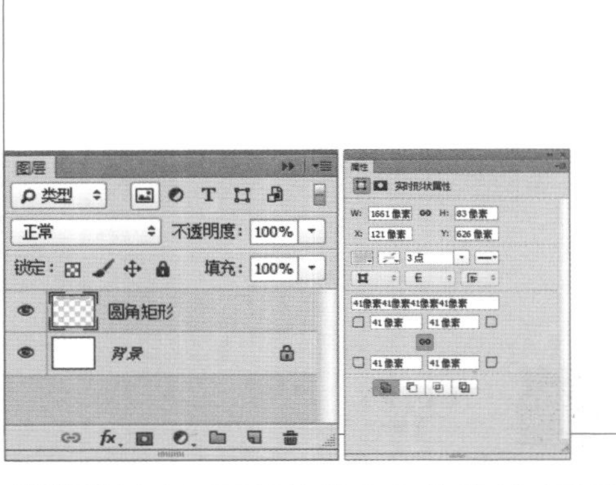

002 新建图层并将其命名为“圆角矩形”，通过“圆角矩形工具”在页面上绘制出圆角矩形，效果如图所示。

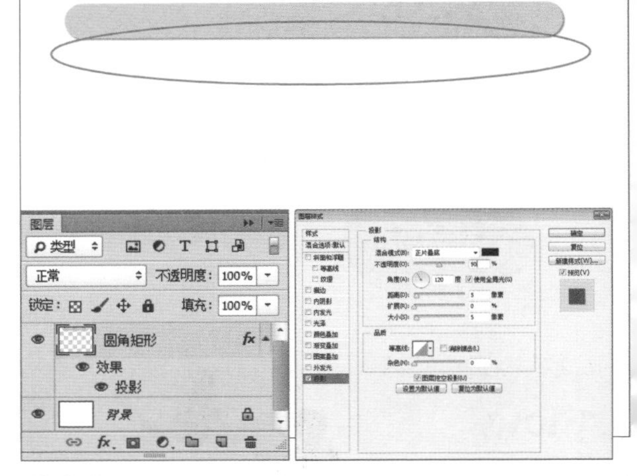

003 在“图层”面板中，单击“添加图层样式”按钮，在弹出的下拉列表中选择“投影”选项，在弹出的“图层样式”对话框中对其参数进行设置，完成后单击“确定”按钮。效果如图所示。

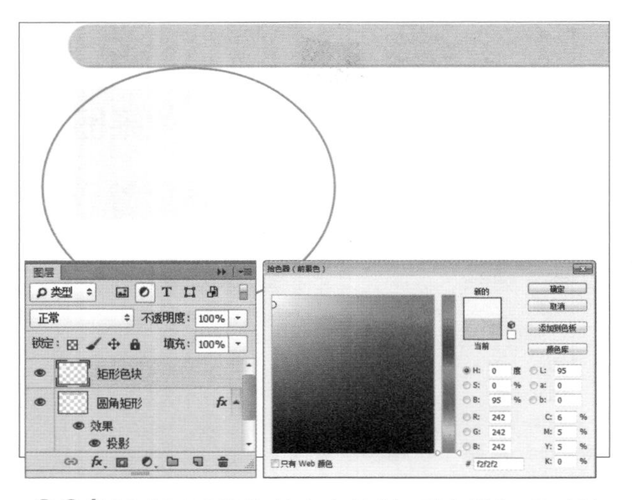

004 新建图层并将其命名为“矩形色块”。通过“矩形选框工具”在页面上绘制出矩形选区，将“前景色”设置为浅灰色后按下快捷键〈Alt+Delete〉进行填充。再按下快捷键〈Ctrl+D〉取消选区。效果如图所示。

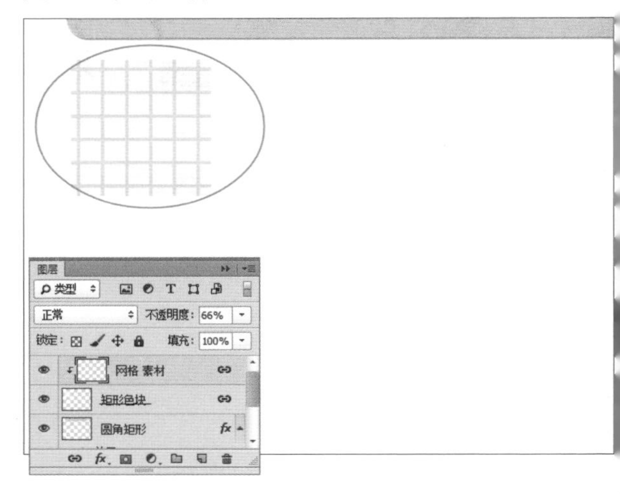

005 执行“文件 > 打开”命令，在弹出的“打开”对话框中选择“网格 素材 .png”文件，将其拖到页面之上并调整其位置。执行“图层 > 创建剪贴蒙版”命令，将所选图层置入目标图层中。效果如图所示。

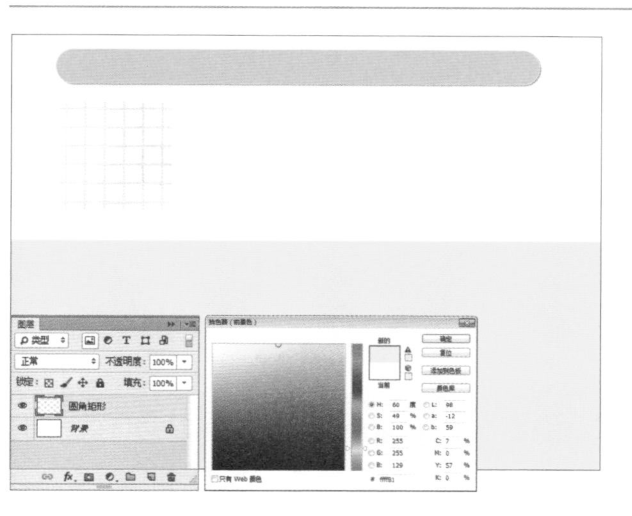

006 按照上述方式，通过新建图层、绘制选区再填充颜色的方式来绘制黄色的矩形色块。效果如图所示。

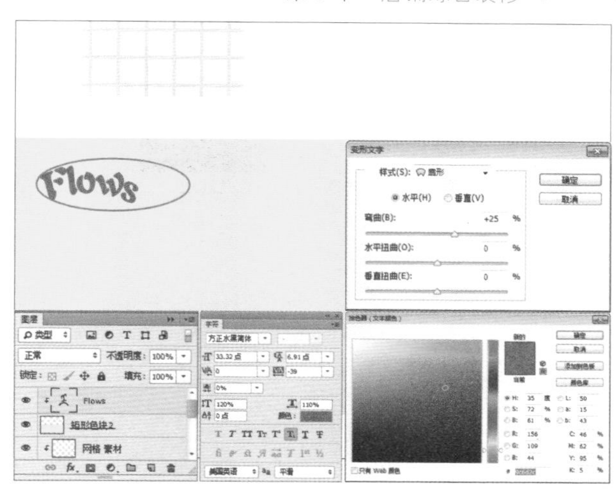

007 按照上述方式进行文字素材的制作，并对做好的文字素材进行“创建文字变形”的操作。效果如图所示。

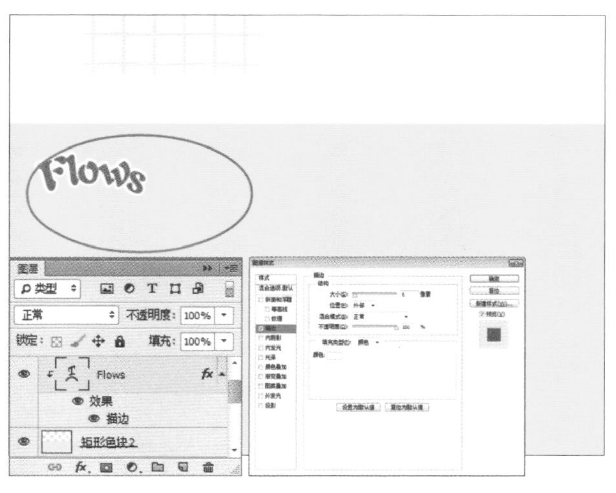

008 在“图层”面板中，单击“添加图层样式”按钮，在弹出的下拉列表中选择“描边”选项，在弹出的“图层样式”对话框中对其参数进行设置，完成后单击“确定”按钮。效果如图所示。

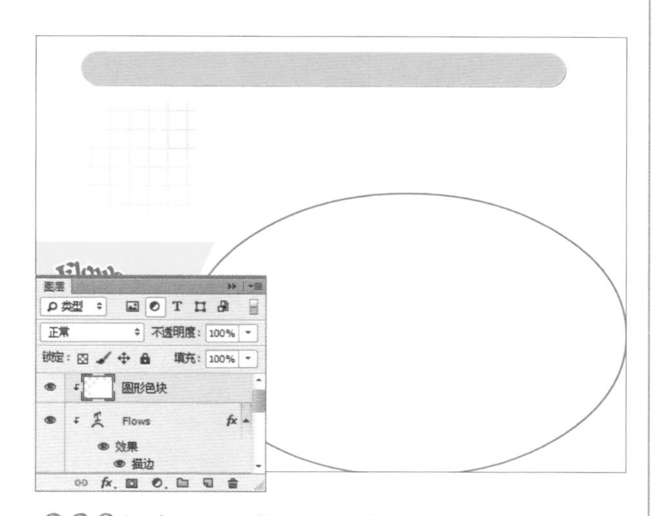

009 新建图层并将其命名为“圆形色块”，通过“椭圆选框工具”在页面上绘制圆形选区，将“前景色”设计置为白色后进行填充，而后取消选区。效果如图所示。

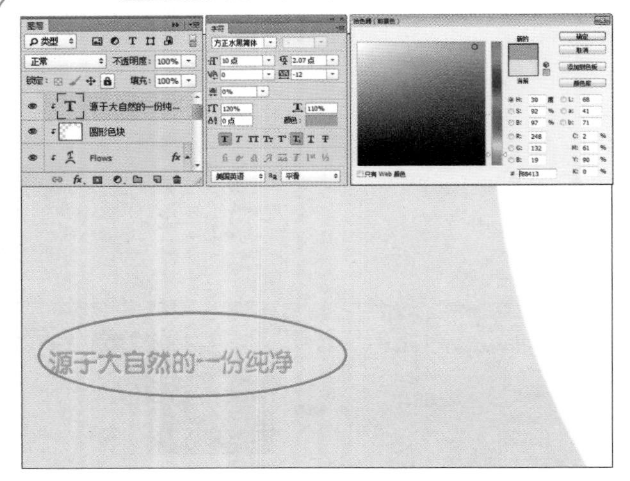
源于大自然的一份纯净

010 单击工具箱中的“文字工具”按钮，在页面中绘制文本框输入对应的文字。执行“窗口 > 字符”命令，在弹出的“字符”面板中对其参数进行设置，在文本框中输入相应的文字。

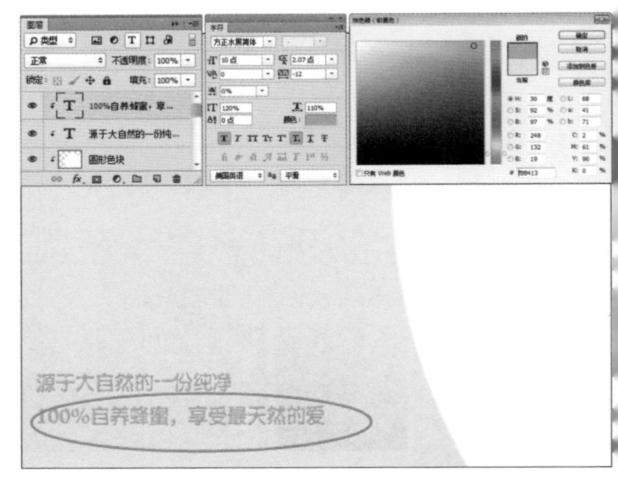
源于大自然的一份纯净
100%自养蜂蜜，享受最天然的爱

011 按照上述方式进行文字素材的制作。效果如图所示。

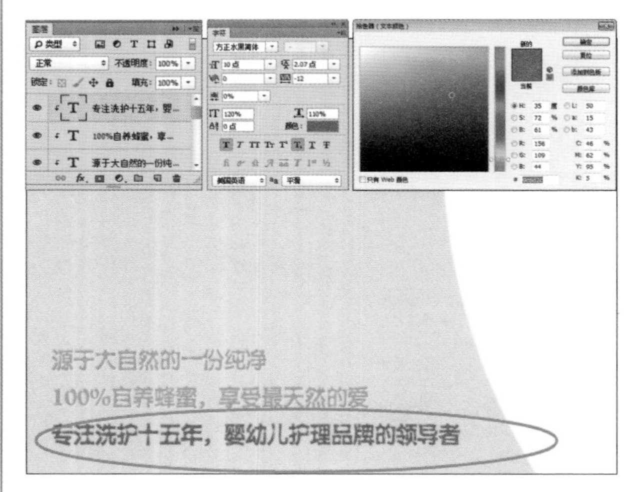
源于大自然的一份纯净
100%自养蜂蜜，享受最天然的爱
专注洗护十五年，婴幼儿护理品牌的领导者

012 按照上述方式继续进行文字素材的制作。效果如图所示。

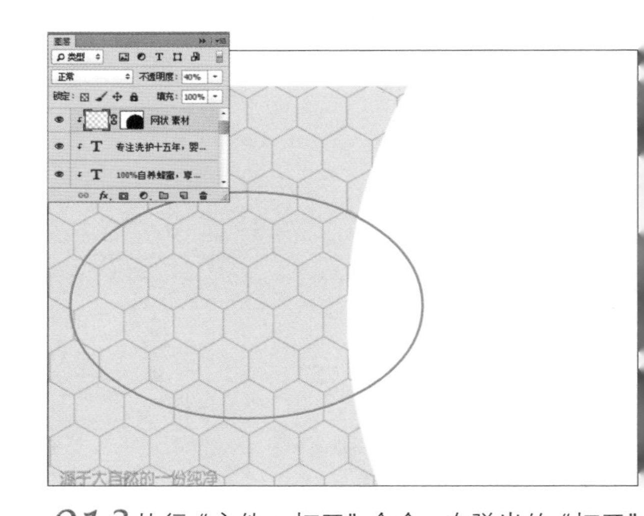

013 执行“文件 > 打开”命令，在弹出的“打开”对话框中选择“网状 素材 .png”文件，将其拖到页面之上并调整其位置。再通过添加图层蒙版并结合“画笔工具”的使用，擦除画面中不需要作用的部分即可。效果如图所示。

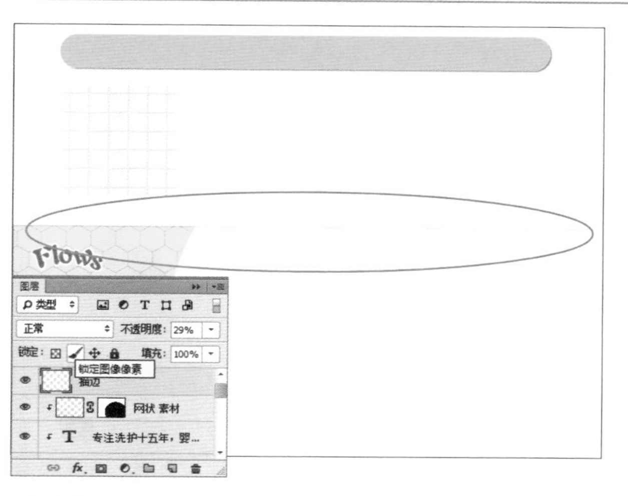

014 新建图层并将其命名为“描边”，通过“矩形选框工具”在页面上绘制出矩形选区。执行“编辑 > 描边”命令，在弹出的“描边”对话框中对其参数进行设置，完成后单击“确定”按钮。在“图层”面板中将该图层的“不透明度”更改为 29%。效果如图所示。

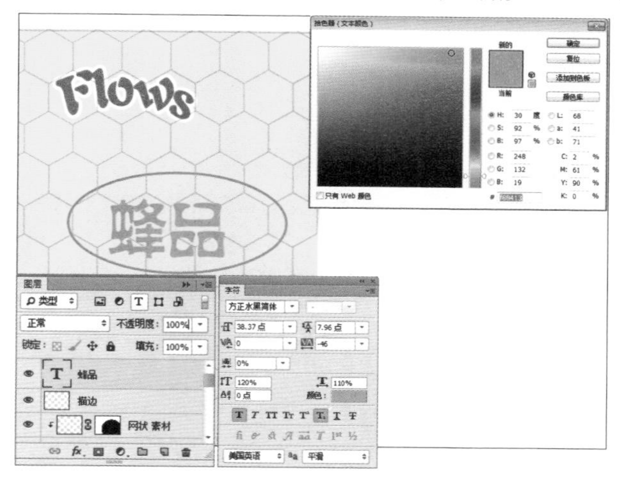

015 单击工具箱中的“文字工具”按钮，在页面中绘制文本框输入对应的文字。执行“窗口 > 字符”命令，在弹出的“字符”面板中对其参数进行设置，在文本框中输入相应的文字。效果如图所示。

016 按照上述方式进行文字素材的制作。效果如图所示。

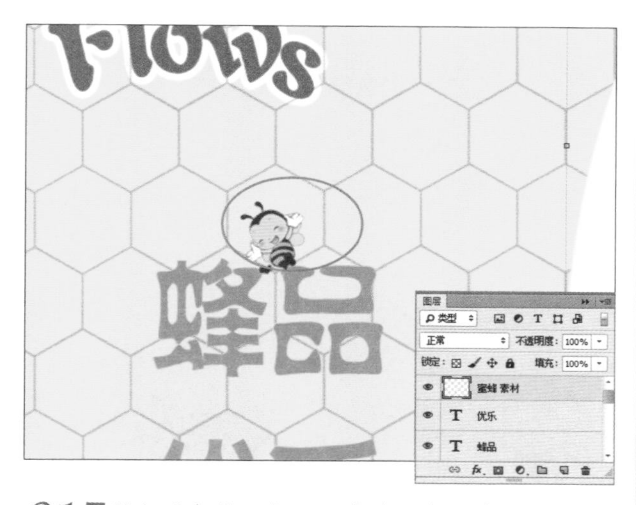

017 执行“文件 > 打开”命令，在弹出的“打开”对话框中选择“密封 素材 .png”文件，将其拖到页面之上并调整其位置。效果如图所示。

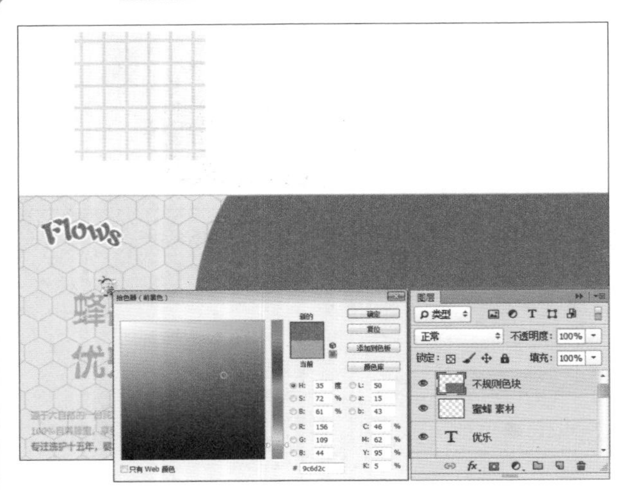

018 新建图层并将其命名为“不规则色块”，通过“钢笔工具”在页面中上勾勒出不规则的闭合路径，转换为选区后。将“前景色”设置为咖色进行填充。效果如图所示。

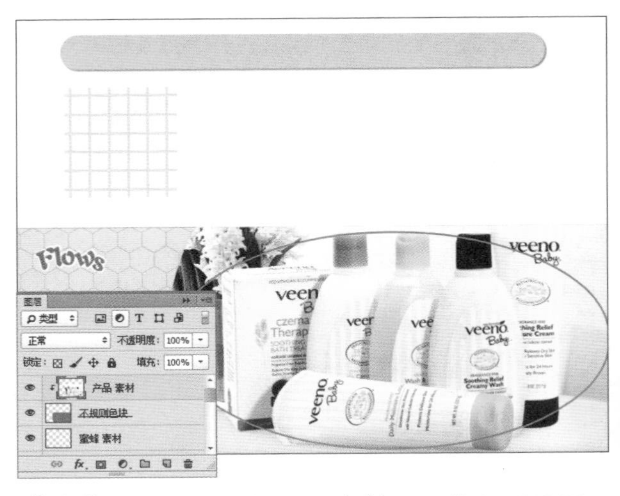

019 在页面上添加产品素材后，执行“图层 > 创建剪贴蒙版”命令，将所选图层置入目标图层中。效果如图所示。

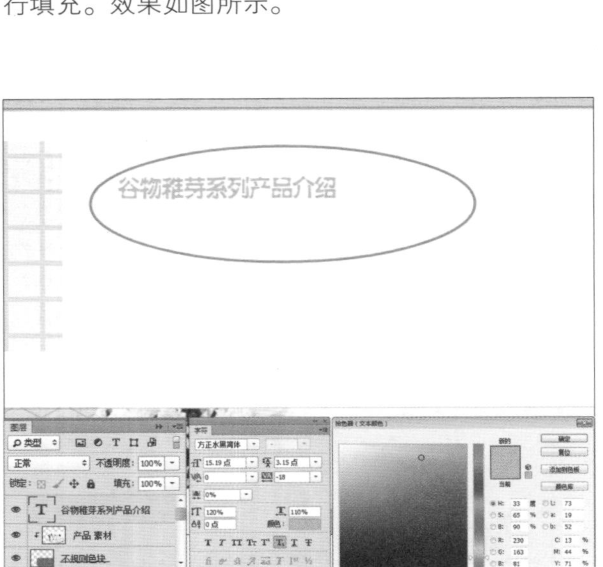
谷物稚芽系列产品介绍

020 按照上述方式进行文字素材的制作。效果如图所示。

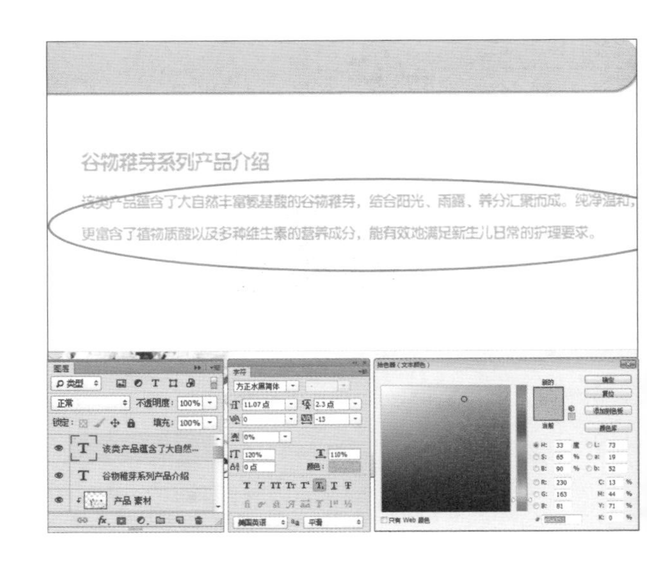
谷物稚芽系列产品介绍
该类产品蕴含了大自然丰富氨基酸的谷物稚芽，结合阳光、雨露、养分汇聚而成。纯净温和，
更富含了植物质酸以及多种维生素的营养成分，能有效地满足新生儿日常的护理要求。

021 继续进行文字素材的制作。效果如图所示。

022 继续进行文字素材的制作。效果如图所示。

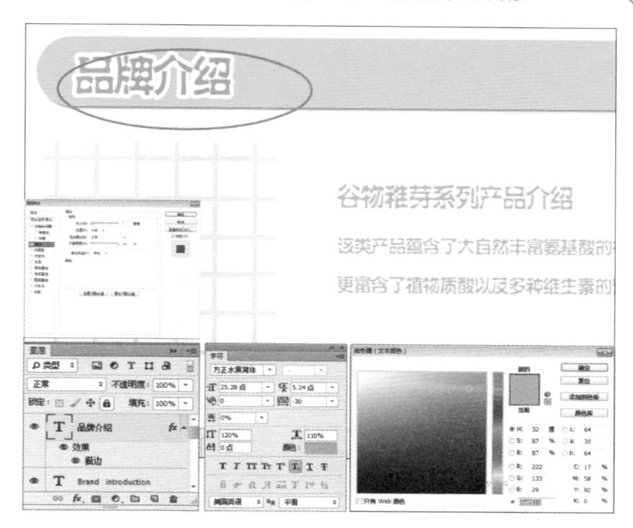

023 文字素材制作完毕后，在“图层”面板中，单击“添加图层样式” 按钮，在弹出的下拉列表中选择“描边”选项，在弹出的“图层样式”对话框中对其参数进行设置，完成后单击“确定”按钮。效果如图所示。

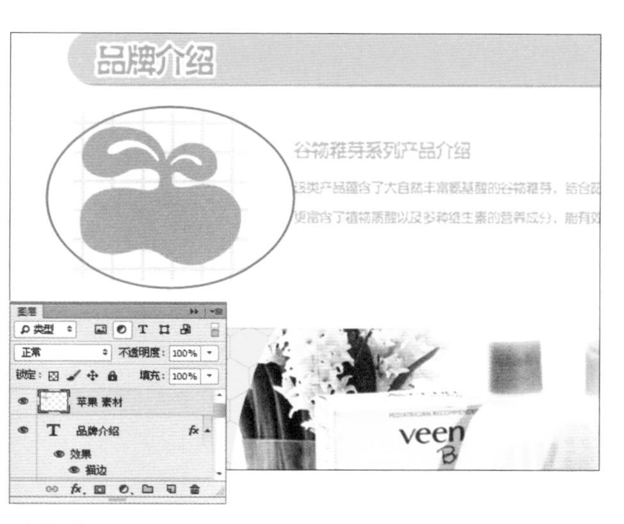

024 执行“文件 > 打开”命令，在弹出的“打开”对话框中选择“苹果 素材 .png”文件，将其拖到页面之上并调整其位置。效果如图所示。

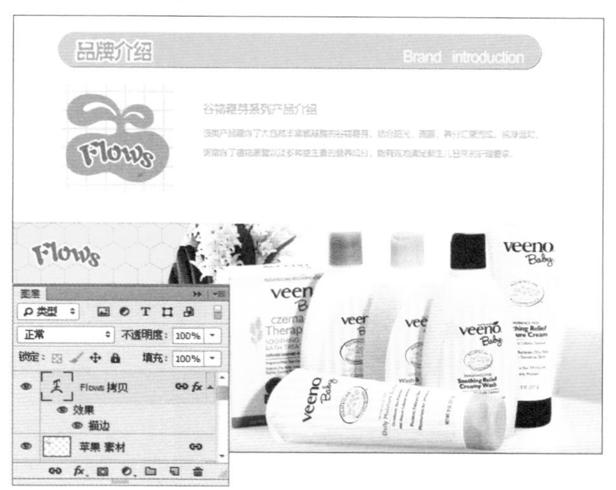

025 复制“Flows”图层后将其调整至“图层”面板的最上方。最终效果如图所示。

03 将调整后的照片上传至“图片空间”中，以便在装修的过程中可以随时调出来使用。通过“店铺管理 > 图片空间”的途径将调整好的照片上传。效果如图所示。

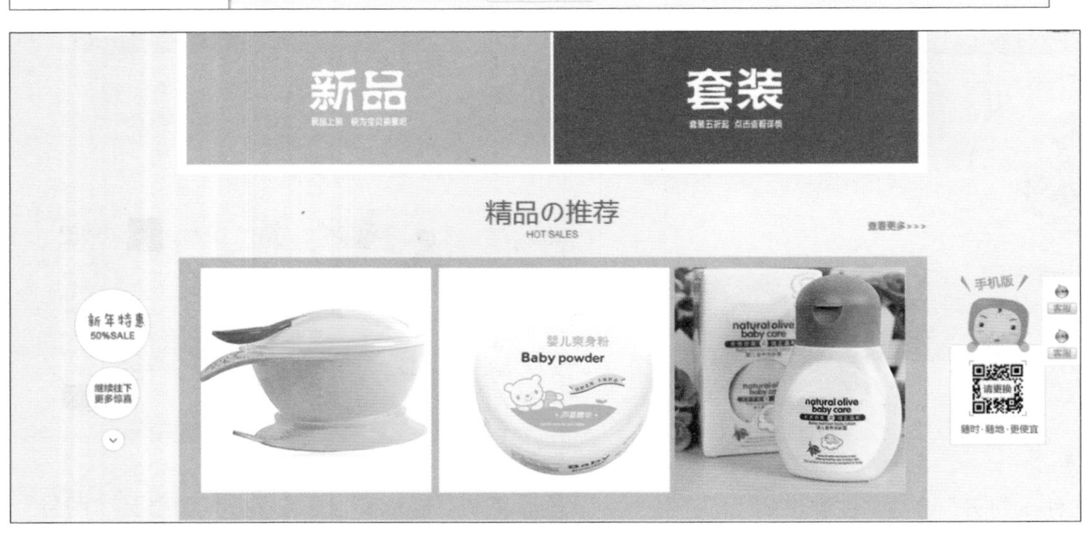

04 对店铺模板中的各个模块进行设置。效果如图所示。

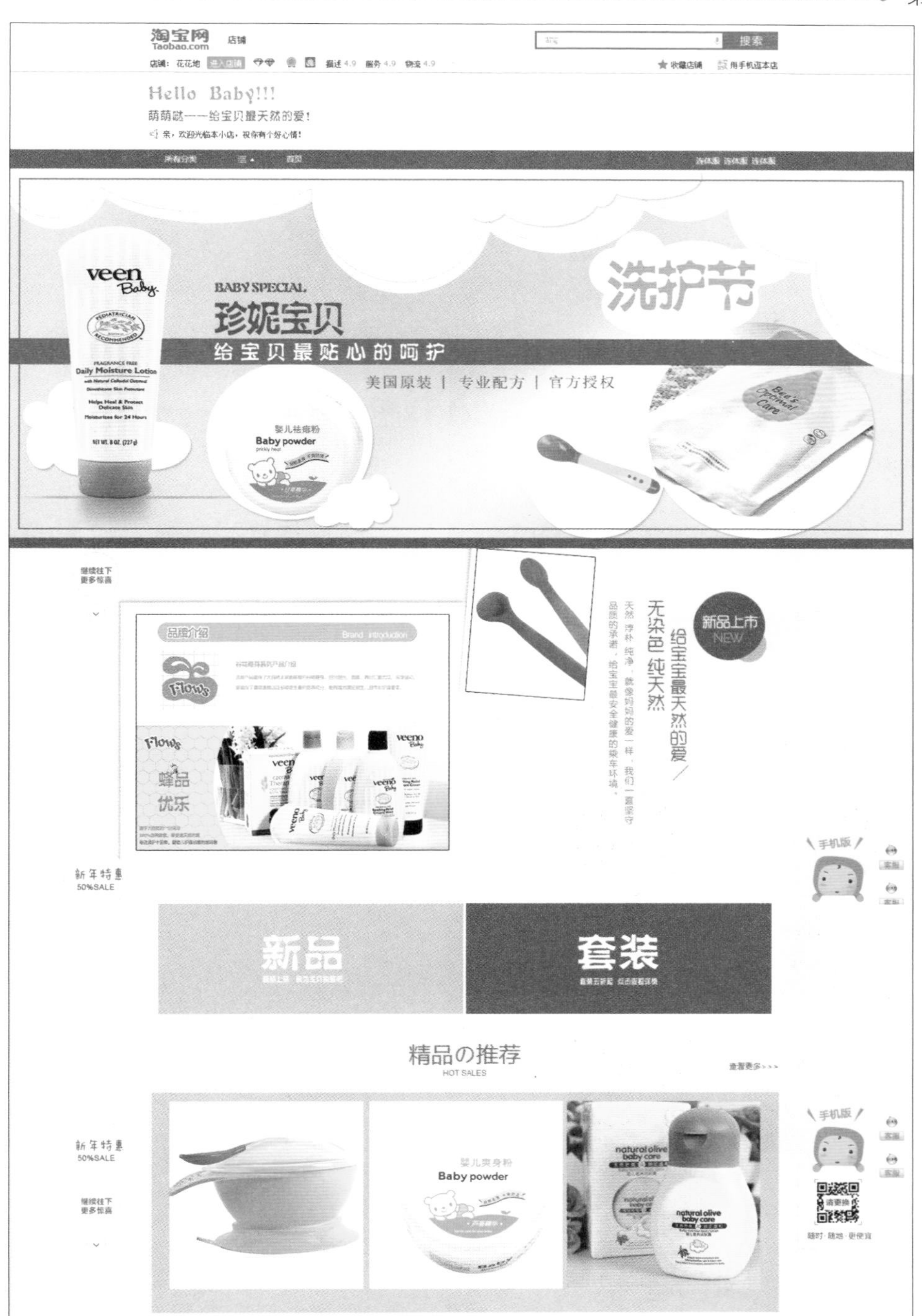

05 单击页面右上角的“预览”按钮，在对店铺装修效果检查无误的情况下进行确定。最终效果如图所示。

6.7 家纺生活馆

本案例主要讲解了家居生活馆的装修，通过排版、设计的具体步骤使读者了解常见的促销宣传页面的制作方法。

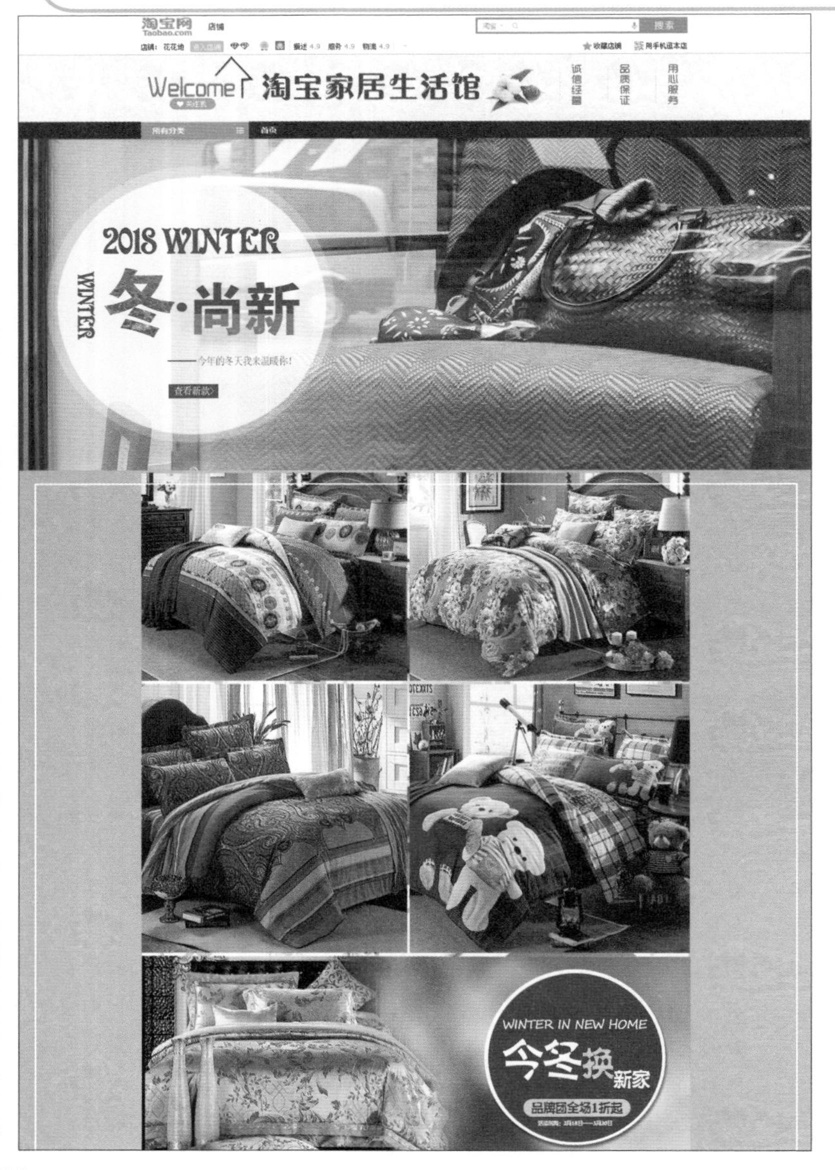

- **实例位置：** DVD\实例文件\第6章\6.7
- **素材位置：** DVD\实例文件\第6章\6.7
- **视频位置：** DVD\视频文件\第6章\6.7

01 这一步的主要目的在于通过选择装修模板来确定后面的店铺装修中需要多少张图片。登录淘宝网账户后单击“卖家中心”，通过“我是卖家 > 店铺管理 > 店铺装修 > 装修 > 模板管理 > 装修市场”的途径选择适合店铺风格的装修模板。

02 在 Photoshop 中对图像进行处理并且适当地排版、设计，使画面具有更强的宣传性。效果如图所示。

效果图一

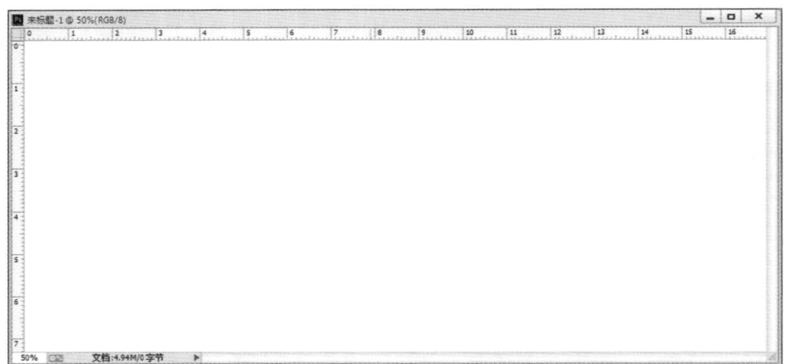

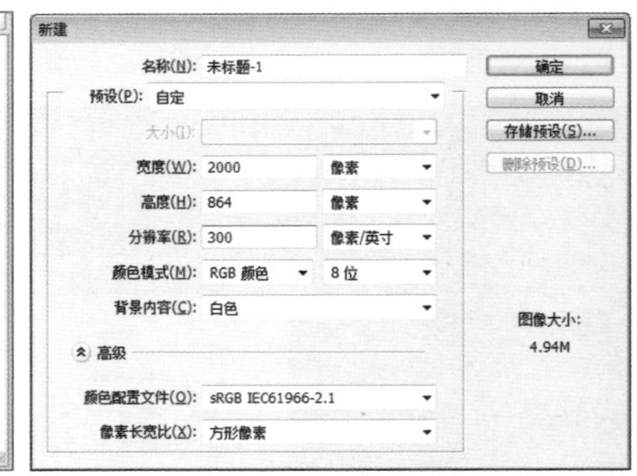

001 执行“文件 > 新建”命令，在弹出的“新建”对话框中对其参数进行设置，完成后单击“确定”按钮。效果如图所示。

002 执行“文件 > 打开”命令，在弹出的“打开”对话框中选择“背景 素材 .jpg”文件，将其拖到页面之上并调整其位置。效果如图所示。

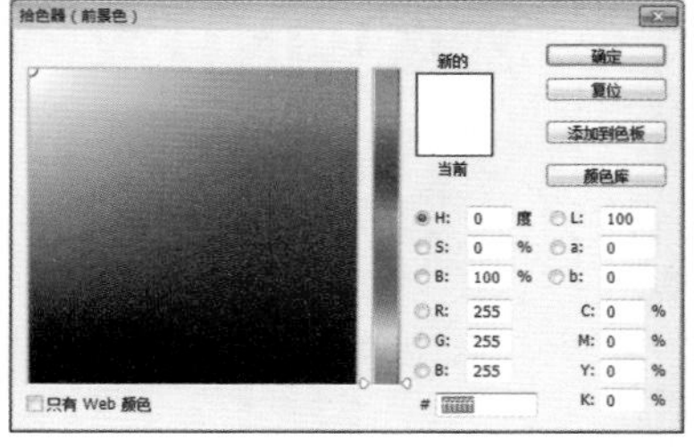

003 新建图层并将其命名为“圆形色块”，用“椭圆选框工具”在页面上绘制出圆形选区，并填充为白色。在“图层”面板中将该图层的“不透明度”更改为 25%。效果如图所示。

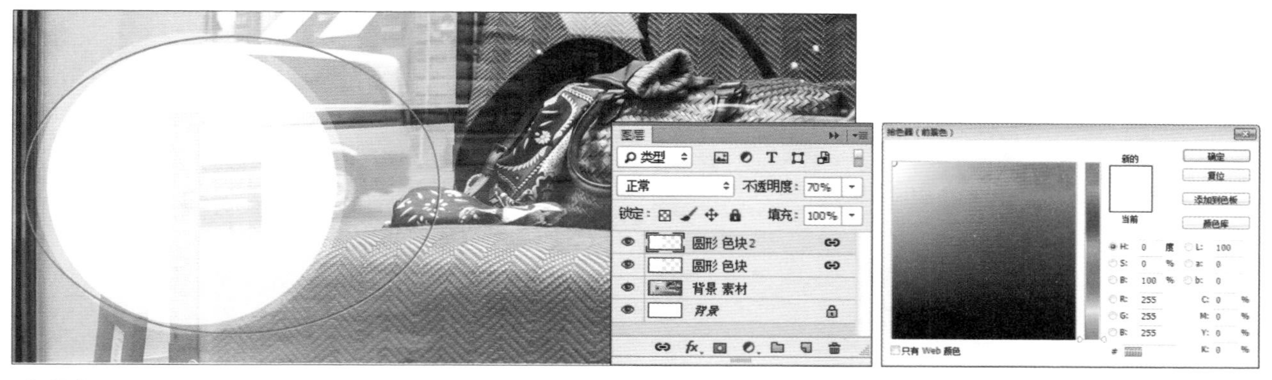

004 新建图层并将其命名为“圆形色块 2”，用“椭圆选框工具”在页面上绘制出圆形选区，并填充为白色。在“图层”面板中将该图层的“不透明度”更改为 70%。效果如图所示。

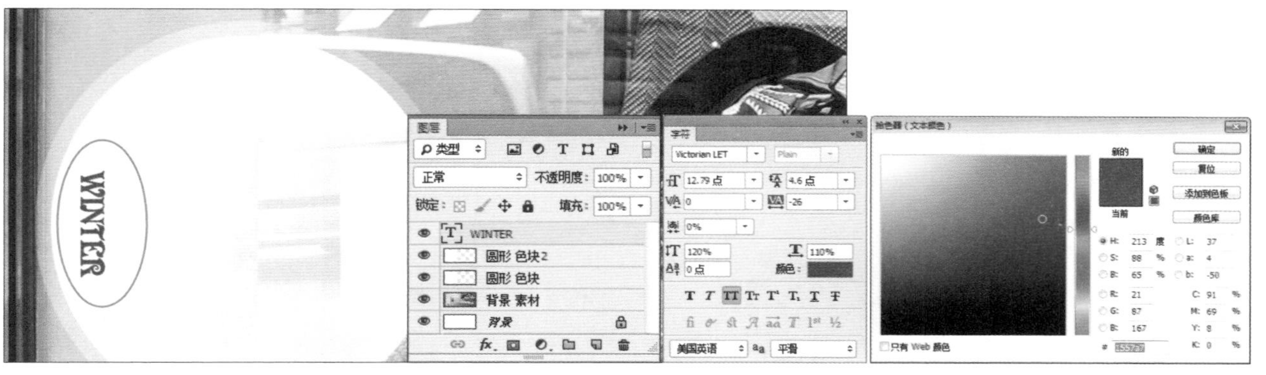

005 单击工具箱中的“文字工具”按钮，在页面中绘制文本框输入对应的文字。执行“窗口 > 字符”命令，在弹出的“字符”面板中对其参数进行设置，在文本框中输入相应的文字。效果如图所示。

006 执行“文件 > 打开”命令，在弹出的“打开”对话框中选择“文字 素材 .png”文件，将其拖到页面之上并调整其位置。效果如图所示。

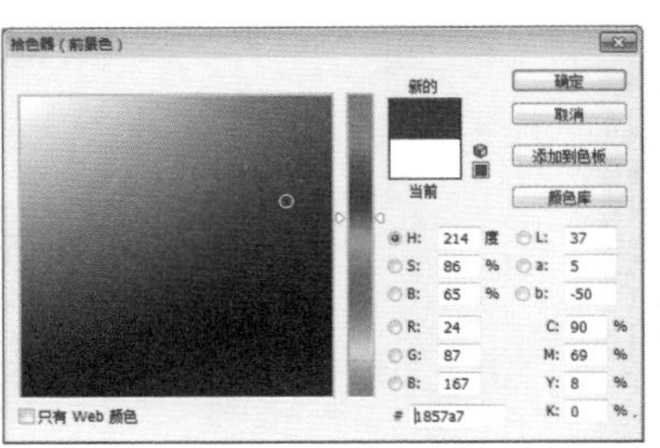

007 新建图层并将其命名为“圆点”，单击工具箱中的“椭圆选框工具”按钮，在页面上绘制圆形选区。然后将“前景色”设置为蓝色，按下快捷键〈Alt+Delete〉进行填充。随后按下快捷键〈Ctrl+D〉取消选区。效果如图所示。

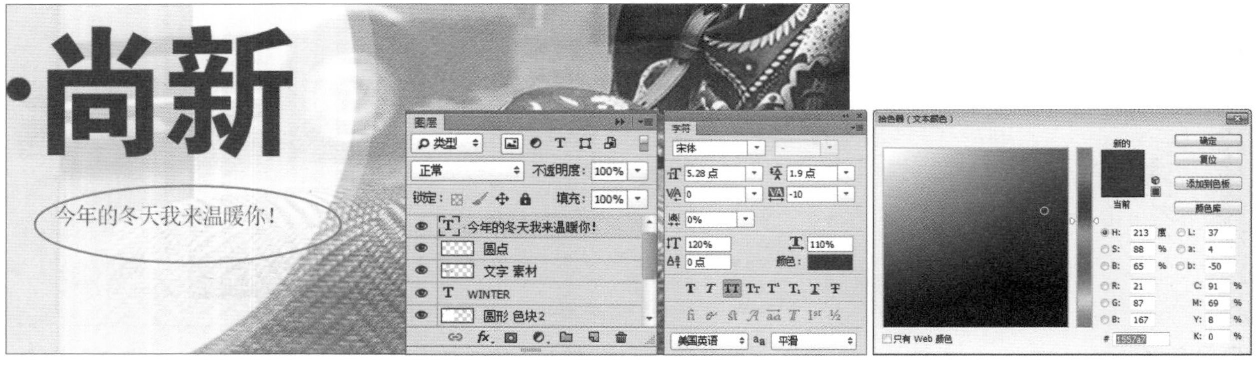

008 单击工具箱中的“文字工具”按钮，在页面中绘制文本框输入对应的文字。执行“窗口 > 字符”命令，在弹出的“字符”面板中对其参数进行设置，在文本框中输入相应的文字。效果如图所示。

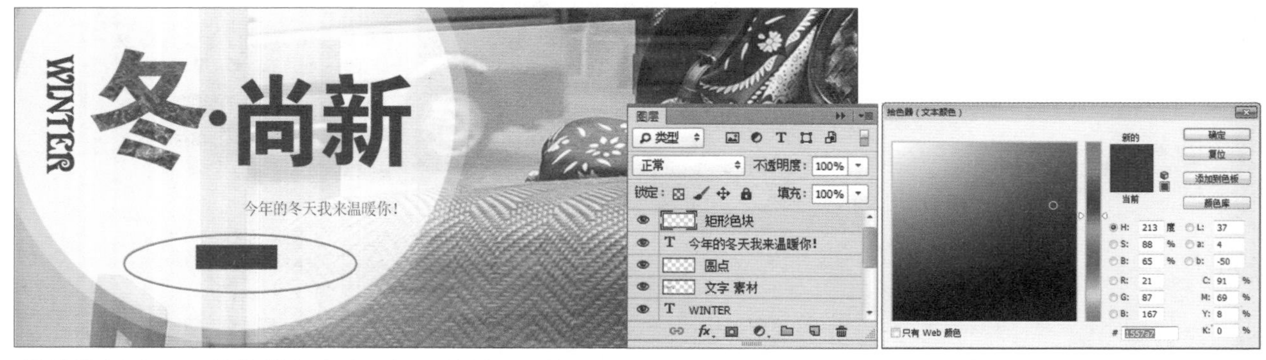

009 新建图层并将其命名为“矩形色块”，使用“矩形选框工具”在页面上绘制出矩形选区。将“前景色”设置为蓝色，按下快捷键〈Alt+Delete〉进行填充。随后按下快捷键〈Ctrl+D〉取消选区。效果如图所示。

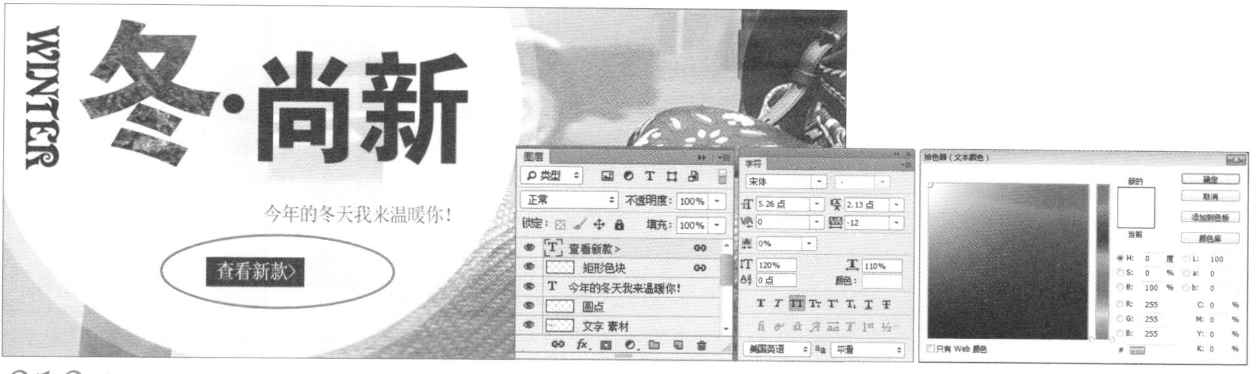

010 单击工具箱中的“文字工具”按钮，在页面中绘制文本框输入对应的文字。执行“窗口 > 字符”命令，在弹出的“字符”面板中对其参数进行设置，在文本框中输入相应的文字。效果如图所示。

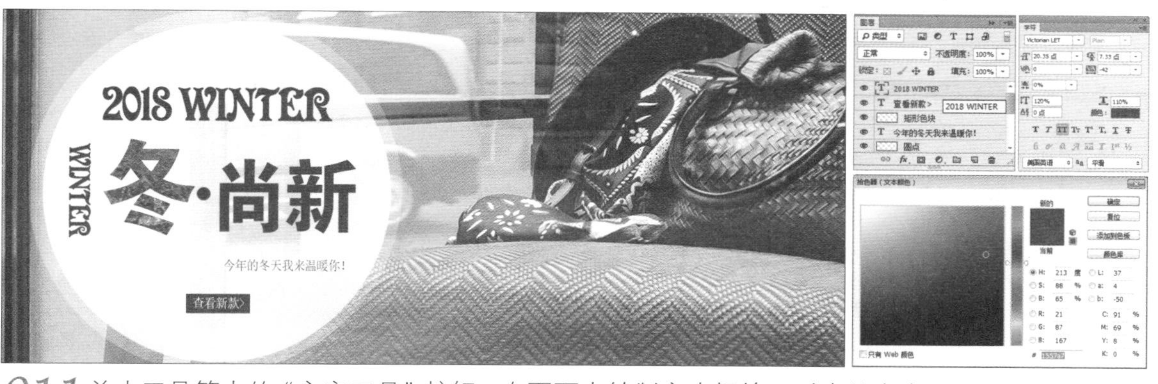

011 单击工具箱中的“文字工具”按钮，在页面中绘制文本框输入对应的文字。执行“窗口 > 字符”命令，在弹出的“字符”面板中对其参数进行设置，在文本框中输入相应的文字。最终效果如图所示。

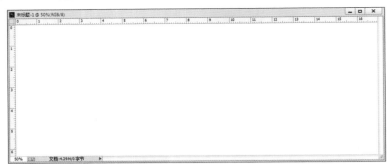

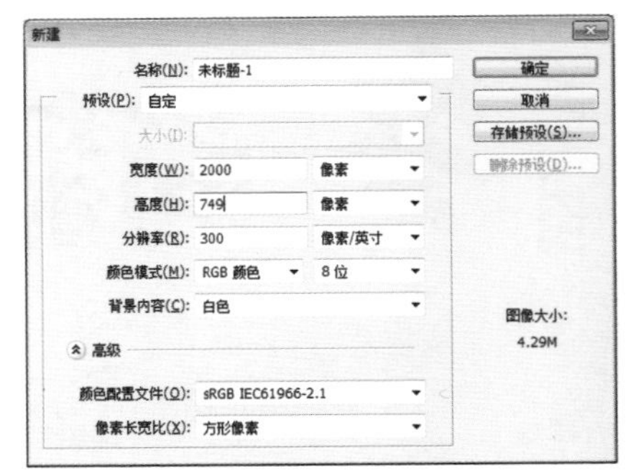

001 执行“文件 > 新建”命令，在弹出的“新建”对话框中对其参数进行设置，完成后单击“确定”按钮。效果如图所示。

002 执行“文件 > 打开”命令，在弹出的“打开”对话框中选择“背景 素材 .png”文件，将其拖到页面之上并调整其位置。效果如图所示。

003 执行“文件 > 打开”命令，在弹出的“打开”对话框中选择“背景 素材 2.png”文件，将其拖到页面之上并调整其位置。通过添加图层蒙版并结合“画笔工具”擦除画面中不需要作用的部分即可。效果如图所示。

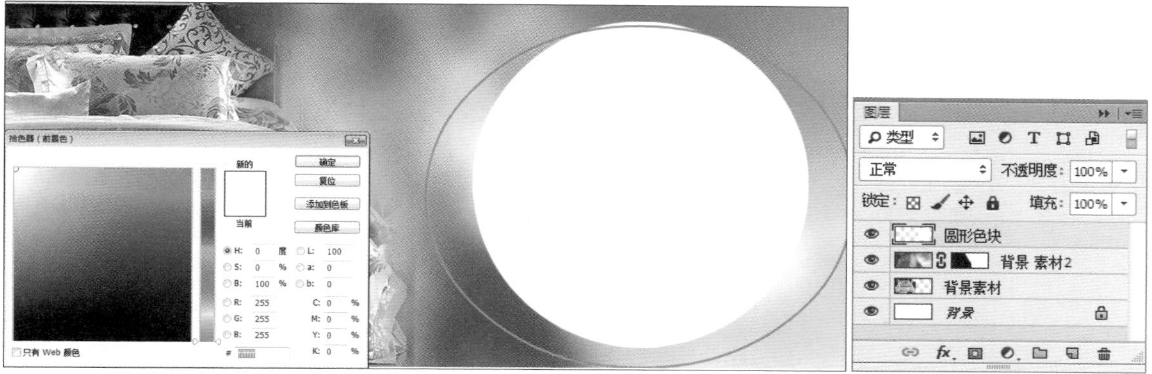

004 新建图层并将其命名为“圆形色块”，单击工具箱中的“椭圆选框工具”按钮，在页面上绘制圆形选区。然后将“前景色”设置为白色，按下快捷键〈Alt+Delete〉进行填充。随后按下快捷键〈Ctrl+D〉取消选区。效果如图所示。

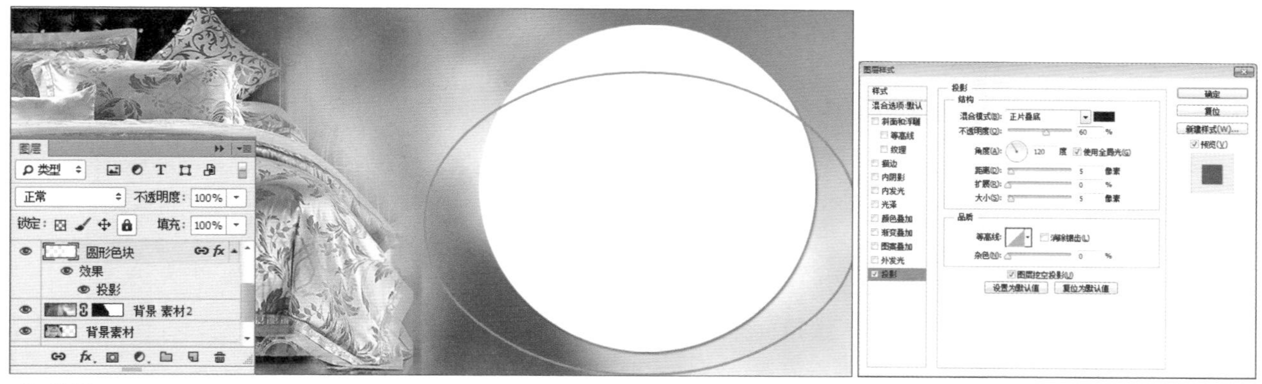

005 在“图层”面板中，单击“添加图层样式” 按钮，在弹出的下拉列表中选择“投影”选项，在弹出的“图层样式”对话框中对其参数进行设置，完成后单击“确定”按钮。效果如图所示。

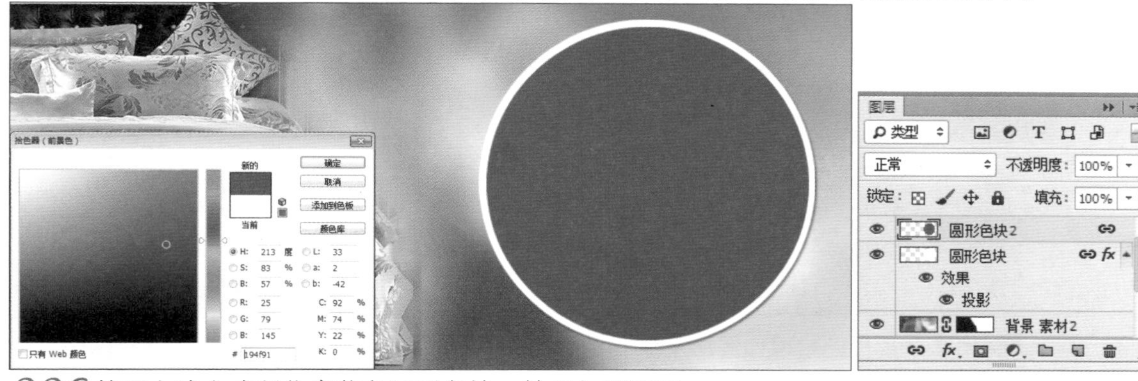

006 按照上述方式制作出蓝色圆形色块，效果如图所示。

007 通过“矩形圆角工具”在页面中绘制出黄色的圆角矩形，效果如图所示。

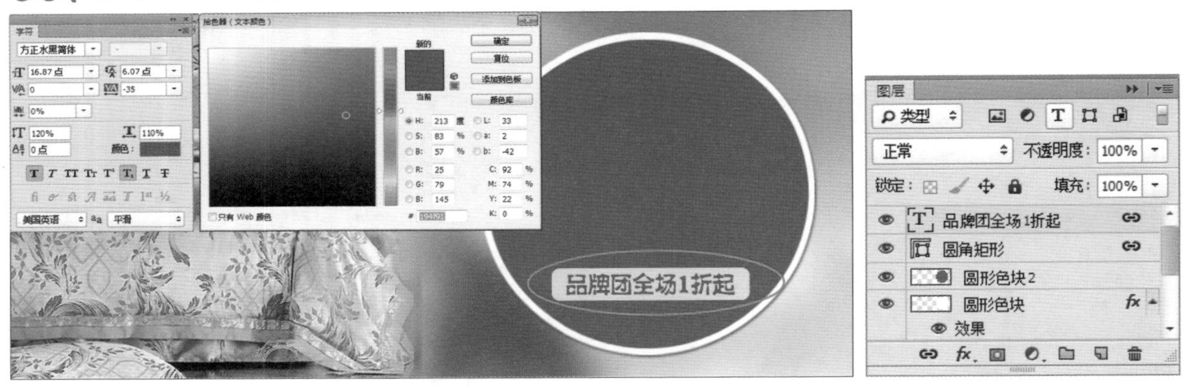

008 单击工具箱中的“文字工具”按钮，在页面中绘制文本框输入对应的文字。执行“窗口 > 字符”命令，在弹出的“字符”面板中对其参数进行设置，在文本框中输入相应的文字。效果如图所示。

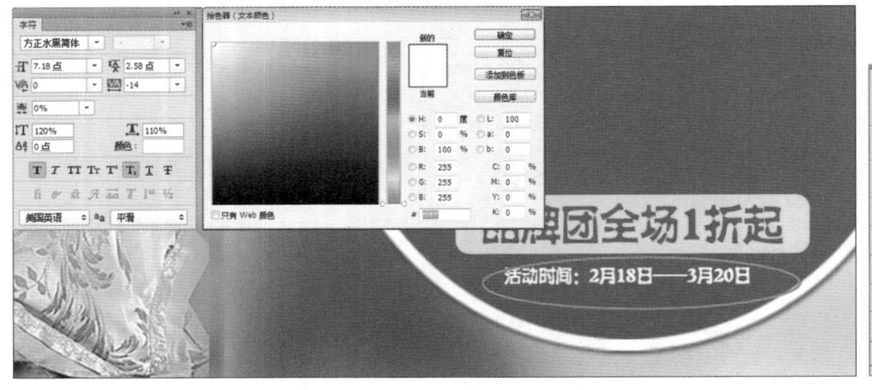

009 按照上述方式制作文字素材，效果如图所示。

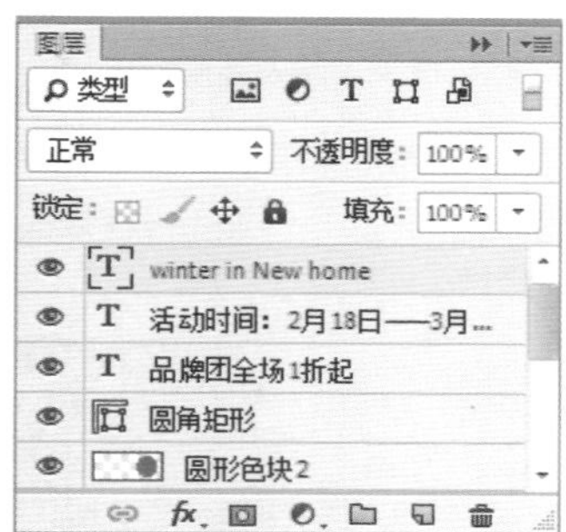

010 继续进行文字素材的制作，效果如图所示。

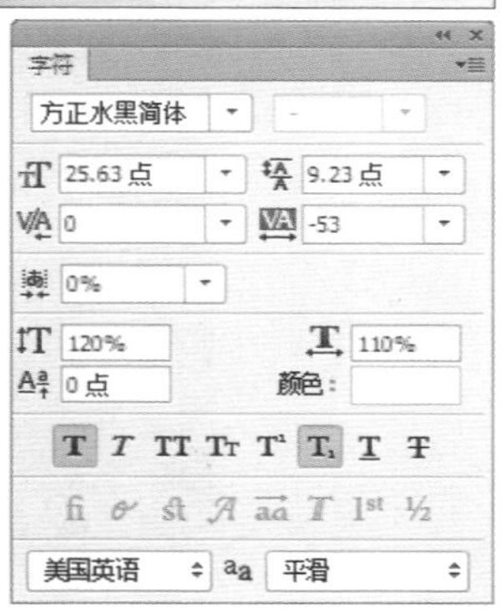

011 单击工具箱中的“文字工具”按钮，在页面中绘制文本框输入对应的文字。执行“窗口 > 字符”命令，在弹出的“字符”面板中对其参数进行设置，在文本框中输入相应的文字。最终效果如图所示。

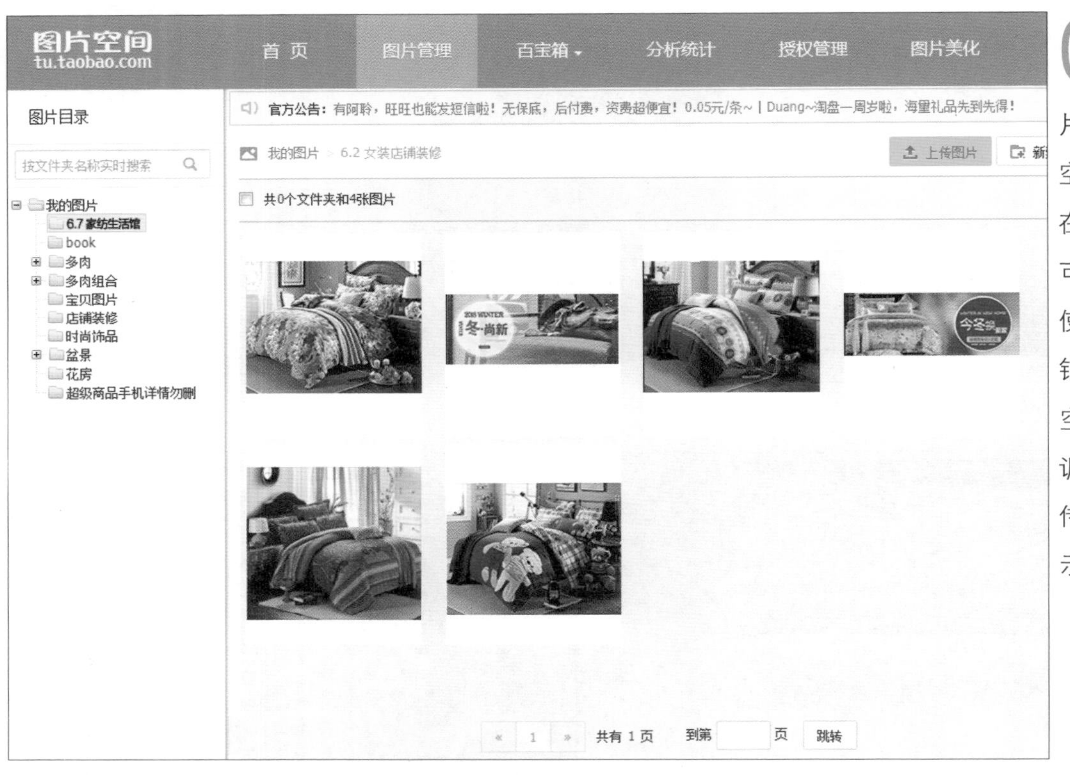

03 将调整后的照片上传至“图片空间”中，以便在装修的过程中可以随时调出来使用。通过“店铺管理 > 图片空间”的途径将调整好的照片上传，效果如图所示。

04 对店铺模板中的各个模块进行设置，效果如图所示。

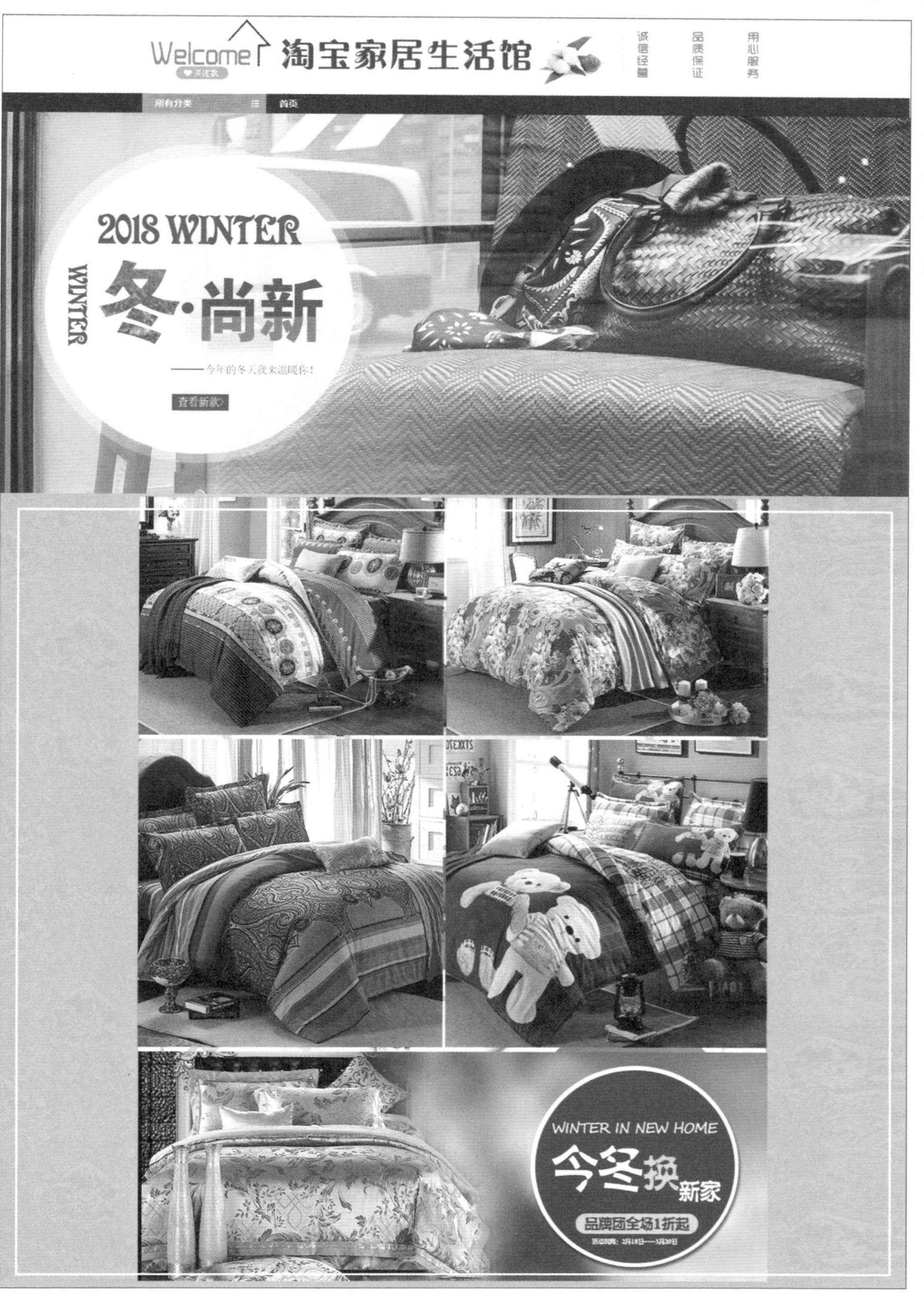

05 单击页面右上角的“预览”按钮，在对店铺装修效果检查无误的情况下进行确定。最终效果如图所示。

6.8 绿野萍踪户外旗舰店

本案例主要讲解了户外用品店装修的相关知识及具体图像的修正方法，通过本节的学习读者可以轻松地掌握该类淘宝店铺的装修方法。

Sports & Outdoors

五·一
乐出游
活动时间：4月23日——5月15日
满99元全国包邮
满199元减20元

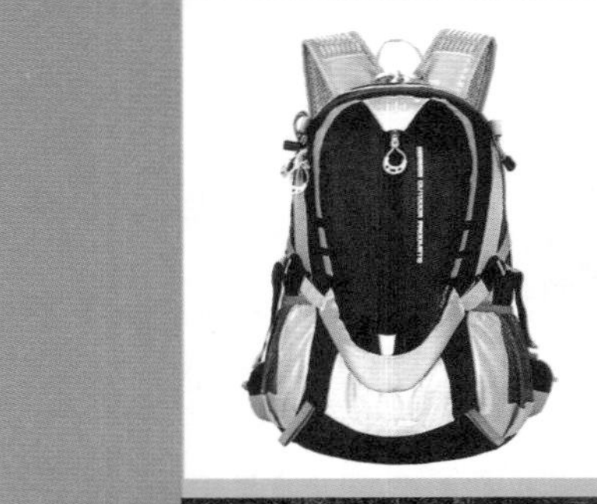

- **实例位置：** DVD\实例文件\第6章\6.8
- **素材位置：** DVD\实例文件\第6章\6.8
- **视频位置：** DVD\视频文件\第6章\6.8

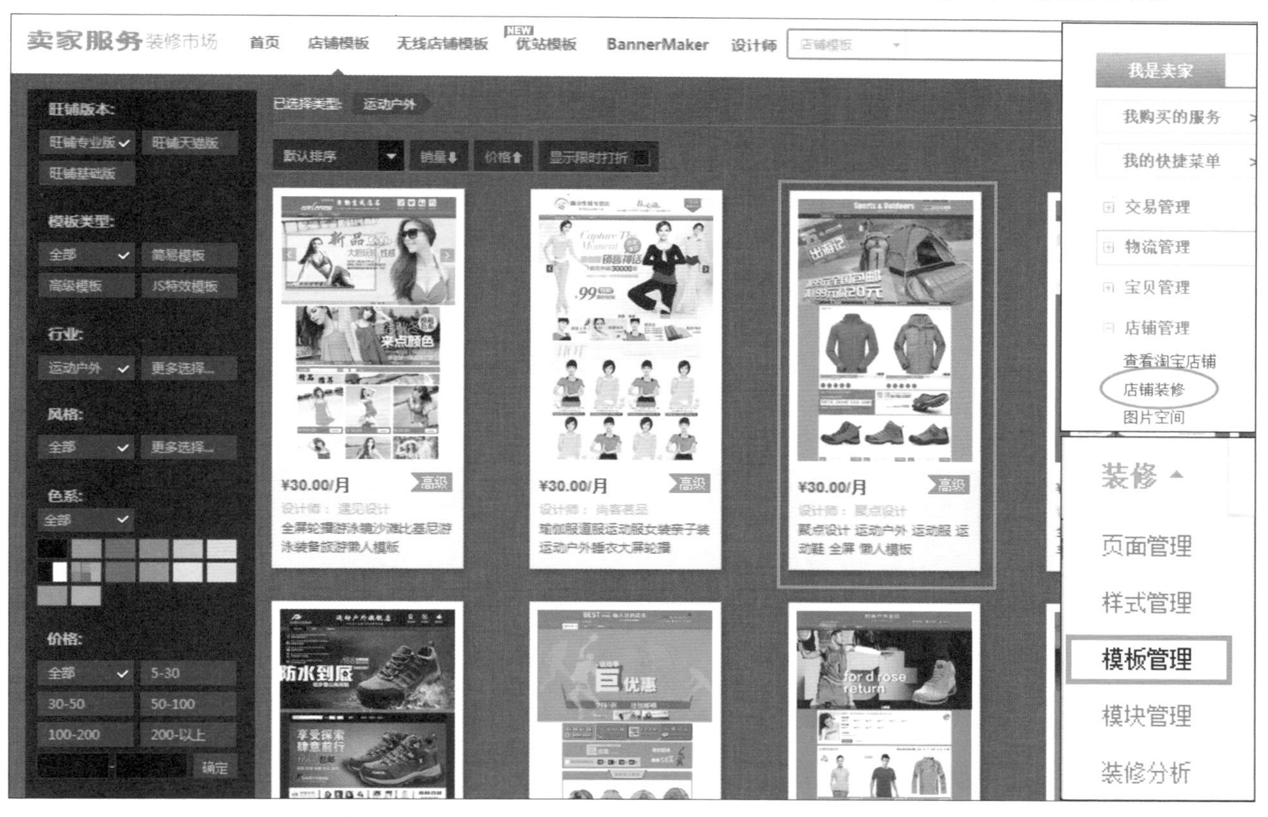

01 这一步的主要目的在于通过选择装修模板来确定后面的店铺装修中需要多少张图片。登录淘宝网账户后单击“卖家中心”，通过“我是卖家 > 店铺管理 > 店铺装修 > 装修 > 模板管理 > 装修市场”的途径选择适合店铺风格的装修模板。

02 在 Photoshop 中对图像进行处理并且适当地排版、设计，使画面具有更强的宣传性。效果如图所示。

效果图一

001 按下快捷键〈Ctrl+J〉对“背景”图层进行复制，复制的图层名称为“背景 复制”。

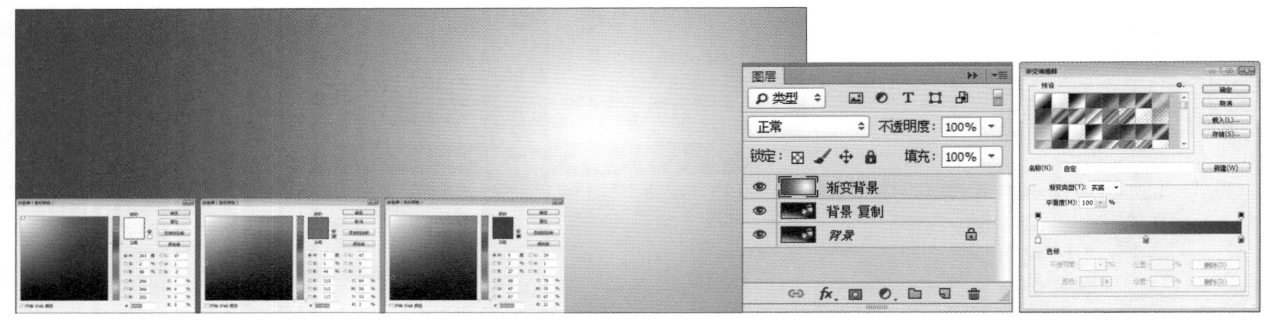

002 新建图层并将其命名为“渐变背景”，单击工具箱中的“渐变工具”按钮，在属性栏中单击“点按可编辑渐变” 按钮，在弹出的“渐变编辑器”对话框中设置相关参数，对新建的图层进行渐变处理，效果如图所示。

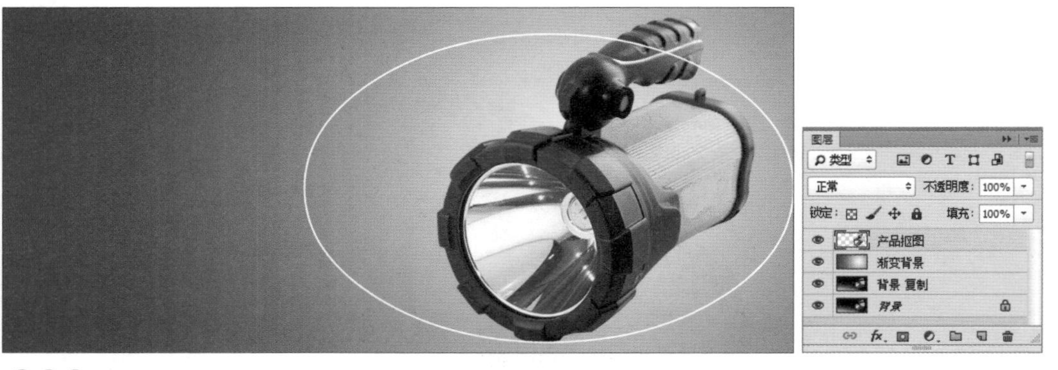

003 复制“背景”图层后调整复制的图层至“图层”面板的最上方，将该图层命名为“产品抠图”。用“钢笔工具”沿着产品的轮廓勾勒出闭合路径，然后按下快捷键〈Ctrl+Enter〉转换为选区，再删除背景部分即可，效果如图所示。

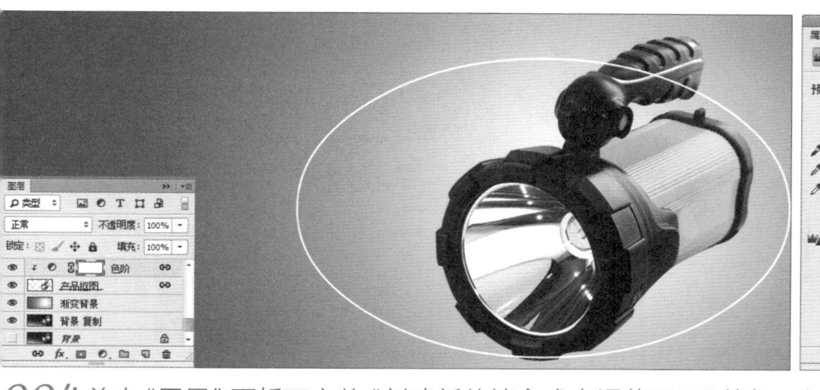

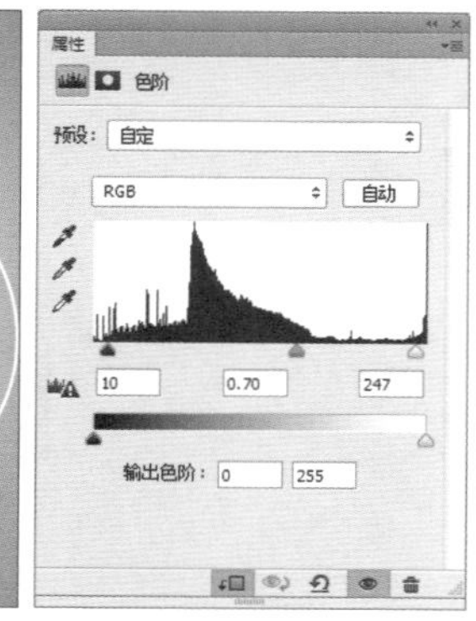

004 单击“图层”面板下方的“创建新的填充或者调整图层”按钮，在弹出的下拉菜单中选择“色阶”选项，对其参数进行设置。执行“图层 > 创建剪贴蒙版”命令，将所选图层置入目标图层中。效果如图所示。

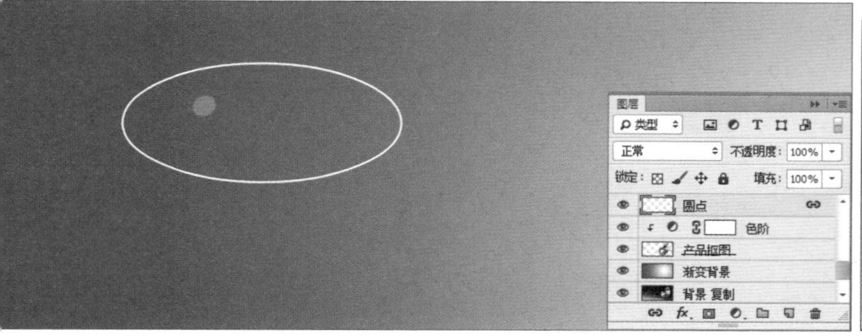

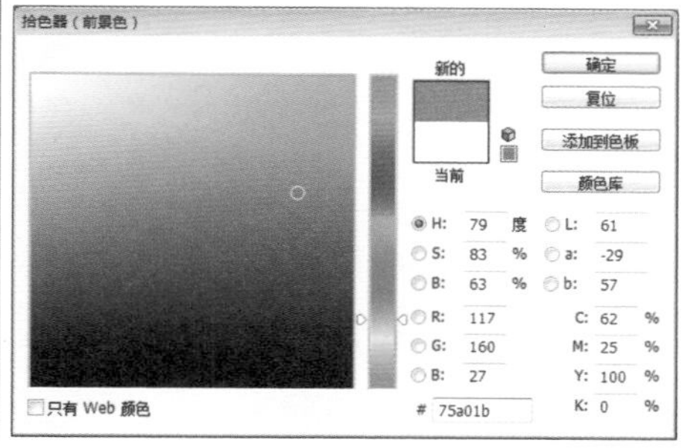

005 新建图层并将其命名为“圆点”，单击工具箱中的“椭圆选框工具”按钮，在页面上绘制圆形选区。将“前景色”设置为绿色后按下快捷键〈Alt+Delete〉进行填充。随后按下快捷键〈Ctrl+D〉取消选区。效果如图所示。

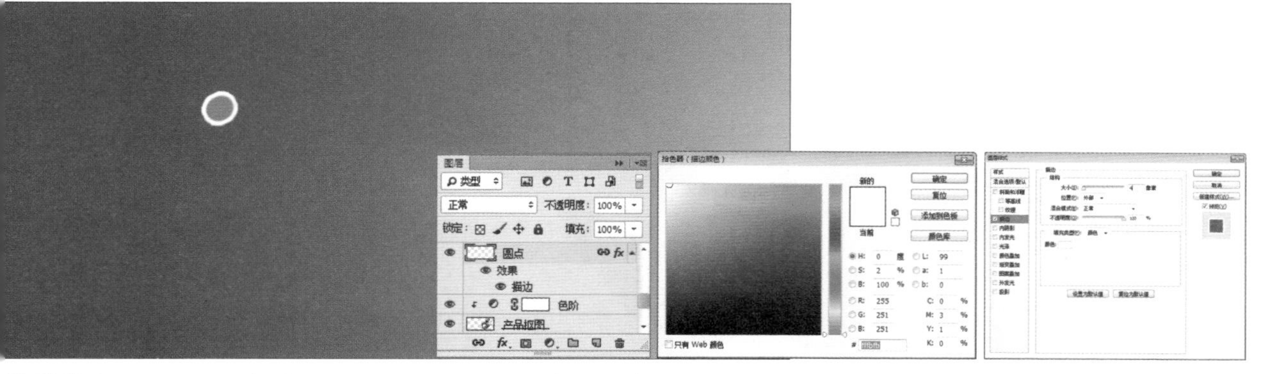

006 在“图层”面板中，单击“添加图层样式” 按钮，在弹出的下拉列表中选择“描边”选项，在弹出的“图层样式”对话框中对其参数进行设置，完成后单击“确定”按钮。效果如图所示。

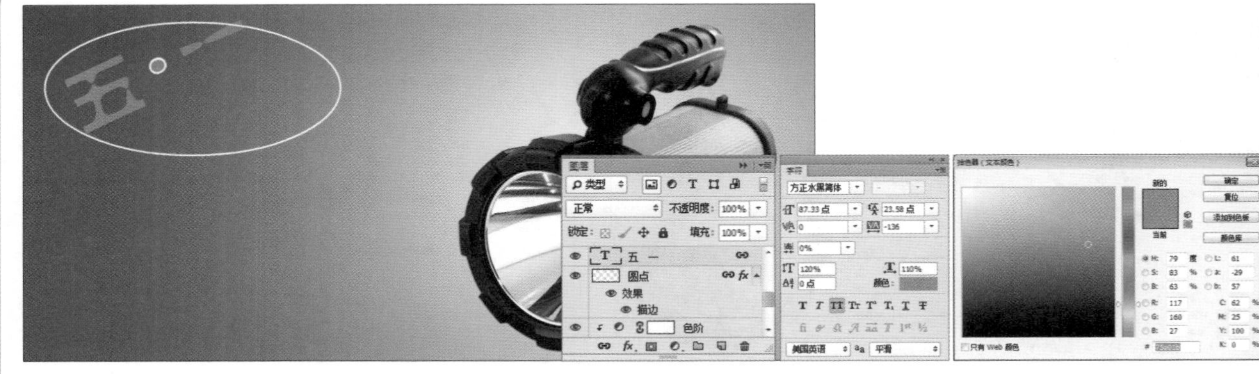

007 单击工具箱中的“文字工具”按钮，在页面中绘制文本框输入对应的文字。执行“窗口 > 字符”命令，在弹出的“字符”面板中对其参数进行设置，在文本框中输入相应的文字。效果如图所示。

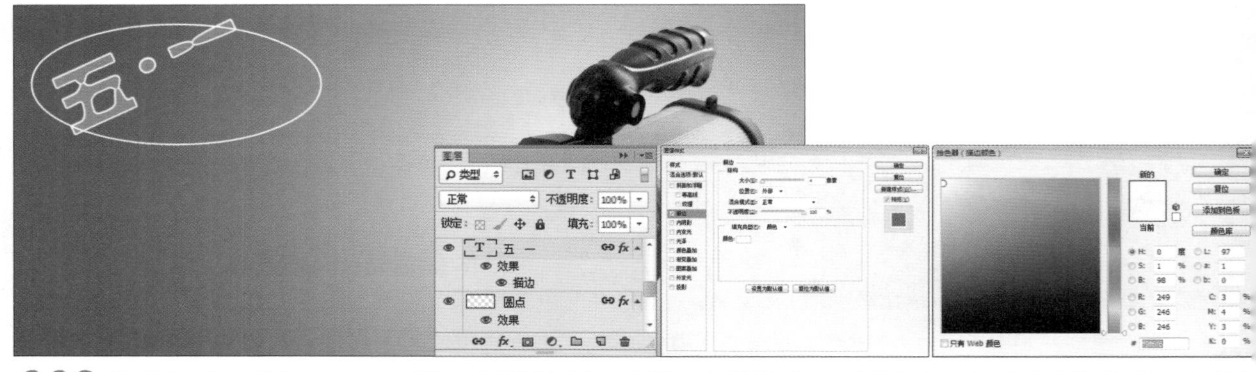

008 在“图层”面板中，单击“添加图层样式” 按钮，在弹出的下拉列表中选择“描边”选项，在弹出的“图层样式”对话框中对其参数进行设置，完成后单击“确定”按钮。效果如图所示。

009 新建图层并将其命名为“圆角矩形”，通过“圆角矩形工具”在页面中绘制出闭合路径。转换为选区后通过“渐变工具”制作出绿色渐变的效果。效果如图所示。

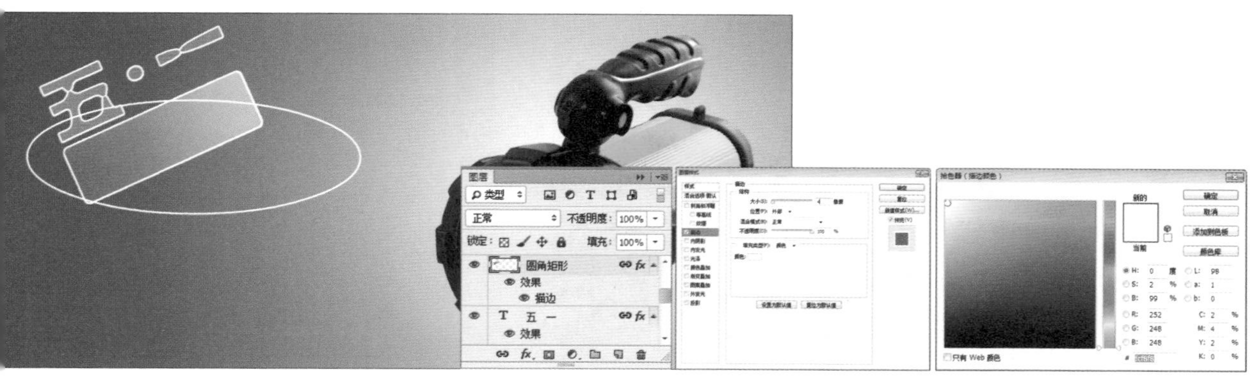

010 按照上述方式为圆角矩形进行描边处理，效果如图所示。

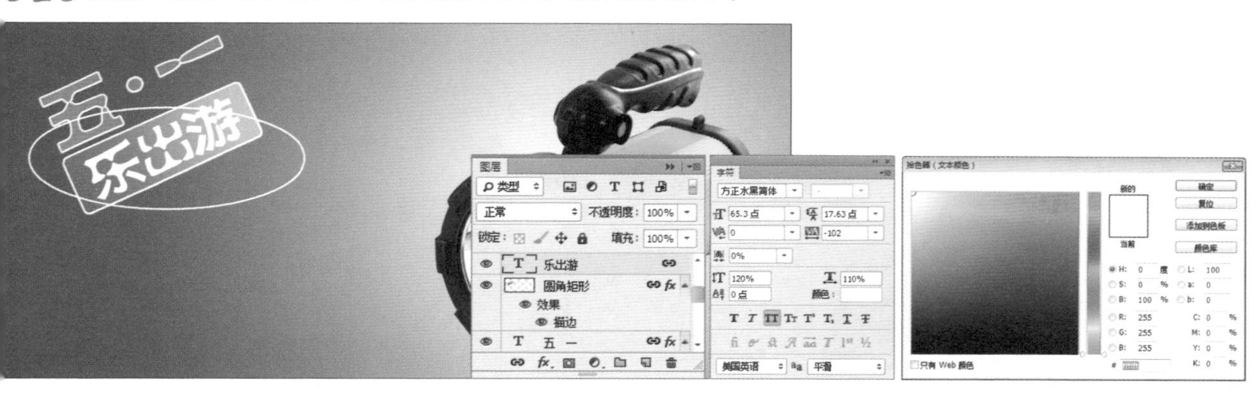
乐出游

011 单击工具箱中的“文字工具”按钮，在页面中绘制文本框输入对应的文字。执行“窗口 > 字符”命令，在弹出的“字符”面板中对其参数进行设置，在文本框中输入相应的文字。效果如图所示。

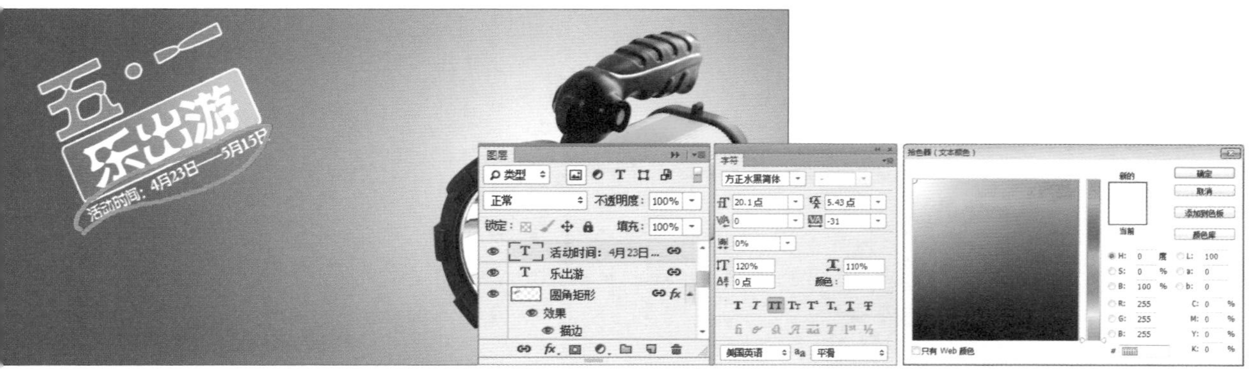
乐出游
活动时间：4月23日——5月15日

012 单击工具箱中的“文字工具”按钮，在页面中绘制文本框输入对应的文字。执行“窗口 > 字符”命令，在弹出的“字符”面板中对其参数进行设置，在文本框中输入相应的文字。效果如图所示。

013 新建图层并将其命名为“纯色色块”，用“钢笔工具”绘制出不规则的四边形闭合路径。按下快捷键〈Ctrl+Enter〉将路径转换为选区将“前景色”设置为绿色，按下快捷键〈Alt+Delete〉进行填充。然后按下快捷键〈Ctrl+D〉取消选区。效果如图所示。

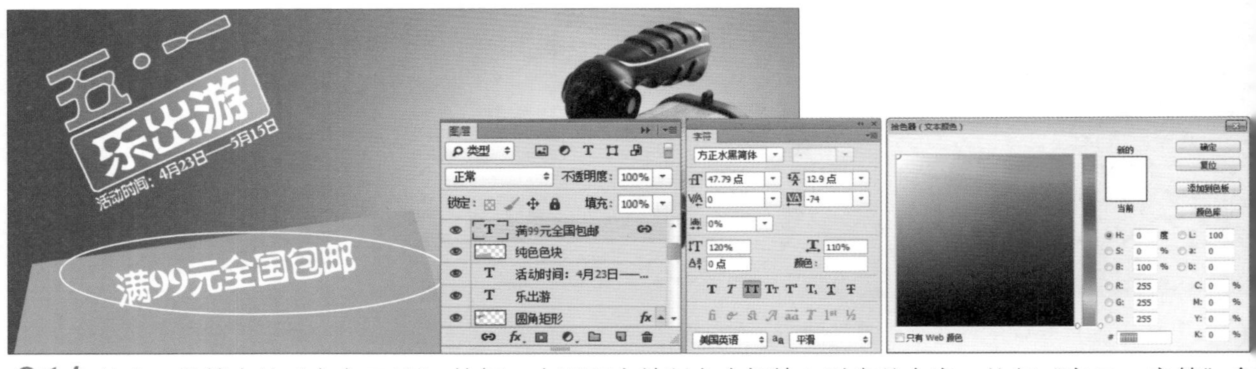

014 单击工具箱中的“文字工具” 按钮，在页面中绘制文本框输入对应的文字。执行“窗口 > 字符”命令，在弹出的“字符”面板中对其参数进行设置，在文本框中输入相应的文字。效果如图所示。

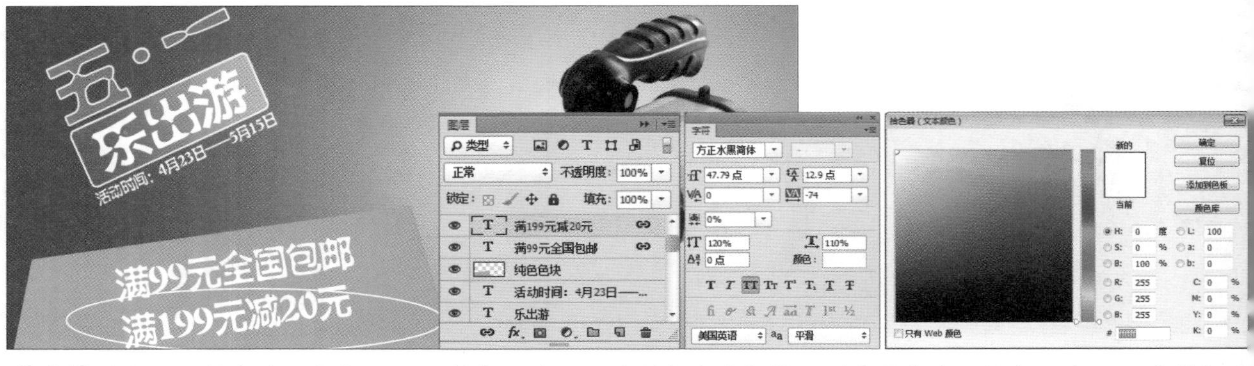

015 单击工具箱中的“文字工具” 按钮，在页面中绘制文本框输入对应的文字。执行“窗口 > 字符”命令，在弹出的“字符”面板中对其参数进行设置，在文本框中输入相应的文字。效果如图所示。

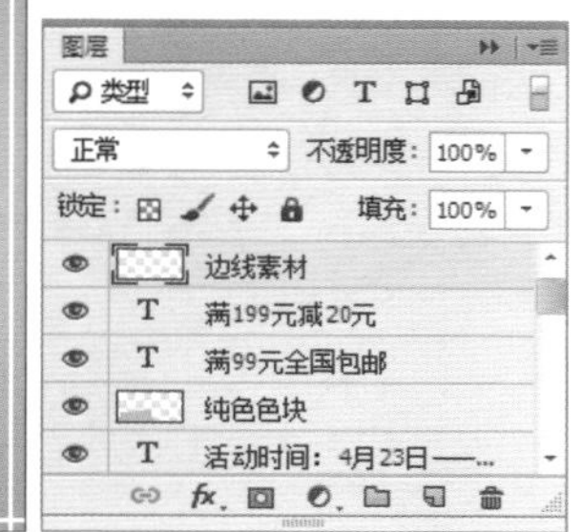

016 执行“文件 > 打开”命令，在弹出的“打开”对话框中选择“边线素材 .png”文件，将其拖到页面之上并调整其位置。最终效果如图所示。

效果图二

001 按下快捷键〈Ctrl+J〉对“背景”图层进行复制，复制的图层名称为“背景 复制”。

002 单击“图层”面板下方的“创建新的填充或者调整图层”按钮，在弹出的下拉菜单中选择“可选颜色”选项，对其参数进行设置。效果如图所示。

003 单击“图层”面板下方的“创建新的填充或者调整图层”按钮，在弹出的下拉菜单中选择“色相 饱和度”选项，对其参数进行设置，再用“画笔工具”擦除画面中不需要作用的部分即可。效果如图所示。

004 盖印图层后将其命名为“模糊 柔光”，执行“滤镜 > 模糊 > 高斯模糊”命令，在弹出的“高斯模糊”对话框中对其参数进行设置，完成后单击“确定”按钮。在“图层”面板中将该图层的“混合模式”更改为“柔光”、“不透明度”更改为 57%。再通过添加图层蒙版并结合“画笔工具”擦除画面中不需要作用的部分即可。效果如图所示。

005 盖印图层后将图层命名为“锐化”，执行“滤镜 > 锐化 >USM 锐化”命令，在弹出的“USM 锐化”对话框中对其参数进行设置，完成后单击“确定”按钮。在“图层”面板中将该图层的“不透明度”调整为 78%。效果如图所示。

006 单击“图层”面板下方的“创建新的填充或者调整图层”按钮，在弹出的下拉菜单中选择“曲线”选项，对其参数进行设置，再用“画笔工具”擦除画面中不需要作用的部分即可。在“图层”面板中将该图层的“不透明度”调整为 35%。最终效果如图所示。

03 将调整后的照片上传至“图片空间”中，以便在装修的过程中可以随时调出来使用。通过“店铺管理 > 图片空间”的途径将调整好的照片上传。效果如图所示。

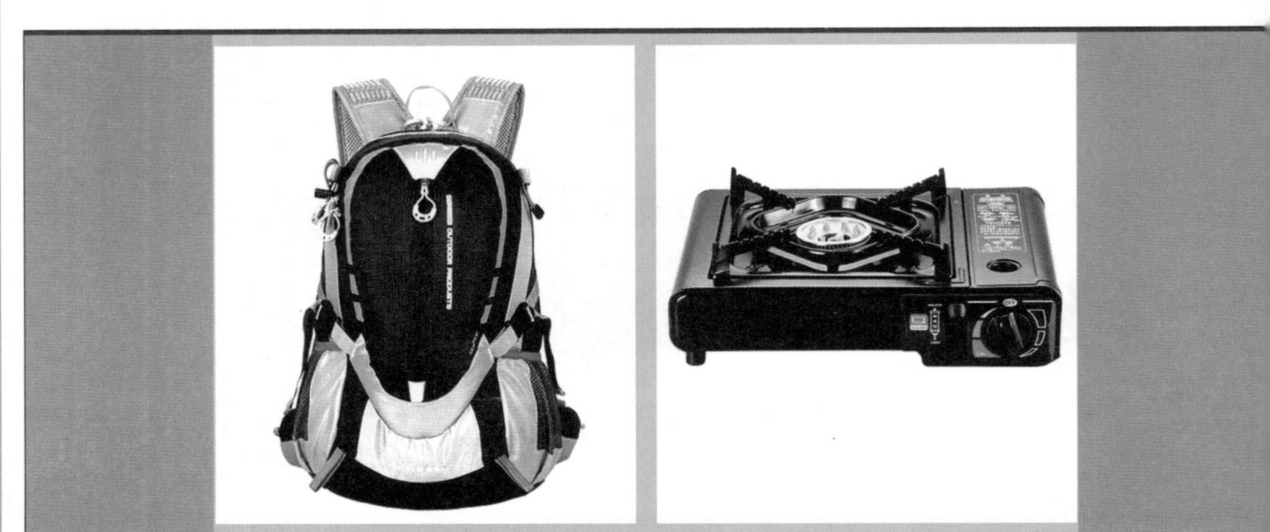

04 对店铺模板中的各个模块进行设置，效果如图所示。

Sports & Outdoors
生命在于运动
输入关键词
外套 | 鞋子 | 用品 | 自行车 | 帐篷 |

五·一
乐出游
活动时间：4月23日——5月15日
满99元全国包邮
满199元减20元

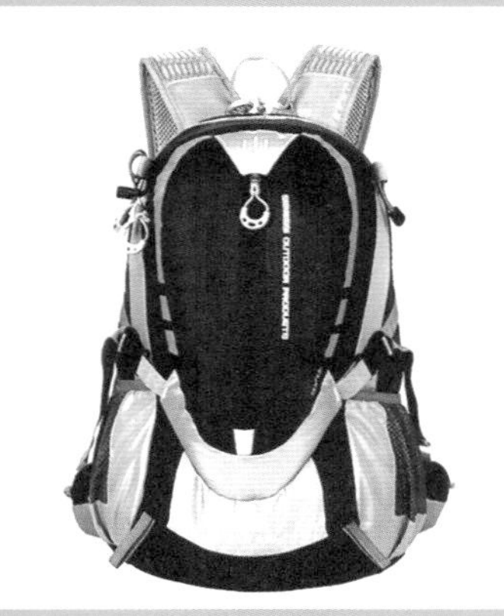

05 单击页面右上角的“预览”按钮，在对店铺装修效果检查无误的情况下进行确定。最终效果如图所示。

6.9 鲜花速递吧

本案例主要讲解了鲜花速递吧的装修过程，在具体的操作过程中主要使用了溶图的方法，从而使设计版面看起来更加柔美，再通过文字素材及装饰性素材的适当添加发挥了较好的宣传作用。

- **实例位置：** DVD\ 实例文件 \ 第 6 章 \6.9
- **素材位置：** DVD\ 实例文件 \ 第 6 章 \6.9
- **视频位置：** DVD\ 视频文件 \ 第 6 章 \6.9

01 这一步的主要目的在于通过选择装修模板来确定后面的店铺装修中需要多少张图片。登录淘宝网账户后单击“卖家中心”，通过“我是卖家 > 店铺管理 > 店铺装修 > 装修 > 模板管理 > 装修市场”的途径选择适合店铺风格的装修模板。

02 在 Photoshop 中对图像进行处理并且适当地排版、设计，使画面具有更强的宣传性。效果如图所示。

效果图一

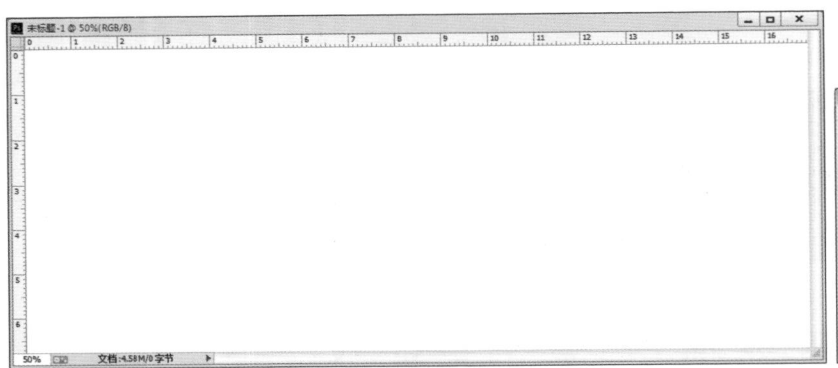

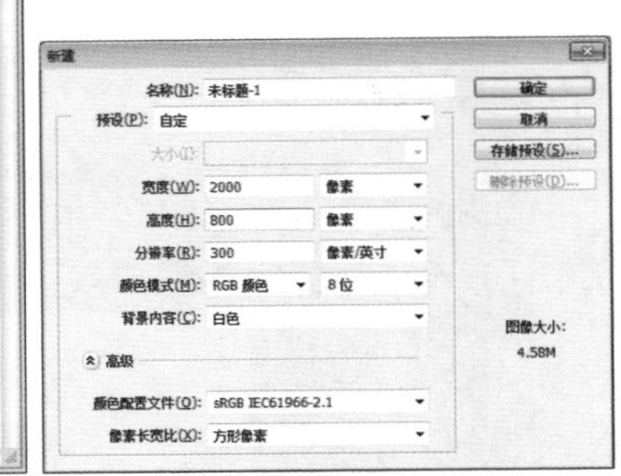

001 执行“文件 > 新建”命令，在弹出的“新建”对话框中对其参数进行设置，完成后单击“确定”按钮。效果如图所示。

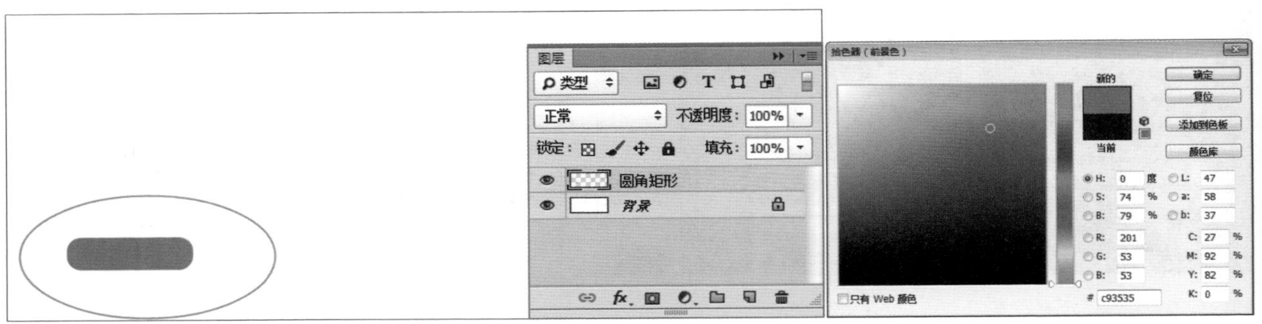

002 新建图层并将其命名为“圆角矩形”，通过“圆角矩形工具”在页面中绘制出圆角矩形，转换为选区后将“前景色”设置为红色，按下快捷键〈Alt+Delete〉进行填充，再按下快捷键〈Ctrl+D〉取消选区。效果如图所示。

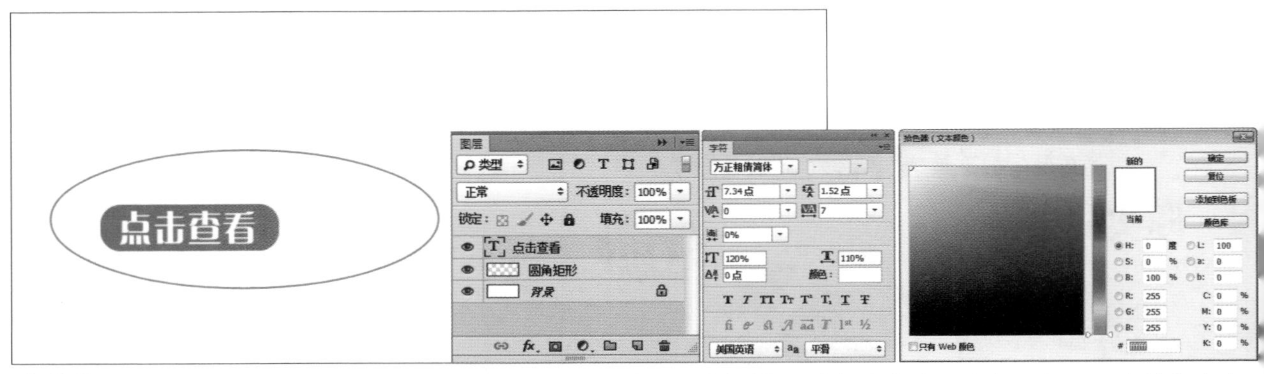

003 单击工具箱中的“文字工具”按钮，在页面中绘制文本框输入对应的文字。执行“窗口 > 字符”命令，在弹出的“字符”面板中对其参数进行设置，在文本框中输入相应的文字。效果如图所示。

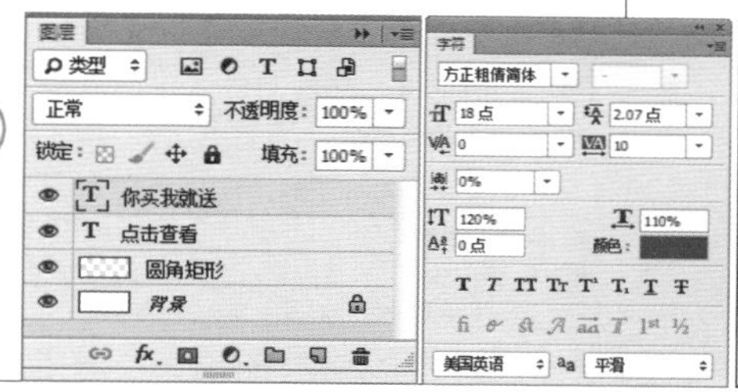

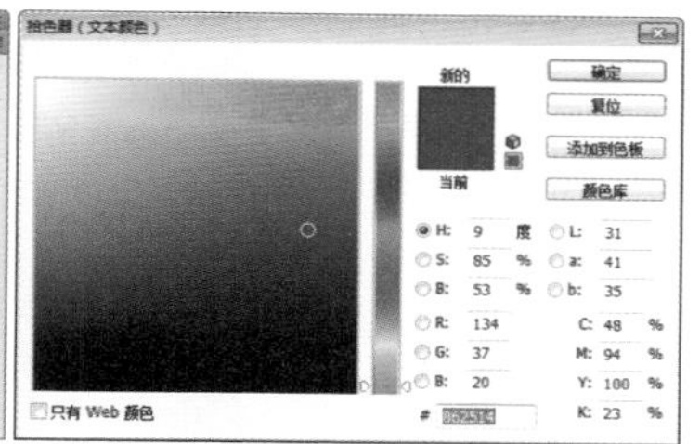

004 单击工具箱中的“文字工具”按钮，在页面中绘制文本框输入对应的文字。执行“窗口 > 字符”命令，在弹出的“字符”面板中对其参数进行设置，在文本框中输入相应的文字。效果如图所示。

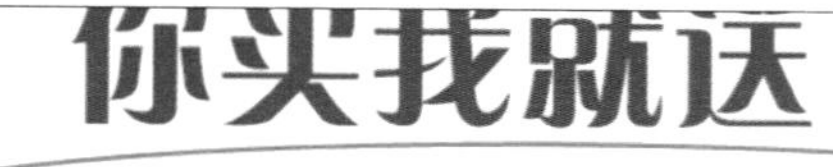

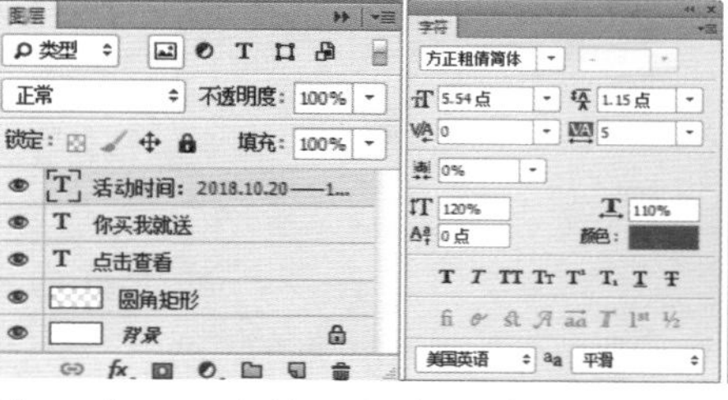

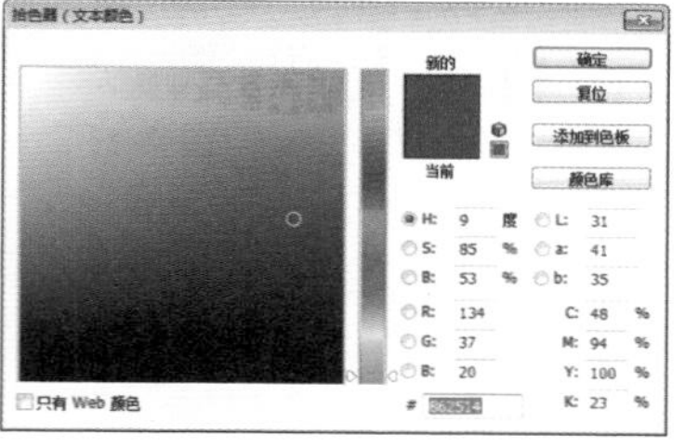

005 单击工具箱中的“文字工具”按钮，在页面中绘制文本框输入对应的文字。执行“窗口 > 字符”命令，在弹出的“字符”面板中对其参数进行设置，在文本框中输入相应的文字。效果如图所示。

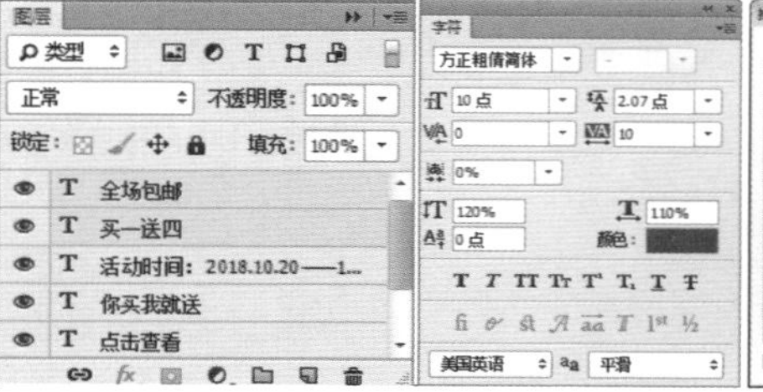

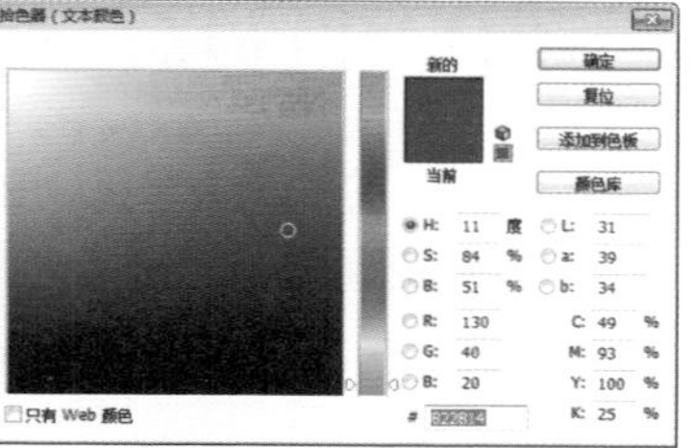

006 单击工具箱中的“文字工具”按钮，在页面中绘制文本框输入对应的文字。执行“窗口 > 字符”命令，在弹出的“字符”面板中对其参数进行设置，在文本框中输入相应的文字。效果如图所示。

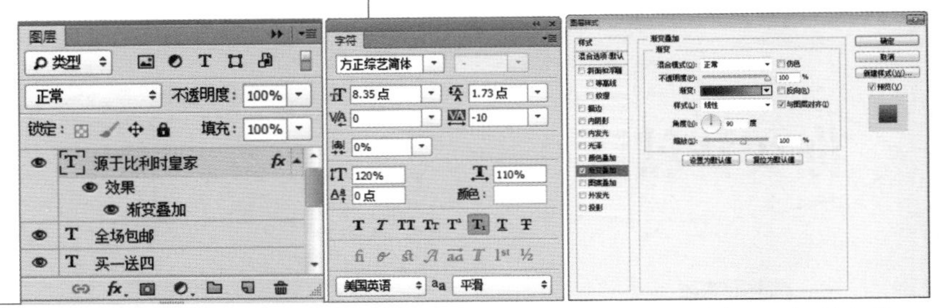

007 按照上述方式进行文字素材的制作，在“图层”面板中，单击“添加图层样式” 按钮，在弹出的下拉列表中选择“渐变叠加”选项，在弹出的“图层样式”对话框中对其参数进行设置，完成后单击“确定”按钮。效果如图所示。

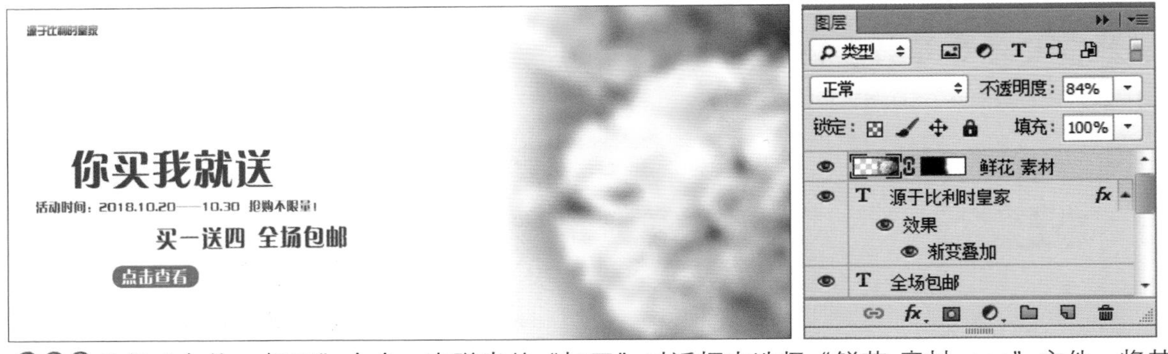

008 执行“文件 > 打开”命令，在弹出的“打开”对话框中选择“鲜花 素材 .png”文件，将其拖到页面上并调整其位置。再通过添加图层蒙版并结合“画笔工具”擦除画面中不需要作用的部分即可。

009 按照上述方式制作文字素材，在“图层”面板中，单击“添加图层样式”按钮，在弹出的下拉列表中分别选择“描边” “渐变叠加”和“投影”选项，在弹出的“图层样式”对话框中对其参数进行设置，完成后单击“确定”按钮。效果如图所示。

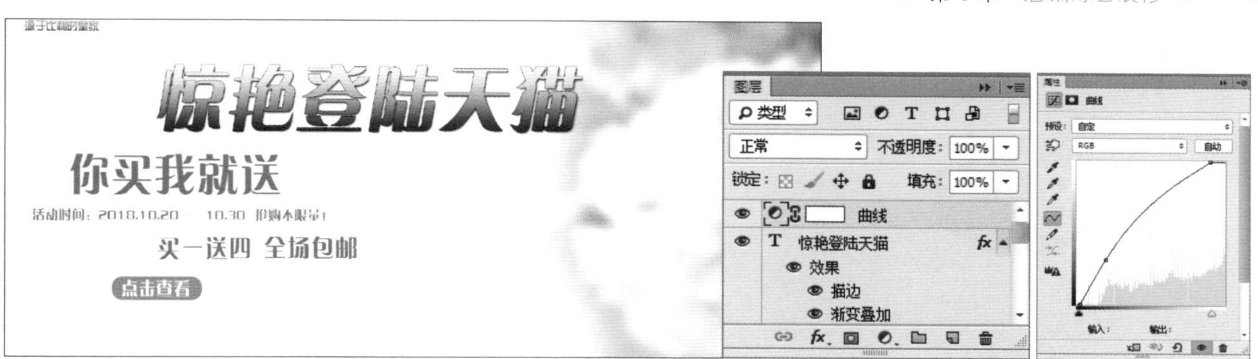

010 单击“图层”面板下方的“创建新的填充或者调整图层”按钮，在弹出的下拉菜单中选择“曲线”选项，对其参数进行设置。效果如图所示。

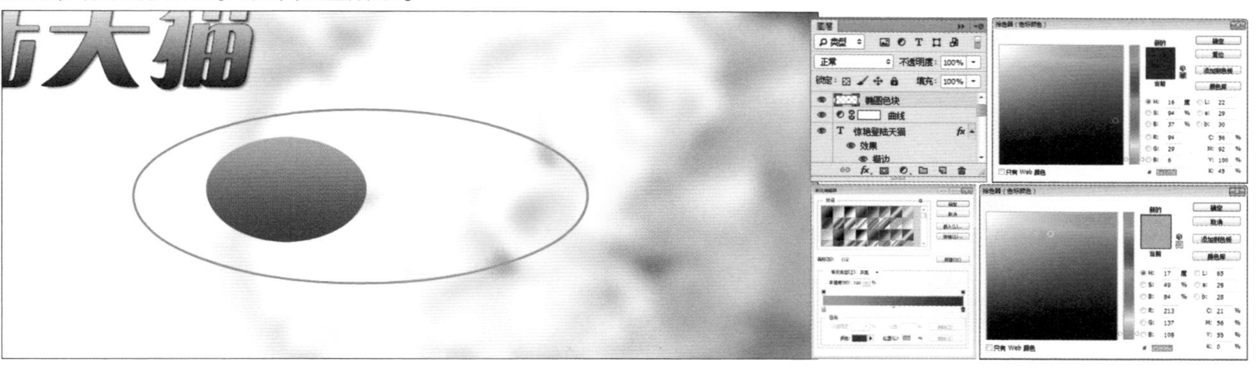

011 新建图层并将其命名为“椭圆色块”，通过“椭圆选框工具”在页面中绘制出椭圆选区。单击工具箱中的“渐变工具”按钮，在属性栏中单击“点按可编辑渐变”按钮，在弹出的“渐变编辑器”对话框中设置相关参数，对椭圆选区进行渐变处理，然后按下快捷键〈Ctrl+D〉取消选区。效果如图所示。

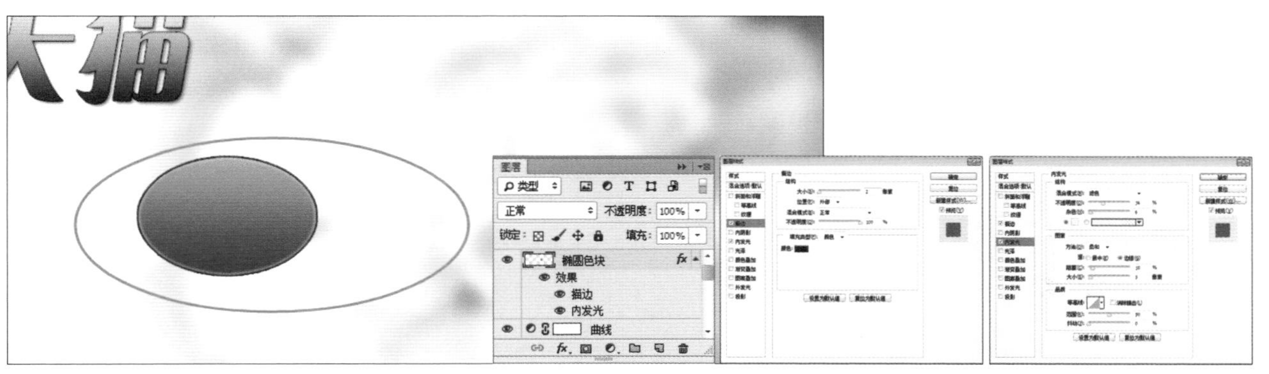

012 在“图层”面板中，单击“添加图层样式” 按钮，在弹出的下拉列表中选择“描边”和“内发光”选项，在弹出的“图层样式”对话框中对其参数进行设置，完成后单击“确定”按钮。效果如图所示。

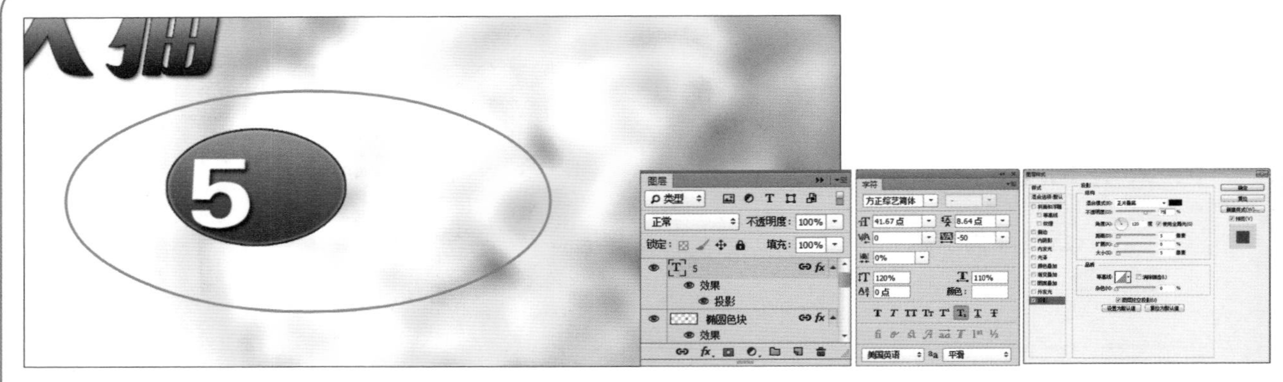

013 制作文字素材后，在“图层”面板中，单击“添加图层样式”按钮，在弹出的下拉列表中选择“投影”选项，在弹出的“图层样式”对话框中对其参数进行设置，完成后单击“确定”按钮。效果如图所示。

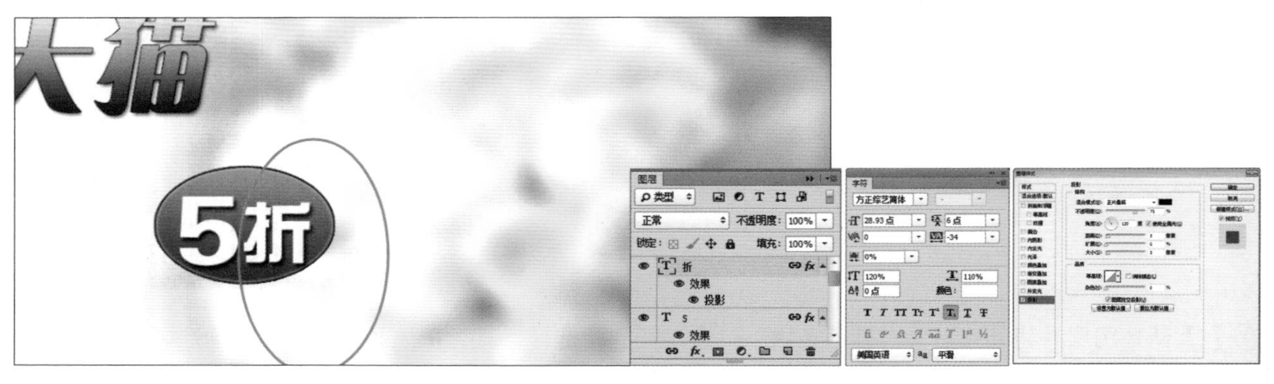

014 按照上述方式制作文字素材并做特效处理，效果如图所示。

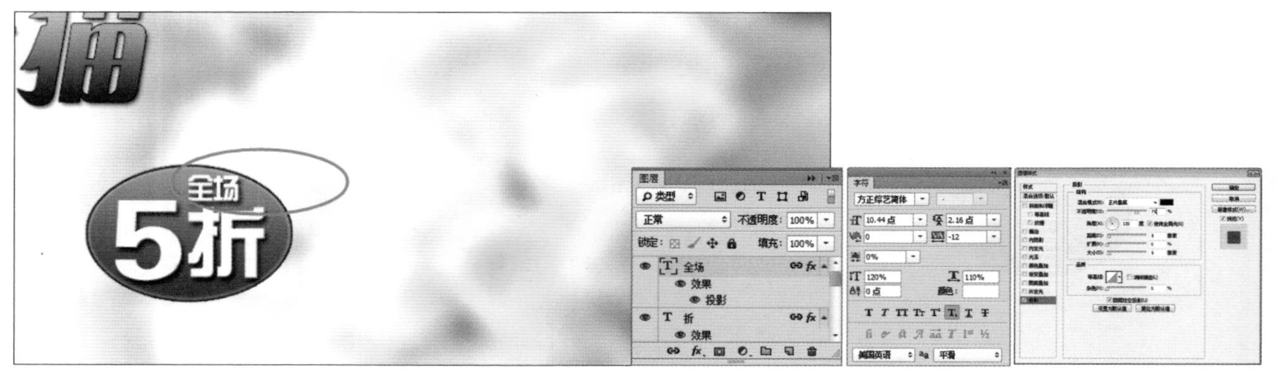

015 按照上述方式制作文字素材并做特效处理，效果如图所示。

016 执行“文件 > 打开”命令，在弹出的“打开”对话框中选择“花瓣 素材 .png”文件，将其拖到页面之上并调整其位置。再通过添加图层蒙版并结合“画笔工具”擦除画面中不需要作用的部分。

017 新建图层并将其命名为“描边”，单击工具箱中的“矩形选框工具”在页面上绘制矩形选区。执行“编辑 > 描边”命令，在弹出的“描边”对话框中对其参数进行设置，完成后单击“确定”按钮。最终效果如图所示。

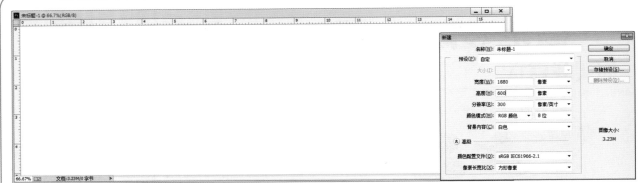

001 执行“文件 > 新建”命令，在弹出的“新建”对话框中对其参数进行设置，完成后单击“确定”按钮。效果如图所示。

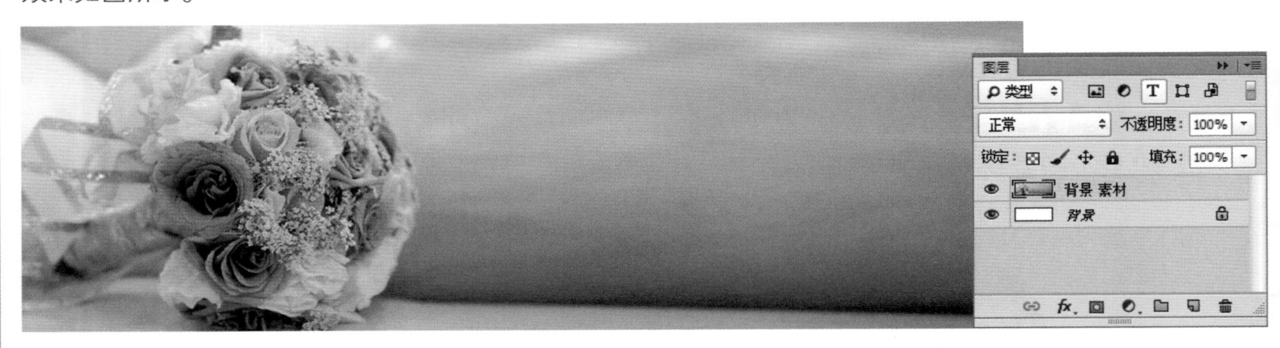

002 执行“文件 > 打开”命令，在弹出的“打开”对话框中选择“背景 素材 .png”文件，将其拖到页面之上并调整其位置。效果如图所示。

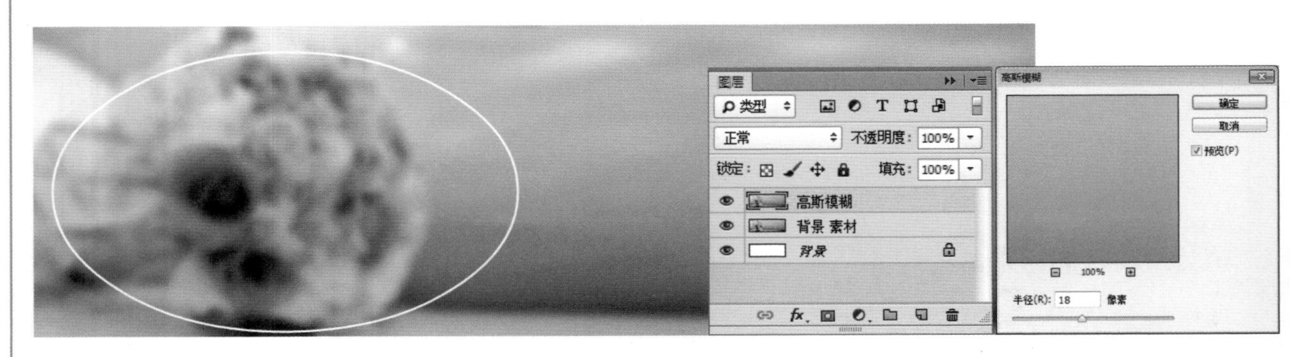

003 复制图层并将复制的图层命名为“高斯模糊”，执行“滤镜 > 模糊 > 高斯模糊”命令，在弹出的“高斯模糊”对话框中对其参数进行设置，完成后单击“确定”按钮。效果如图所示。

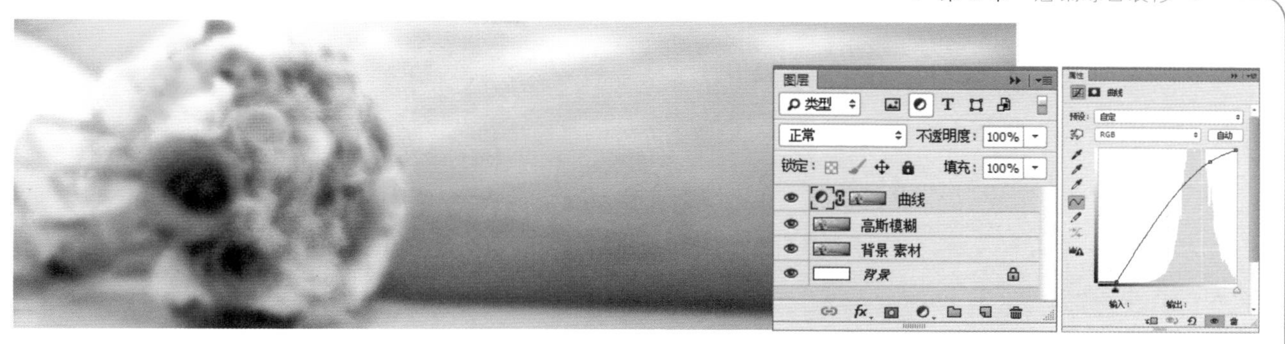

004 单击“图层”面板下方的“创建新的填充或者调整图层”按钮，在弹出的下拉菜单中选择“曲线”选项，对其参数进行设置，用“画笔工具”在图层蒙版上擦除画面中不需要作用的部分。效果如图所示。

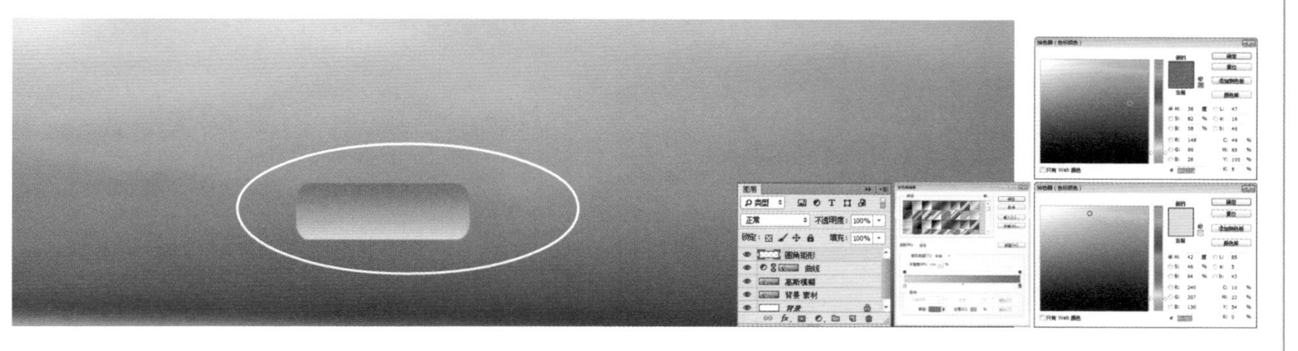

005 新建图层并将其命名为“圆角矩形”，通过“圆角矩形工具”在页面中绘制出圆角矩形，将其转换为选区，单击工具箱中的“渐变工具”按钮，在属性栏中单击“点按可编辑渐变”按钮，在弹出的“渐变编辑器”对话框中，设置相关参数，对所选区域进行渐变处理。效果如图所示。

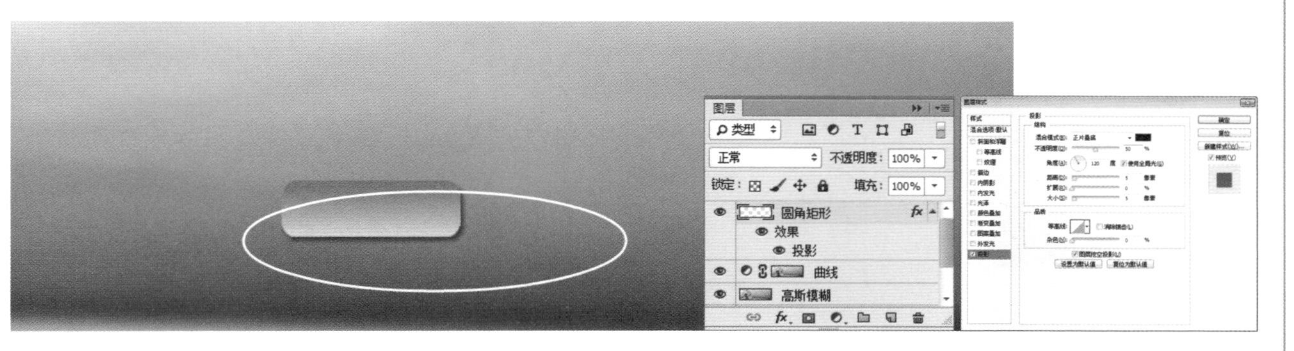

006 在“图层”面板中，单击“添加图层样式”按钮，在弹出的下拉列表中选择“投影”选项，在弹出的“图层样式”对话框中对其参数进行设置，完成后单击“确定”按钮。效果如图所示。

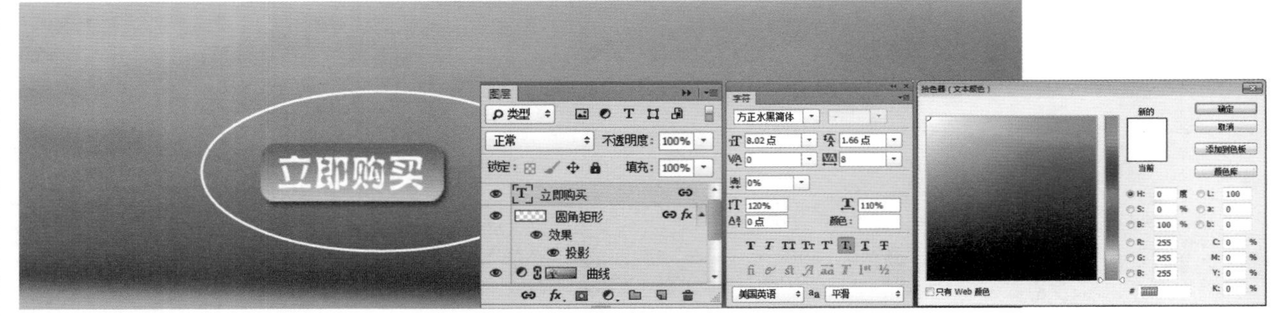

007 单击工具箱中的“文字工具” 按钮，在页面中绘制文本框输入对应的文字。执行“窗口 > 字符”命令，在弹出的“字符”面板中对其参数进行设置，完成后单击“确定”按钮，在文本框中输入相应的文字。效果如图所示。

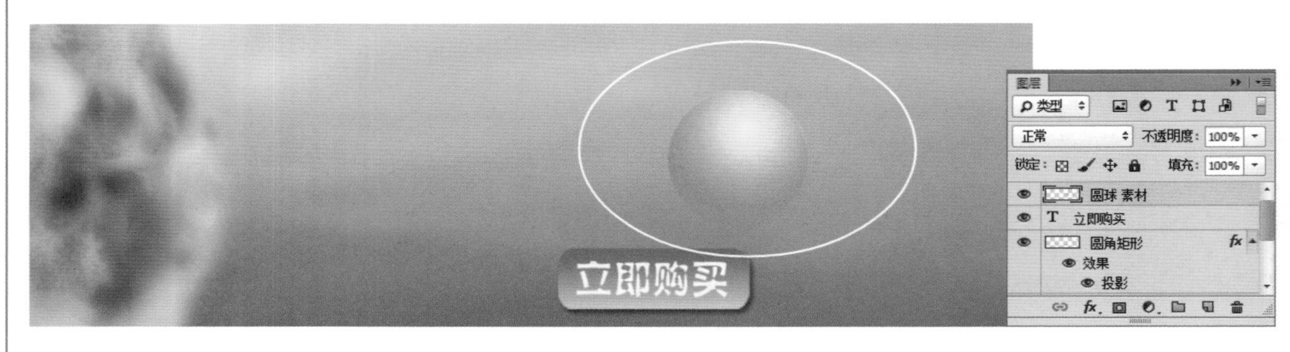

008 执行“文件 > 打开”命令，在弹出的“打开”对话框中选择“圆球 素材 .png”文件，将其拖到页面之上并调整其位置。效果如图所示。

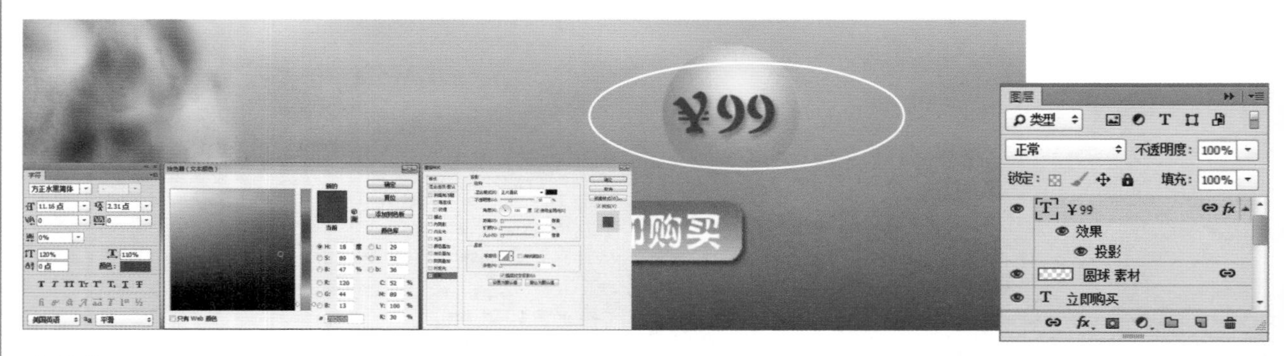

009 按照上述方式制作文字素材，在“图层”面板中，单击“添加图层样式”按钮，在弹出的下拉列表中选择“投影”选项，在弹出的“图层样式”对话框中对其参数进行设置，完成后单击“确定”按钮。效果如图所示。

010 执行“文件 > 打开”命令，在弹出的“打开”对话框中选择“对话框 素材 .png”文件，将其拖到页面之上并调整其位置。效果如图所示。

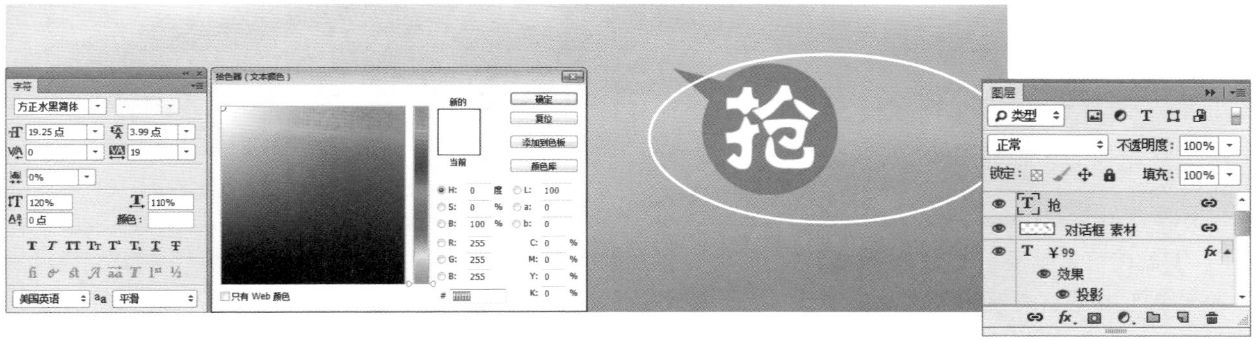

011 单击工具箱中的“文字工具”按钮，在页面中绘制文本框输入对应的文字。执行“窗口 > 字符”命令，在弹出的“字符”面板中对其参数进行设置，在文本框中输入相应的文字。效果如图所示。

012 按照上述方式制作文字素材，然后在“图层”面板中，单击“添加图层样式”按钮，在弹出的下拉列表中选择“投影”选项，在弹出的“图层样式”对话框中对其参数进行设置，完成后单击“确定”按钮。效果如图所示。

013 继续进行文字素材的制作，效果如图所示。

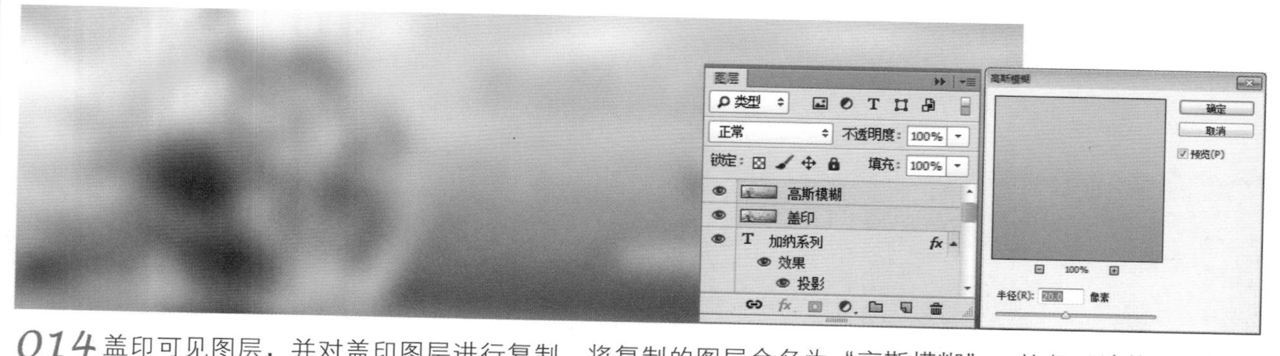

014 盖印可见图层，并对盖印图层进行复制，将复制的图层命名为“高斯模糊”。执行“滤镜 > 模糊 > 高斯模糊”命令，在弹出的“高斯模糊”对话框中对其参数进行设置，完成后单击“确定”按钮。效果如图所示。

015 复制“盖印”图层并将其命名为“盖印 复制”，将其调整至“图层”面板的最上方。通过缩放的方式将“盖印 复制”图层中的图像进行收缩处理。在“图层”面板中，单击“添加图层样式” 按钮，在弹出的下拉列表中选择“投影”选项，在弹出的“图层样式”对话框中对其参数进行设置，完成后单击“确定”按钮。最终效果如图所示。

03 将调整后的照片上传至“图片空间”中，以便在装修的过程中可以随时调出来使用。通过“店铺管理 > 图片空间”的途径将调整好的照片上传。效果如图所示。

04 对店铺模板中的各个模块进行设置，效果如图所示。

05 单击页面右上角的“预览”按钮，在对店铺装修效果检查无误的情况下进行确定。最终效果如图所示。

6.10 护肤彩妆联盟

该案例主要讲解了彩妆护肤店铺通常采用的装修模式，在具体的操作过程中，通过对产品的抠图、文字的添加及设计风格的变换，使整个店铺给消费者以耳目一新的感觉。

- **实例位置：** DVD\ 实例文件 \ 第 6 章 \6.10
- **素材位置：** DVD\ 实例文件 \ 第 6 章 \6.10
- **视频位置：** DVD\ 视频文件 \ 第 6 章 \6.10

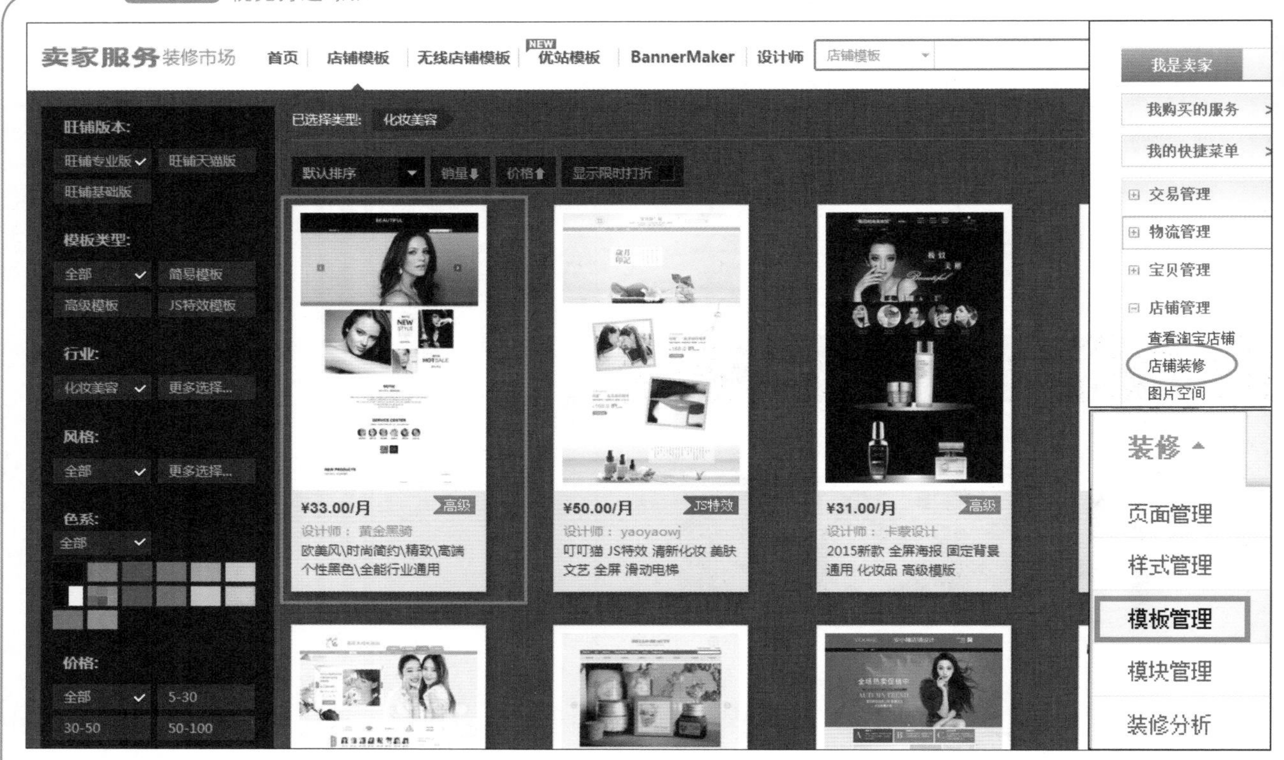

01 这一步的主要目的在于通过选择装修模板来确定后面的店铺装修中需要多少张图片。登录淘宝网账户后单击“卖家中心”，通过“我是卖家 > 店铺管理 > 店铺装修 > 装修 > 模板管理 > 装修市场”的途径选择适合店铺风格的装修模板。

02 在 Photoshop 中对图像进行处理并且适当地排版、设计，使画面具有更强的宣传性。效果如图所示。

效果图一

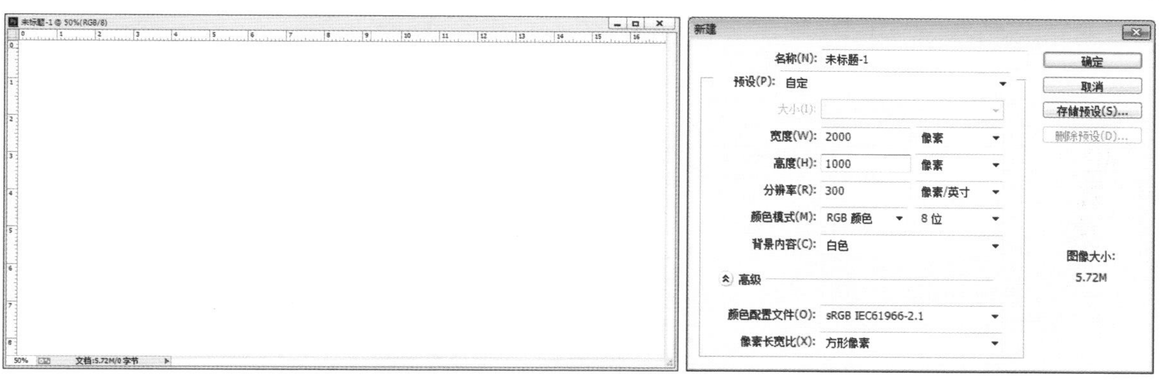

001 执行“文件 > 新建”命令，在弹出的“新建”对话框中对其参数进行设置，完成后单击“确定”按钮。效果如图所示。

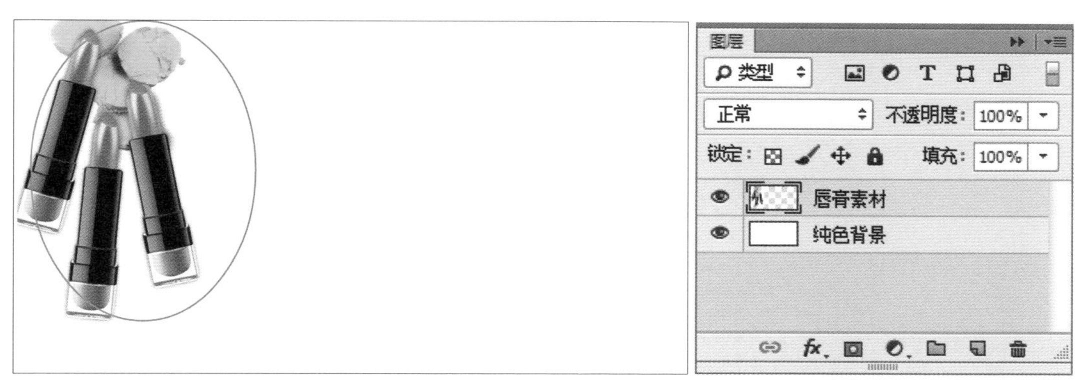

002 执行“文件 > 打开”命令，在弹出的“打开”对话框中选择“唇膏素材 .png”文件，将其拖到页面之上并调整其位置。效果如图所示。

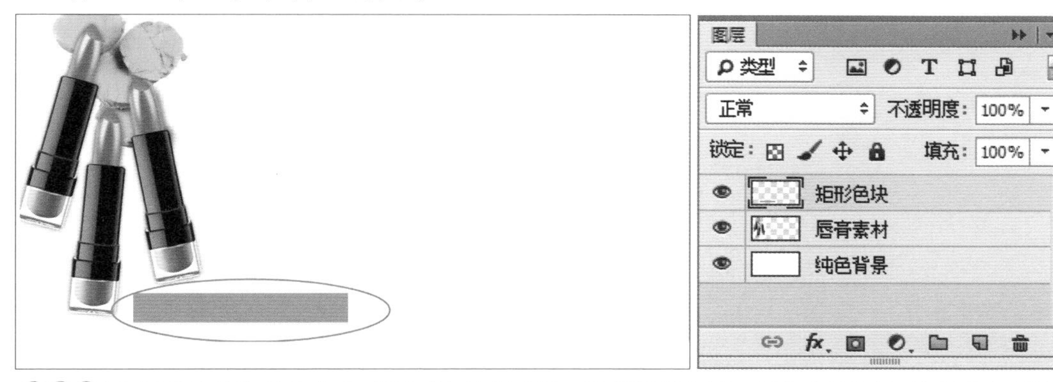

003 新建图层并将其命名为“矩形色块”图层，用“矩形选框工具”在页面上绘制出矩形的选区，然后将“前景色”设置为红色，按下快捷键〈Alt+Delete〉进行填充。然后按下快捷键〈Ctrl+D〉取消选区。效果如图所示。

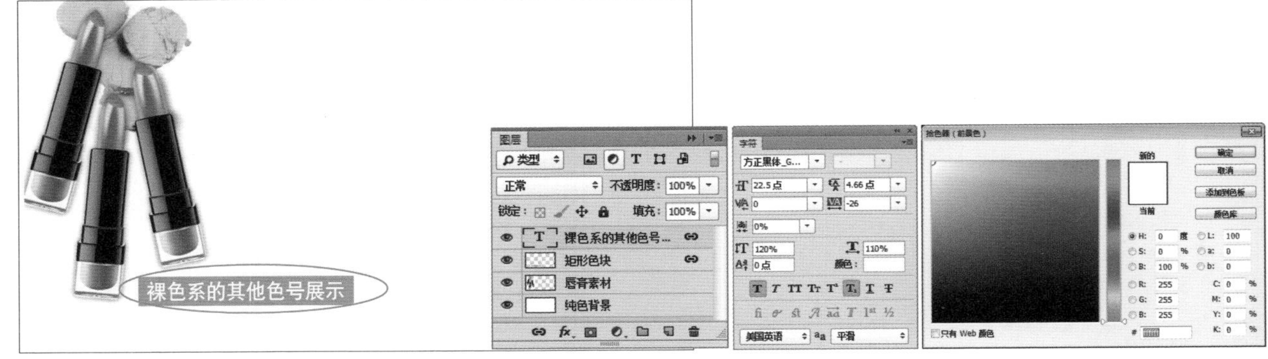

004 单击工具箱中的“文字工具”按钮，在页面中绘制文本框输入对应的文字。执行“窗口 > 字符”命令，在弹出的“字符”面板中对其参数进行设置，完成后单击“确定”按钮，在文本框中输入相应的文字。效果如图所示。

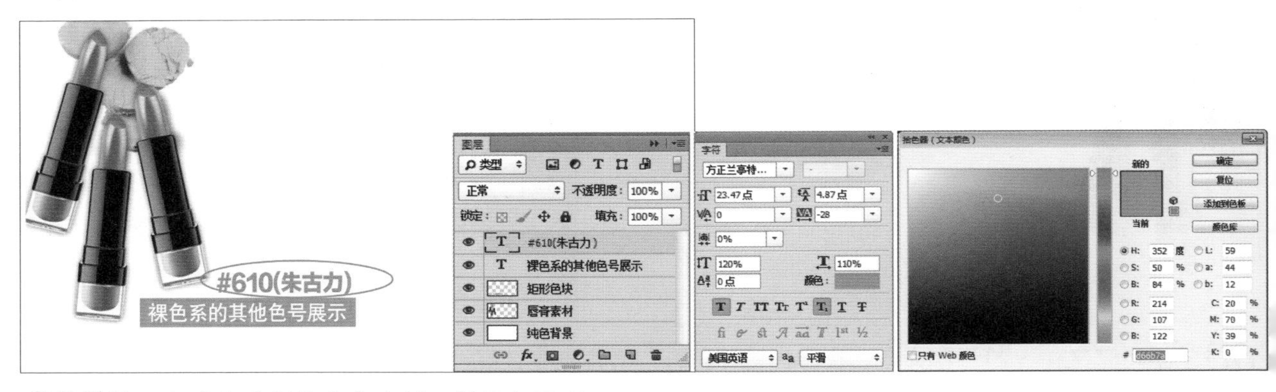

005 按照上述方式制作文字素材，效果如图所示。

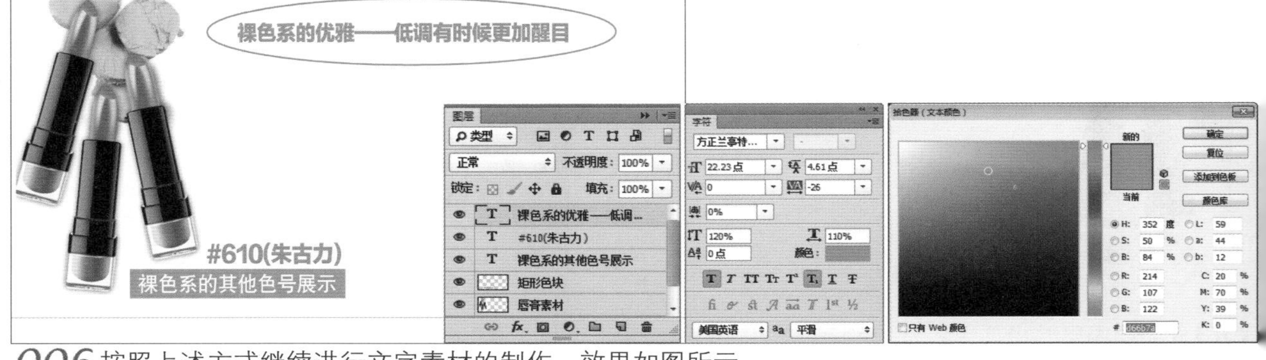

006 按照上述方式继续进行文字素材的制作，效果如图所示。

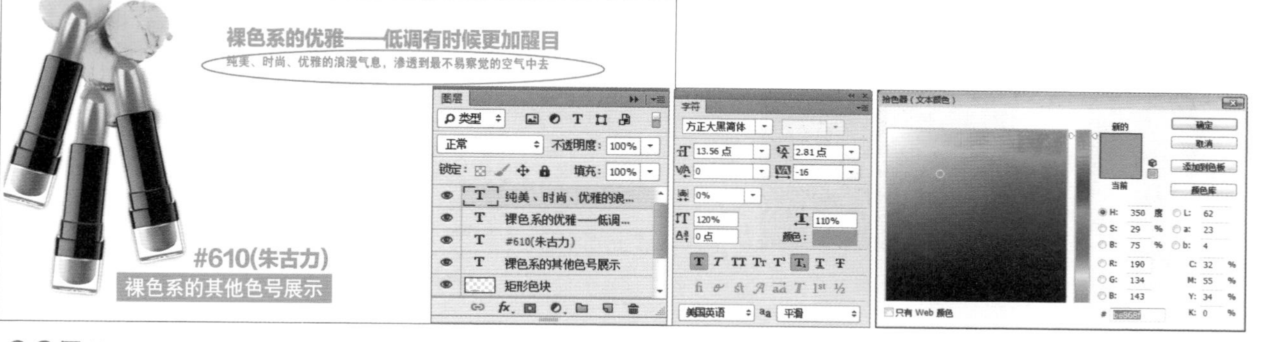

007 按照上述方式继续进行文字素材的制作，效果如图所示。

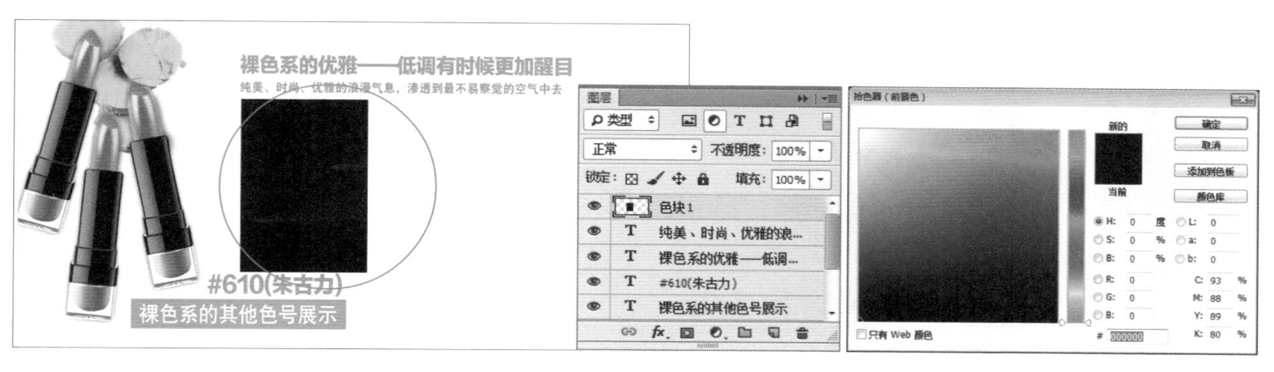

008 新建图层并将其命名为“色块 1”，用“矩形选框工具”在页面中绘制出矩形的选区，将“前景色”设置为黑色，按下快捷键〈Alt+Delete〉进行填充，然后按下快捷键〈Ctrl+D〉取消选区。效果如图所示。

009 执行“文件 > 打开”命令，在弹出的“打开”对话框中选择“图片素材 1.jpg”文件，将其拖到页面中并调整其位置。执行“图层 > 创建剪贴蒙版”命令，将所选图层置入目标图层中。效果如图所示。

010 新建图层并将其命名为“色块 2”，用“矩形选框工具”在页面中绘制出矩形的选区，再将“前景色”设置为黑色，按下快捷键〈Alt+Delete〉进行填充。然后按下快捷键〈Ctrl+D〉取消选区。效果如图所示。

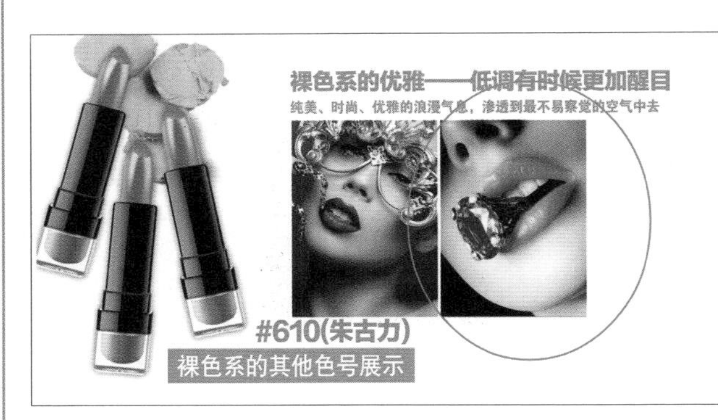

011 执行“文件 > 打开”命令，在弹出的“打开”对话框中选择“图片素材 2.jpg”文件，将其拖到页面之上并调整其位置。执行“图层 > 创建剪贴蒙版”命令，将所选图层置入目标图层中。效果如图所示。

012 按照上述方式进行色块的制作及图片素材的添加。最终效果如图所示。

护唇+润色

必买它的3大理由

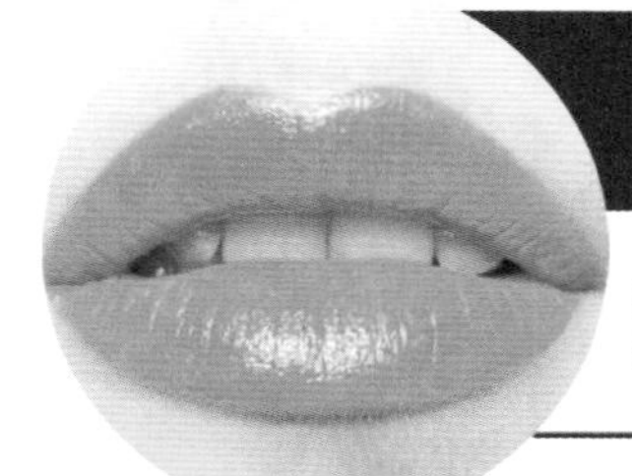

滋润保湿

全新升级滋润唇膏配方，淡化唇纹，给予双唇充足的水分，一扫秋季的干燥，缔造水润双唇。

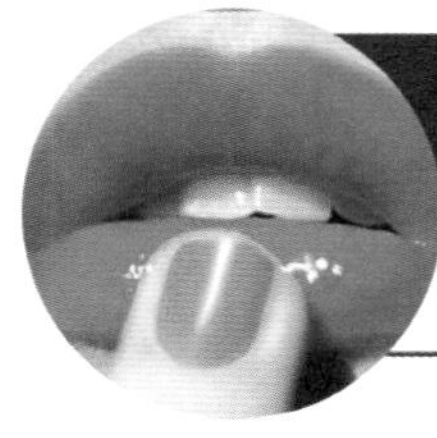

细腻亮泽

质地丝滑细腻，唇妆莹润亮泽。很大程度上摆脱了暗沉的效果。

抚平唇纹

维生素E、银杏叶精华等元素的添加使唇膏中的营养成分深层渗透，极大地抚平了唇纹，改善了干裂。

效果图二

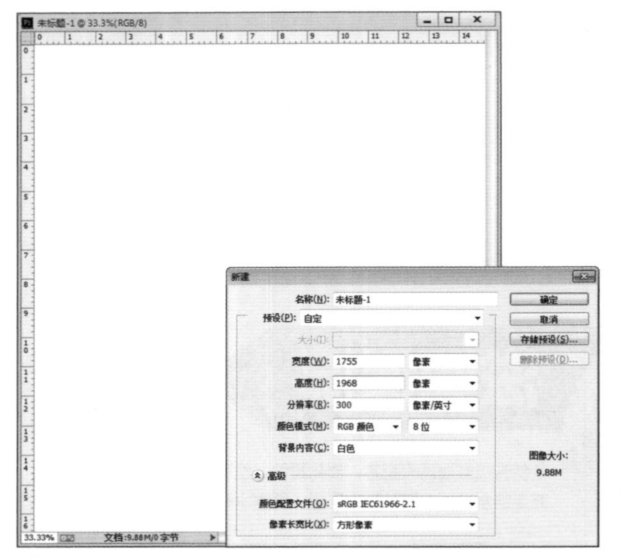

001 执行“文件 > 新建”命令，在弹出的“新建”对话框中对其参数进行设置，完成后单击“确定”按钮。效果如图所示。

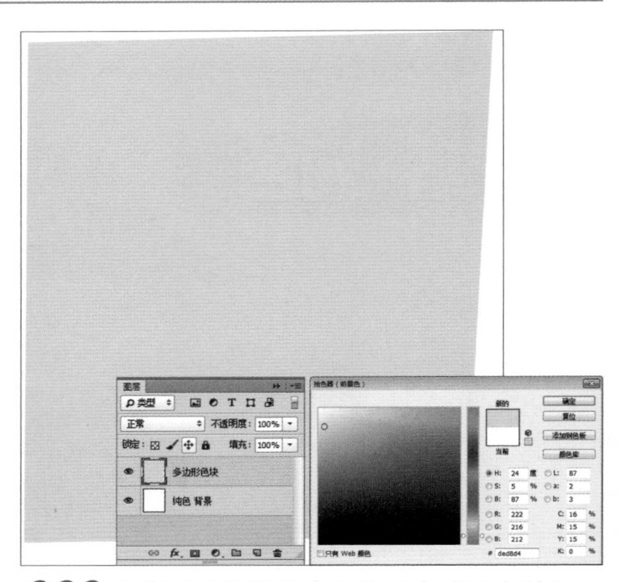

002 新建图层并将其命名为“多边形色块”。通过“钢笔工具”勾勒出闭合的四边形路径，将路径转换为选区后，将“前景色”设置为灰色进行填充。

003 按照上述方式进行多边形色块的制作。效果如图所示。

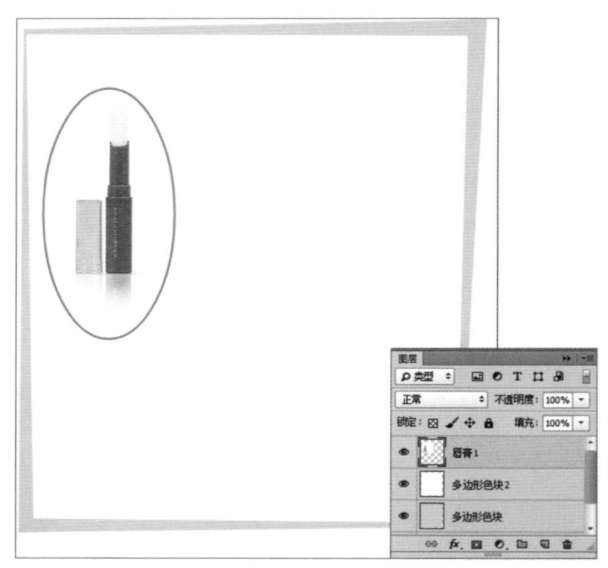

004 执行“文件 > 打开”命令，在弹出的“打开”对话框中选择“唇膏 1.png”文件，将其拖到页面中并调整其位置。效果如图所示。

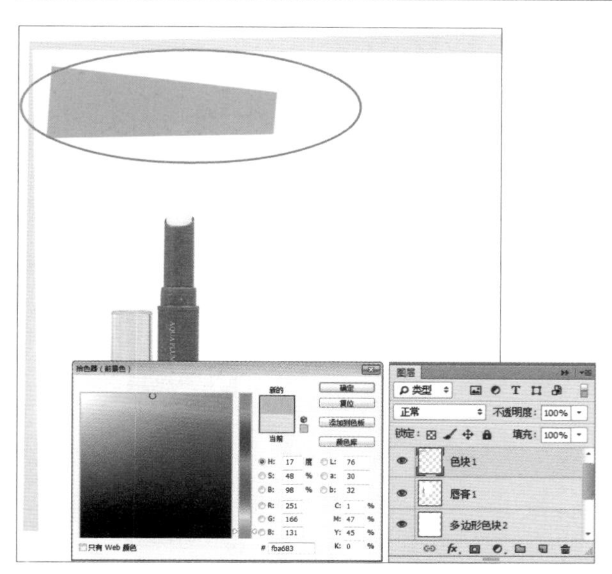

005 新建图层并将其命名为“色块 1”，通过“钢笔工具”勾勒出闭合的四边形路径，将路径转换为选区后，将“前景色”设置为橘色进行填充。

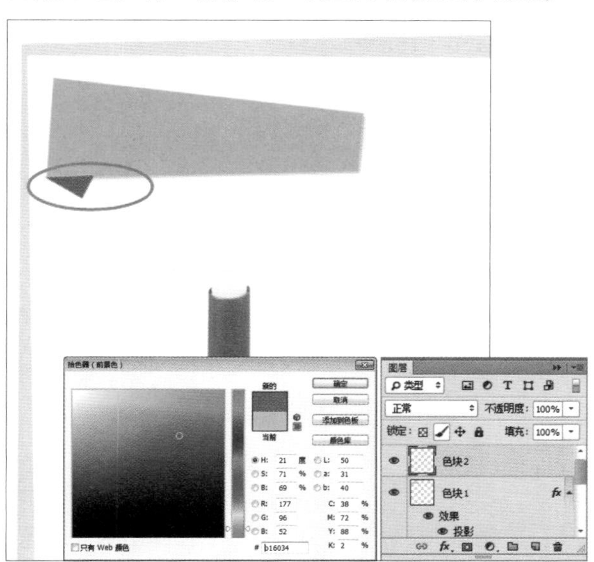

007 新建图层并将其命名为“色块 2”，通过“钢笔工具”勾勒出闭合的三角形路径，将路径转换为选区后，将“前景色”设置为深红色进行填充。

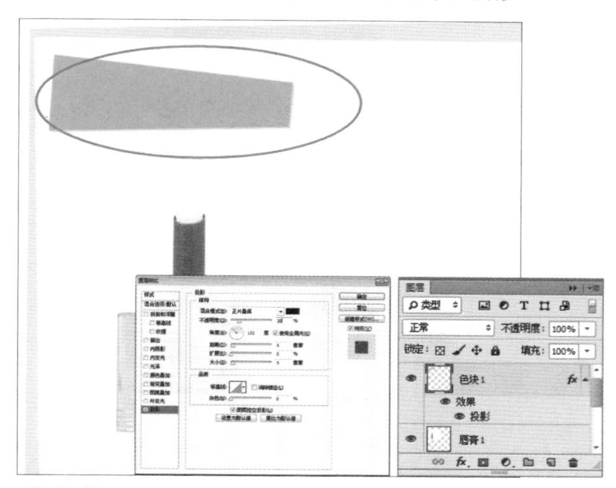

006 在“图层”面板中，单击“添加图层样式”按钮，在弹出的下拉列表中选择“投影”选项，在弹出的“图层样式”对话框中对其参数进行设置，完成后单击“确定”按钮。

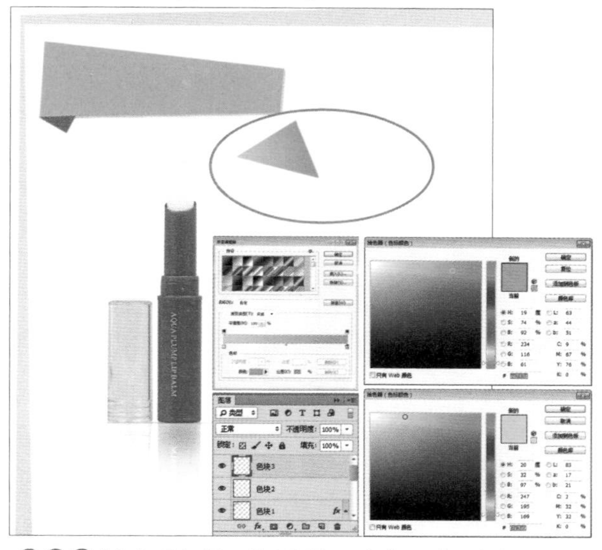

008 新建“色块 3”图层，确定三角形选区后，单击“渐变工具”按钮，在属性栏中单击“点按可编辑渐变”按钮，在弹出的“渐变编辑器”对话框中设置相关参数，对该选区进行渐变处理。

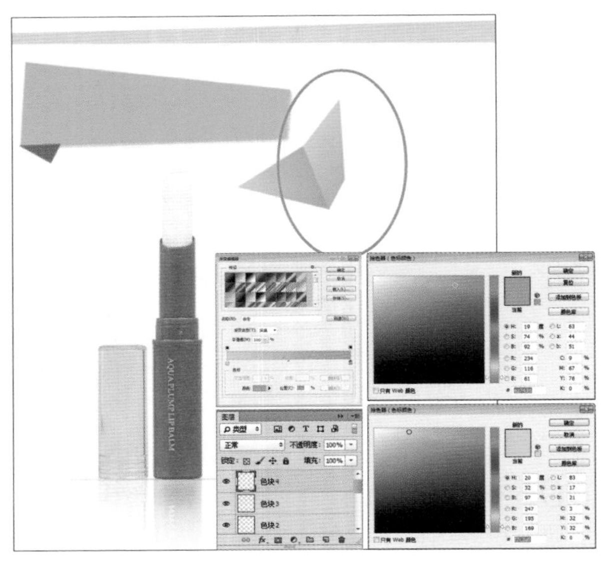

009 按照上述方式进行渐变色块的制作，效果如图所示。

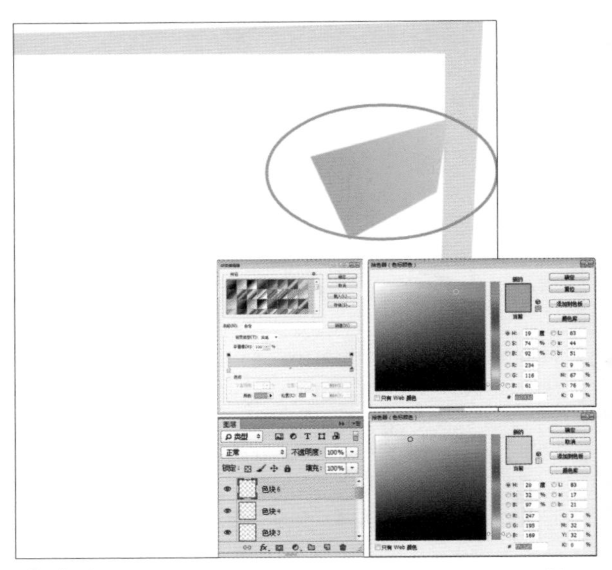

010 按照上述方式进行渐变色块的制作，效果如图所示。

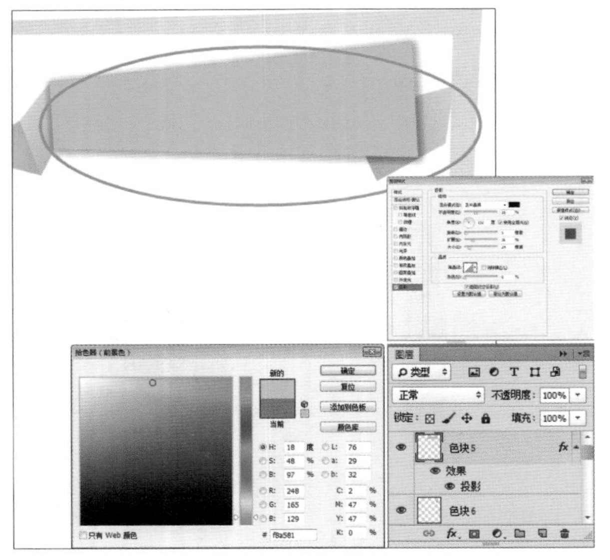

011 按照上述方式制作纯色色块后，在“图层”面板中，单击“添加图层样式”按钮，在弹出的下拉列表中选择“投影”选项，在弹出的“图层样式”对话框中对其参数进行设置，完成后单击“确定”按钮。

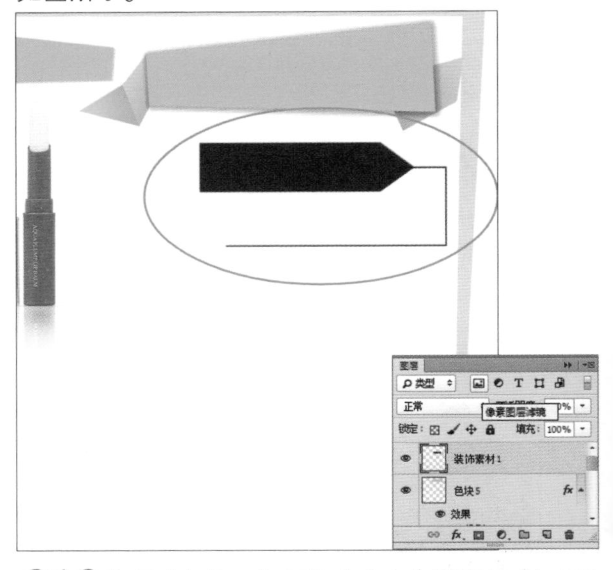

012 执行“文件 > 打开”命令，在弹出的“打开”对话框中选择“装饰素材 1.png”文件，将其拖到页面中并调整其位置。效果如图所示。

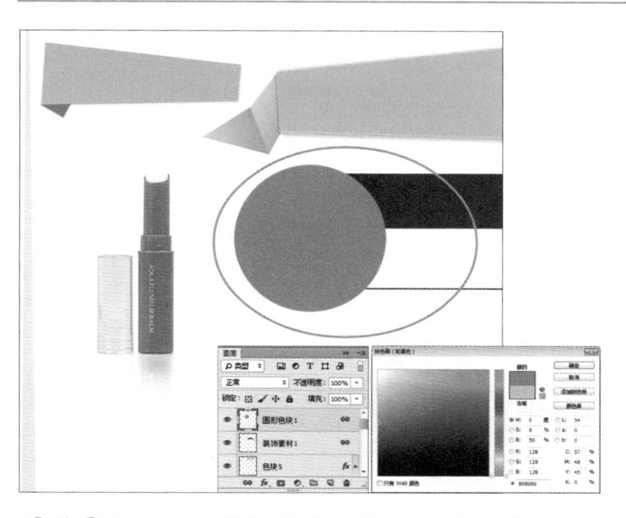

013 新建图层并将其命名为“圆形色块 1”，通过“矩形选框工具”在页面中绘制出矩形选区。将“前景色”设置为灰色，按下快捷键〈Alt+Delete〉进行填充。效果如图所示。

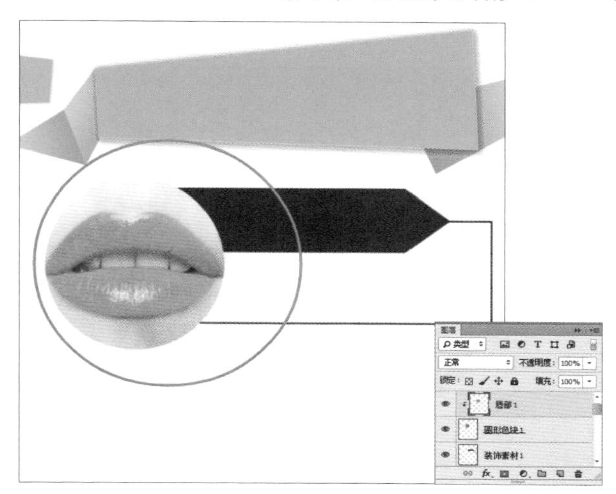

014 将“唇部 1”素材添加到页面中，执行“图层 > 创建剪贴蒙版”命令，将所选图层置入目标图层中，效果如图所示。

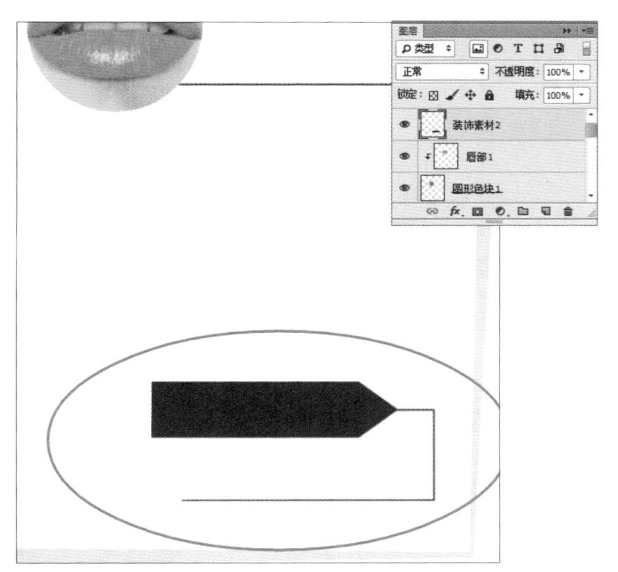

015 执行“文件 > 打开”命令，在弹出的“打开”对话框中选择“装饰素材 2.png”文件，将其拖到页面中并调整其位置。效果如图所示。

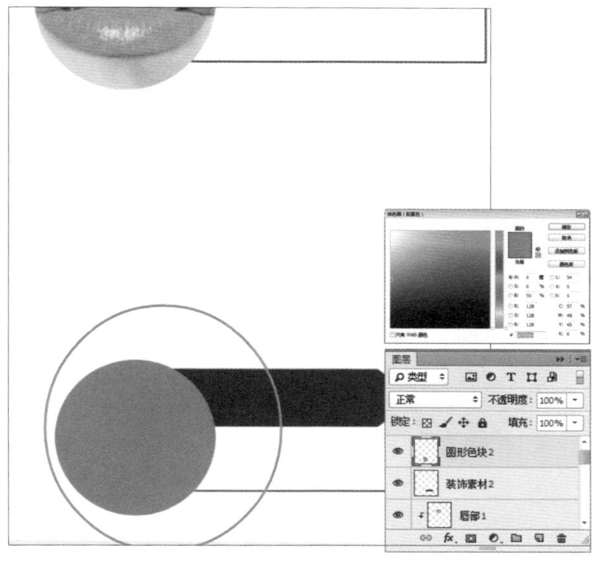

016 按照上述方式进行圆形色块的制作，效果如图所示。

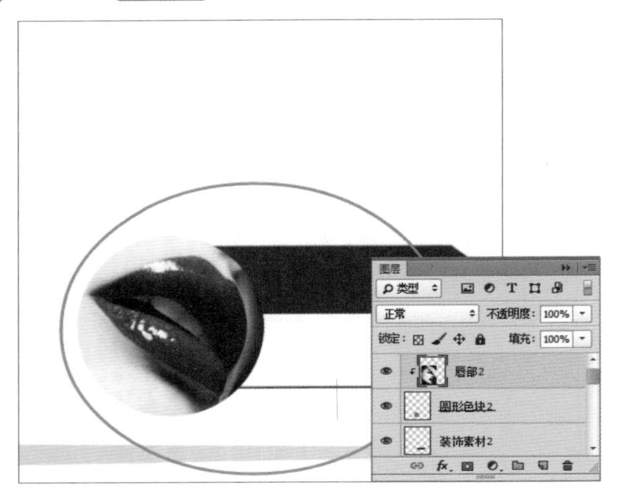

017 将“唇部 2”素材添加到页面中，执行“图层 > 创建剪贴蒙版”命令，将所选图层置入目标图层中，效果如图所示。

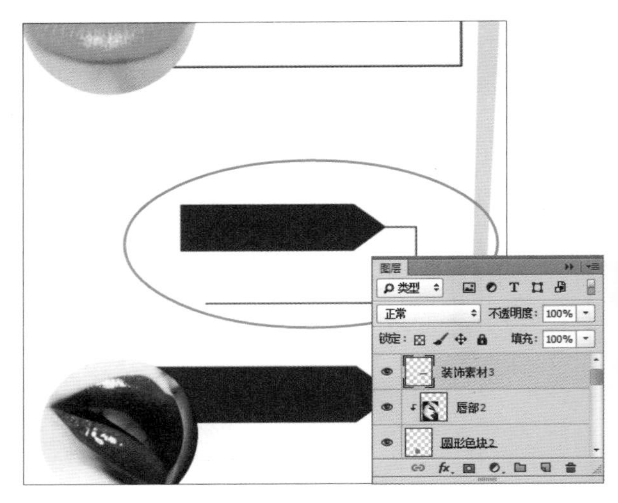

018 执行“文件 > 打开”命令，在弹出的“打开”对话框中选择“装饰素材 3.png”文件，将其拖到页面中并调整其位置，效果如图所示。

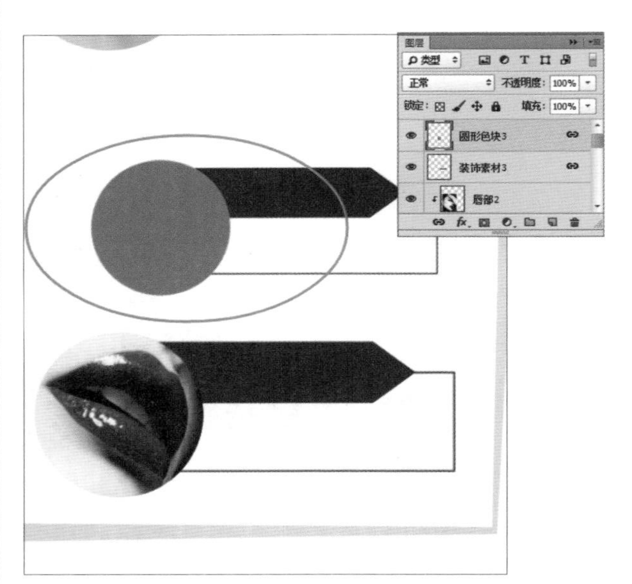

019 按照上述方式进行圆形色块的绘制，效果如图所示。

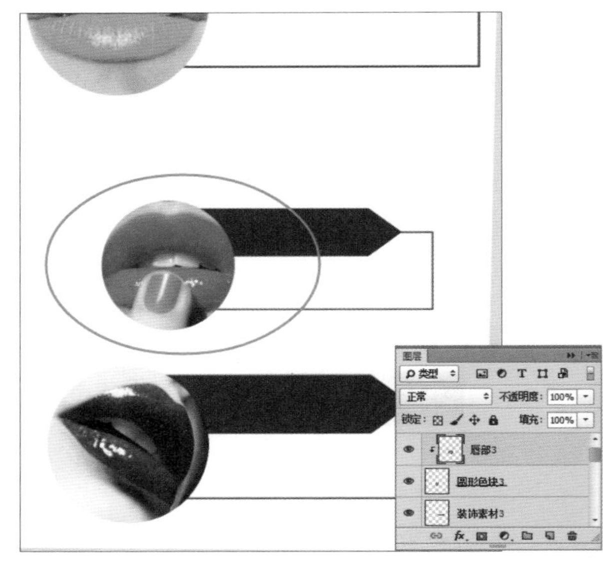

020 将“唇部 3”素材添加到页面中，执行“图层 > 创建剪贴蒙版”命令，将所选图层置入目标图层中，效果如图所示。

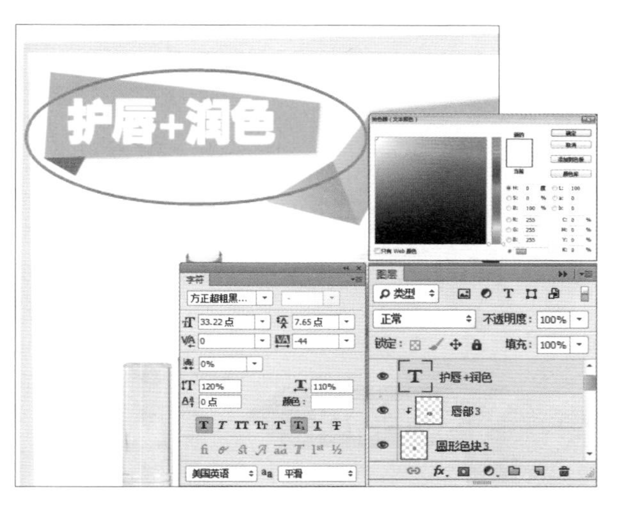

021 单击工具箱中的“文字工具”按钮，在页面中绘制文本框输入对应的文字。执行“窗口 > 字符”命令，在弹出的“字符”面板中对其参数进行设置，在文本框中输入相应的文字。

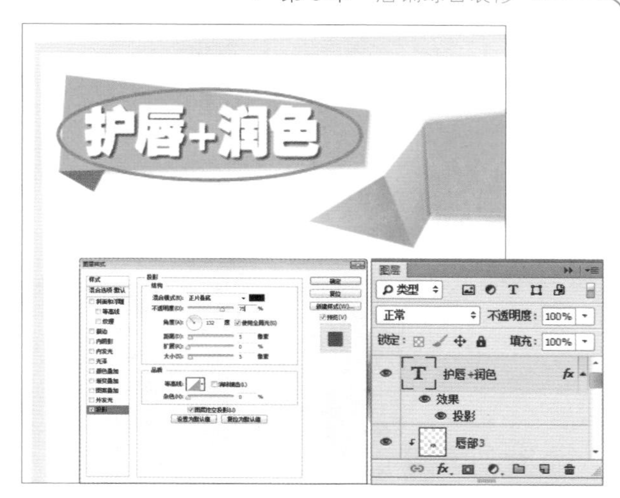

022 在“图层”面板中，单击“添加图层样式”按钮，在弹出的下拉列表中选择“投影”选项，在弹出的“图层样式”对话框中对其参数进行设置，完成后单击“确定”按钮，效果如图所示。

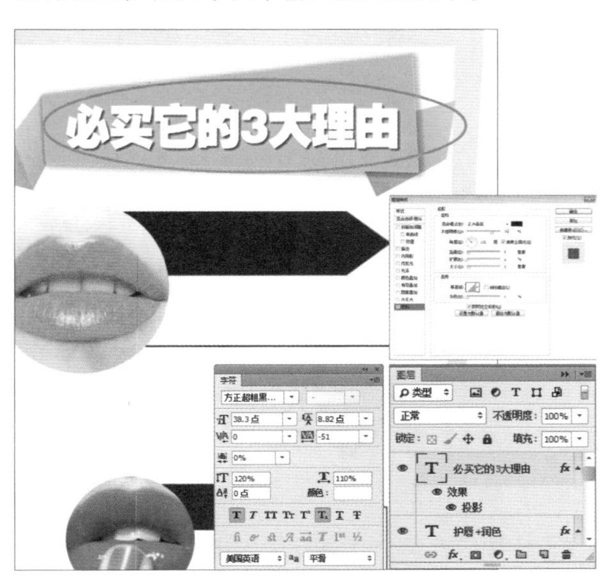

023 按照上述方式制作素材及添加特效，效果如图所示。

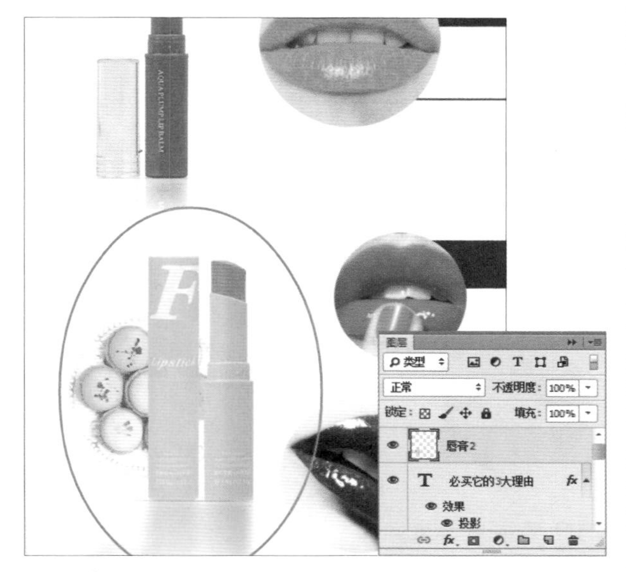

024 执行“文件 > 打开”命令，在弹出的“打开”对话框中选择“唇膏 2.png”文件，将其拖到页面中并调整其位置，效果如图所示。

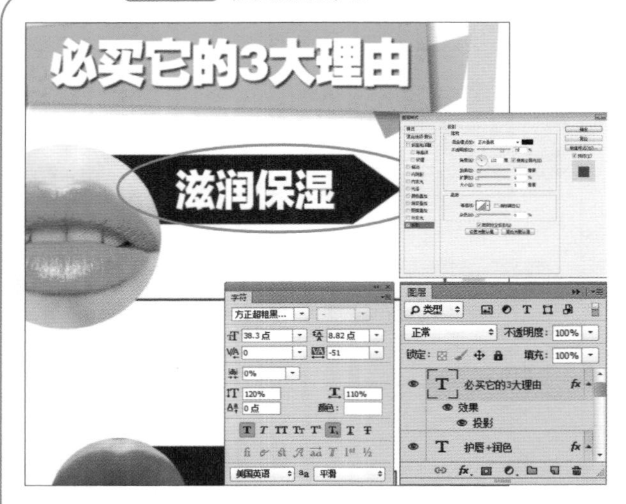

025 单击工具箱中的“文字工具”按钮，在页面中绘制文本框输入对应的文字。执行“窗口 > 字符”命令，在弹出的“字符”面板中对其参数进行设置，在文本框中输入相应的文字。

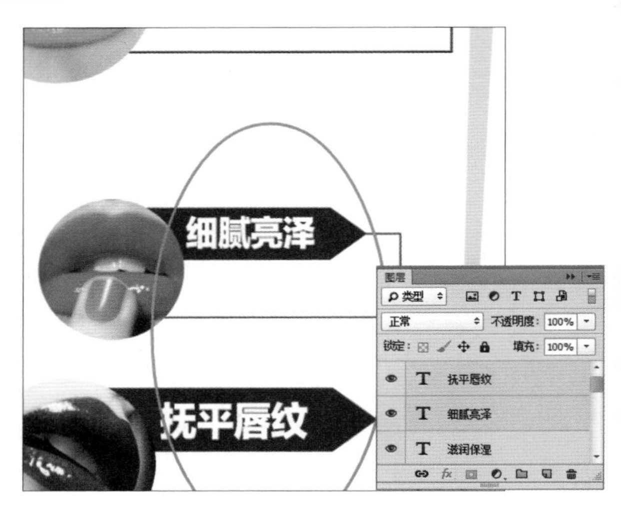

026 按照上述方式进行文字素材的制作。效果如图所示。

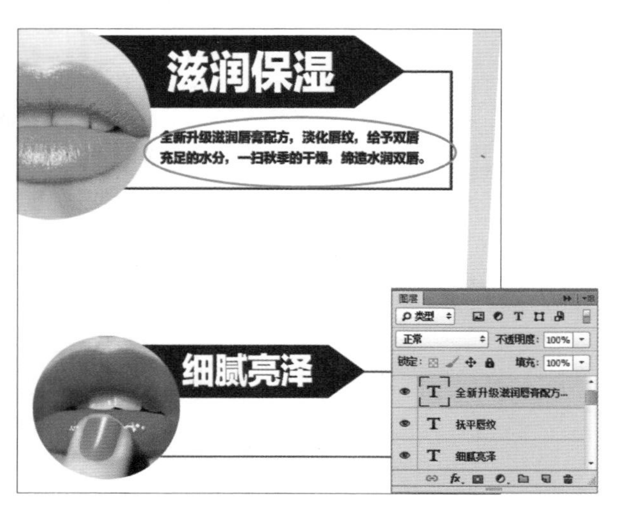

027 单击工具箱中的“文字工具”按钮，在页面中绘制文本框输入对应的文字。执行“窗口 > 字符”命令，在弹出的“字符”面板中对其参数进行设置，在文本框中输入相应的文字。

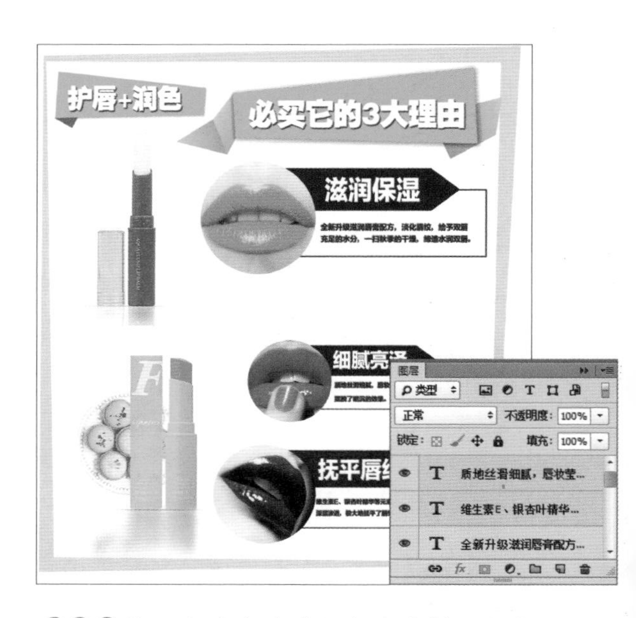

028 按照上述方式进行文字素材的制作。最终效果如图所示。

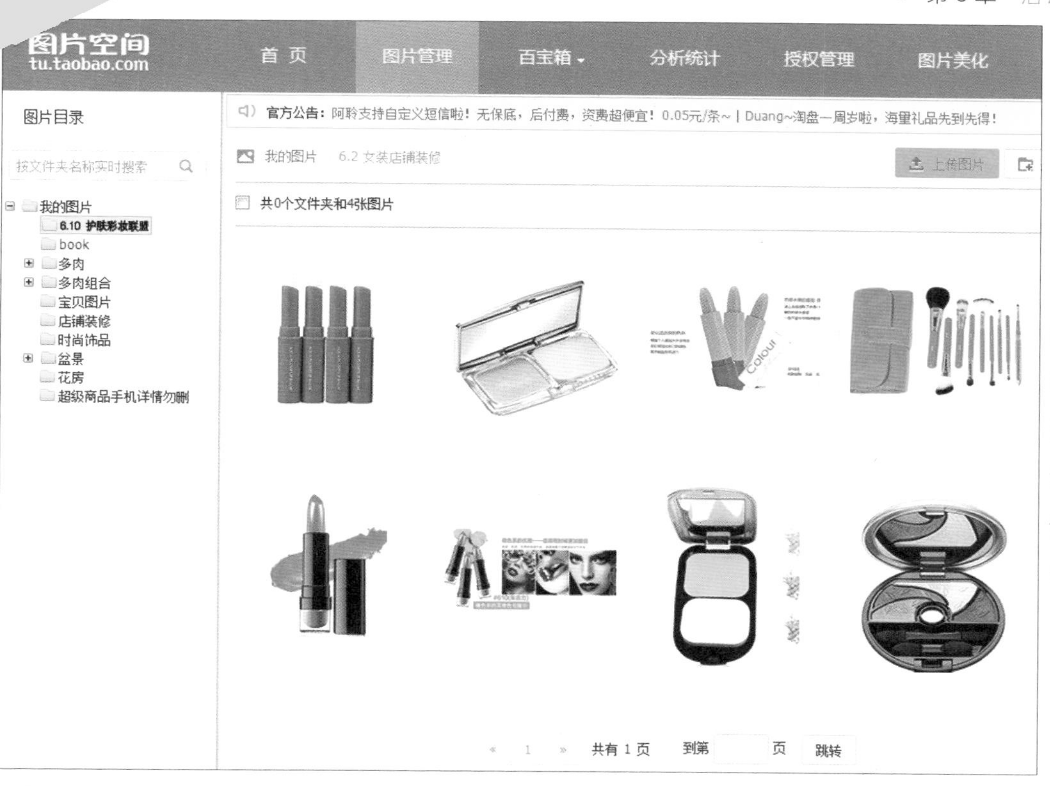

03 将调整后的照片上传至“图片空间”中，以便在装修的过程中可以随时调出来使用。通过“店铺管理 > 图片空间”的途径将调整好的照片上传，效果如图所示。

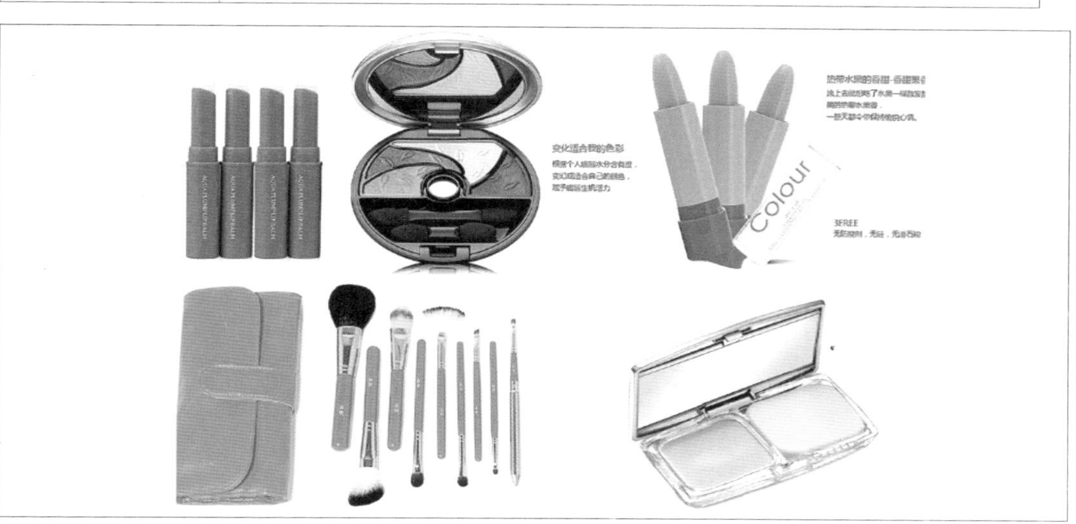

04 对店铺模板中的各个模块进行设置，效果如图所示。

05 单击页面右“预览”按钮，在对店铺装修效果检查无误的情况下进行确定，最终效果如图所示。